평양 그리고 평양 이후

도판 출처

65, 66쪽 : Pusey Library, Harvard University.
70쪽 : 《Pyongyang》, Pyogyang, DPRK : Foreign Languages Pub. House, 1975.
73쪽 아래 : 이왕기, 《북한 건축 또 하나의 우리 모습》, 서울포럼, 2000.

이 외의 도판은 ⓒPRAUD가 편집·제작했습니다.

이 도서의 국립중앙도서관 출판시도서목록(CIP)은 e-CIP홈페이지(http://www.nl.go.kr/ecip)와
국가자료공동목록시스템(http://www.nl.go.kr/kolisnet)에서 이용하실 수 있습니다.
(CIP제어번호: CIP2011002114)

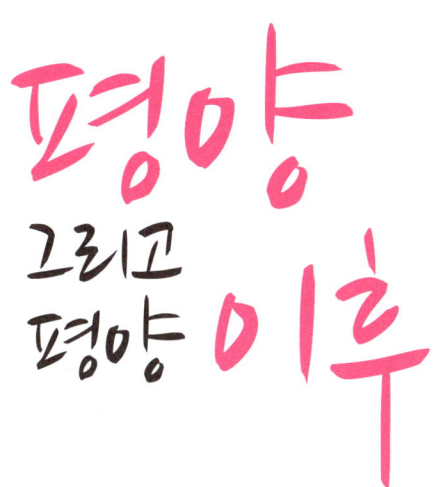

평양 그리고 평양 이후

평양 도시 공간에 대한 또 다른 시각 : 1953-2011

Pyongyang, and Pyongyang after
_Urban Transformation in Program, Scale, Structure

임동우 지음

차례

우리는 평양을 어떻게 바라보는가 8

왜 사회주의 도시 평양에 주목하는가

'혁명의 수도', 평양 20

사회주의 도시의 이해 38

사회주의 도시란 무엇인가 38
사회주의 도시 구조 46

북한의 심장, 평양

평양의 지난 100년 64

'이상적 사회주의 도시'로 건설된 평양 72

평양, 생산의 도시 73
평양, 녹지의 도시 82
평양, 상징의 도시 88

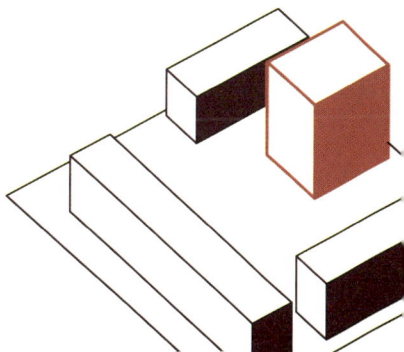

평양의 도시 변형

사회주의 도시 건설의 토대　126

1953년 마스터플랜　127

북한 건축의 아버지, 김정희　133

평양의 시기별 개발 전략　137

　　1950년대 개발 전략　137
　　1960년대 개발 전략　139
　　1970년대 개발 전략　143
　　1980년대 개발 전략　150
　　1990년대 이후의 개발 전략　154

1953년 마스터플랜과 시기별 개발 전략 비교　156

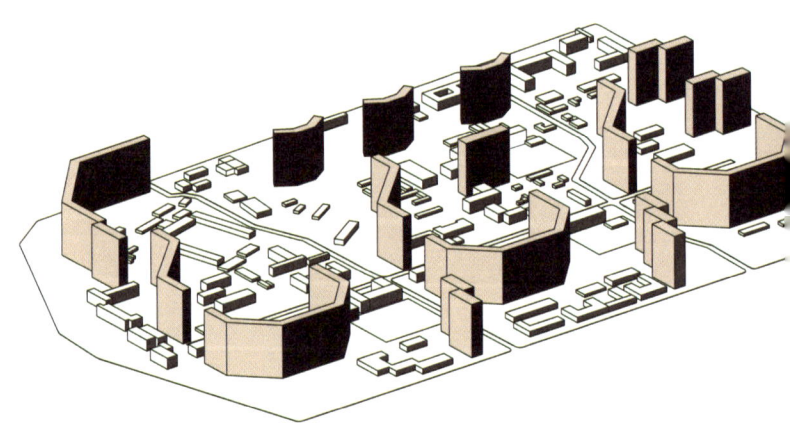

평양의 도시적 잠재성

인티그럴 어바니즘   180
변화하는 평양   189
공산권 붕괴 이후 사회주의 도시의 변화   189
북한 경제 시스템의 변화   192
평양의 도시 공간이 갖는 잠재성   197
상징 공간의 변형   200
인민대학습당: 프로그램 치환   201
김일성광장: 공간의 재구성   207
류경호텔과 주변 지역: 도시 재개발   215
생산 공간의 변형   223
마이크로 디스트릭트   224
공업지구   237
녹지 공간의 변형   244
대동강변 지역   246
두루섬   252

평양의 미래에 주목하라   260

개요   272

참고 문헌   285

우리는 평양을
어떻게 바라보는가

미디어를 통해 접하게 되는 평양의 모습은 단지 위험하고 가난한 독재자의 도시일 뿐이다. 하지만 변화하는 평양의 모습을 보기 위해서는 우선 평양의 물리적 공간을 객관적으로 보기 위한 노력을 해야 한다.

What we know and see about Pyongyang through media is that it is a city of dictatorship with danger and poverty. However, we need to see the physical structure of Pyongyang more objectively to see potentials of it in the future.

북한, '기아와 핵무기의 나라'

북한에 대해 이야기할 때 사람들은 어떤 것들을 제일 먼저 떠올릴까. 아마도 북한의 독재 체제나 핵무기, 기아 등의 부정적인 이슈가 그 대상일 것이다. 실제로 이는 북한을 이야기하는 데 빼놓기 어려운 문제들이다. 하지만 이처럼 가치판단이 이미 내포된 문제들 말고, 좀 더 객관적이고 가치중립적인 주제로 북한을 설명할 수는 없을까? 또는 위와 같은 이슈를 제외하고, 우리가 북한에 대해 더 아는 것이 있을까? 이러한 질문에 앞서 생각해볼 것은, 과연 북한에 대한 정보를 우리는 어떤 경로를 통해 얻는가 하는 문제다.

 20세기 후반의 공산권 붕괴 이후 전 세계에 사회주의 국가는 얼마 남지 않았다. 이런 상황에서 북한은 강력한 우방이었던 중국과 러시아가 서구 자본주의 국가들과 점점 더 교류를 넓혀가고 동반자 관계를 맺어감에 따라 더욱 더 고립되어왔다. 또한 특유의 이념적 지향과 공고한 독재 체제 때문에 국제사회와의 상호 배타적 관계는 줄곧 심화되어왔다. 이로써 북한은 글로벌 시대라고 불리는 오늘날에도 겹겹의 장막에 가려져있는 현실이다. 익히 알고 있듯 북한은 외국인의 출입을 엄격히 통제하고 정보의 대내외적 유통을 심하게 규제하는 등 전 세계에서 가장 폐쇄적인 성향을 지닌 나라다. 따라서 일반인이 북한에 관한 정확하고 상세한 정보를 직접 얻기는 매우 어려우며, 모든 정보를 텔레비전이나 신문, 잡지 등 언론 매체를 통해 접할 수밖에 없다.

문제는, 이런 정보가 대부분 각 매체의 구미에 맞춰 여과되었다는 사실이다. 태생적으로 선정주의의 유혹으로부터 자유롭지 못한 미디어는 대중의 시선을 사로잡고자, 주목도 높은 이슈에 대해 이성적 판단을 이끌기보다는 감정에 즉각 호소하는 자극적인 보도를 생산하기 십상이다. 이 과정에서 그 정보는 전달자인 미디어의 주관적 관점에 치우친 가치판단을 거쳐 편집되고 변형된다. 북한에 관한 화제 중 가장 민감하게, 또 자주 다루어지는 분야는 역시 경제와 정치다. 구체적으로, 경제 위기 속 기아 문제와 국제사회를 자극하는 핵무기 문제를 들 수 있다. 한국과 미국은 물론, 북한을 둘러싼 아시아 및 서방의 언론은 끊임없이 이 이슈를 다룬다. 뉴스 전문 채널 〈시엔엔CNN〉이 지난 30여 년간 북한에 대해 다룬 보도는 5,000건이 넘는데, 그중 절반이 넘는 2,700여 건이 핵무기와 기아에 관한 내용이었다. 〈뉴욕타임스〉 역시 2009년 한 해 동안 게재한 845건의 북한 관련 기사 중 절반 이상인 466건을 핵무기와 기아에 대한 내용에 할애했다. 이러한 보도 양상은, 대중매체를 통하지 않고서는 북한에 관한 정보를 접할 기회가 거의 없는 대중에게 '북한은 그저 위험하고 가난한 나라일 뿐'이라는 인식을 거듭 심어주고 있다.

한편 2000년대 초반 미국의 전 대통령 조지 W. 부시가 북한을 '악의 축'으로 규정, 각종 제재 조치를 단행하면서 북한은 세계 무대에서 더욱 더 고립되어갔다. 서방세계의 대중은 북한에 대해 알 수 있는 기회를 잃어갔고, 가장 여행하기 두려운 나라로 인식하기 시작했다. 그런데 흥미로운 점은, 북한을 여행하고 돌아온 사람들 상당수가 '북한은 여행하기에 매우 안전한 나라'라는 견해를 보인다는 사실이다(물론 "북한 당국이 제시하는 특정 수칙들을 잘 지킨다면"이라는 단서가 붙는다). 하지만 이런 개개인의 전언은 대중매체의 파급력과는 비교할 수 없이 미미한 영향력을 보인다. 매일 접하는 언론 매체의 북한 관련 보도, 이념적 지향이나 목적에 따라 정제되고 때때로 왜곡되기까지 하는 그 정보들은, 두꺼운 장막 뒤에 숨은 이 미스터리의 나라를 궁금해하는 개인에게 많은 영향을 끼칠 수밖에 없다. 북한이라는 사회는, 지금껏 우리가 보아온 보도 기사와 영상 속 이미지를 넘어서는 다양한 모습을 지니고 있을 것이다.

평양에 대한 세간의 평가 중에, 지금의 평양이 1970년대의 중국과 비슷하다는 견해가 있다. 1970년대에 중국은 이른바 '죽竹의 장막'을 걷기 시작하면서 점차 세계를 향해 문을 열어나갔다. 재미있는 것은, 중국은 그보다 훨씬 전부터 많은 국가와 교류하고 있었고, 미국과 그 주요 우방국(물론 한국도 이에 포함된다)에 대해 제한적인 개방을 했을 뿐이라는 사실이다. 미국 역시 중국과의 무역과 교류를 모두 제한함으로써 중국을 고립시키고자 했다. 당시 중국은 미국인의 방문을 허용했지만, 미국은 자국민의 중국 관광을 엄격히 제한했다. 이런 단절로 인해 미국을 비롯한 서방세계의 사람들은 중국에 대한 정보를 제대로 접할 수 없었고, 중국을 그저 폐쇄적인 공산국가쯤으로 인식할 수밖에 없었다.

얼마 전 북한 입국이 가능한지를 두고 미국인 청년 두 명이 '모험'을 한다는 소식이 〈비비시BBC〉 보도를 통해 알려졌다. 이는 북한을 둘러싼 두 가지 현실을 시사한다. 하나는 북한이 그만큼 '외계'의 나라라는 인상을 서방세계에 준다는 점이고, 다른 하나는 북한의 외국인 출입이 꽤 자유롭다는 사실을 서구인이 아직 인식하지 못한다는 사실이다. 이러한 선입견은 북한의 폐쇄성 때문일 수도, 서방 언론의 편향적 보도 성향 때문일 수도, 혹은 두 가지 모두가 이유일 수도 있다. 그런데 여기서 떠올려야 할 것은, 40여 년 전 미국이 중국에 대해 고립과 억제 정책을 펴면서 일반인은 물론 전문가의 중국 출입과 정보 획득을 제한하는 사이, 중국은 놀라운 속도로 내부적 변화를 수행했다는 사실이다. 즉, 우리가 북한과 지극히 제한적인 수준의 교류를 통해 매우 한정된 정보를 얻는 동안, 북한은 우리가 미처 인식하지 못한 모종의 변화를 맞이했을 수 있다.

북한을 이해하는 창, 평양의 도시 공간

건축가로서, 정치학자나 사회학자가 아닌 전문가로서 북한을 어떻게 바라보고 무슨 질문을 할 수 있을까? 건축가는 기성 저널리스트와 달리 북한에 대해 어떤 시각을 갖고, 어떤 화두를 던질 수 있을까? 이를 파악하기 위해 우선, 대중으로서 접하게 되는 필터링된 정치·경제 이슈에 관한 정보에서 한발 물러나, 그 이면에 있는 물리적으로 구축된 환경에 주목할 필요가 있다. 물론 구축된 도시와 건축 환경은 정치·경제적 문제와 완전히 분리될 수 없다. 이 책은 그 연관성을 염두에 두고 쓴 것으로, 다른 무엇보다도 지금 그곳에 구축되어있는 물리적 환경을 주목하고, 더불어 그 환경이 형성된 정치·경제적 구조를 살펴보는 데까지 나아가고자 한다. 이로써 정제되고 가공된 북한 관련 정보의 피상성에서 벗어나, 건축가의 시선으로 북한의 오늘에 좀 더 깊고 가까이 다가가보고자 하는 목적에 이를 수 있으리라 생각한다.

북한의 현재를 바로 보려면, 이를 구축한 과거의 사회를 들여다보아야 한다. 경제 상황이 현저히 기울기 시작한 1980년대 이전, 북한은 과거 공산 진영에서 혁명을 가장 잘 이루어낸 국가 중 하나로 인식되었고, 특히 한국전쟁 후 재건 사업을 수행한 평양은 사회주의 국가들로부터 '이상적인 사회주의 도시'에 가장 가까운 모델로 인정받았다. 현재 평양이 갖춘 거대한 규모의 건축물과 광장과 녹지 공간, 그에 비해 열악해 보이는 주거 환경 등의 모습을 이념적 편견에 입각해 해석하는 것은 별로 바람직하지 않다. 그보다는 그러한 공간과 환경이 형성된 배경, 즉 평양에서 구현된 사회주의 도시의 특징을 객관적으로 파악하는 자세가 필요하다. 평양에 자리 잡은 상징적인 광장은 그저 북한 독재 정권의 욕망이 빚어낸 공간이 아니라, 사회주의 도시론에 입각하여 대규모 집회와 선전을 위해 만든 공간임을 이해해야 한다. 주거와 공장이 맞붙어 열악해 보이는 주거 환경은 도시의 슬럼화에 따른 것이 아니라, 도시 내에 생산구조를 갖추고자 한 사회주의자들의 궁리의 소산으로 해석해야 한다.

평양의 도시와 건축 환경의 구성 요소가 무엇인지, 어떠한 레이어들이 중첩되어있는지 이해한다면, 오늘 북한 도시의 구축 환경에 대해 더 객관적으로 이해하게 될 것이다. 북한 관련 뉴스에서 늘 군사 퍼레이드의 무대로 비춰지는 김일성광장을 그저 독재 정권의 야욕이 서린 공간으로 보고 말 것인가, 아니면 그 광경에서 세계 여느 도시에서는 보기 힘든 평양만의 특징적 도시 구축 환경을 발견해낼 것인가. 이 사소한 시선의 차이는 북한에 대한 종합적인 이해에 큰 차이를 낳을 수 있다. 북한의 오늘에 대해 더 많이 알게 됨을 넘어, 현재 북한의 정치·경제적 상황이 미래 북한의 구축 환경에 어떠한 영향을 미칠 것인가 예측해 보는 데까지 이어진다.

최근 북한을 둘러싸고 들려오는 정치·경제적 위기론은, 역설적으로 북한의 향후 변화 가능성을 시사한다. 일종의 변화의 신호sign로 해석할 수 있는 것이다. 예상은 다양하다. 북한이 30여 년 전 중국이 택한 전략을 도입하리라는 주장도 있고, 남한과의 경제 교류를 늘려나감으로써 현재 당면한 경제난을 극복하리라는 주장도 있다. 남과 북은 어찌 됐든 통일하리라는 막연한 낙관론도 있다. 북한의 변화가 정권 스스로의 위기 극복 노력에 의해 이루어지는 유연한 모습일지, 아니면 정권의 붕괴에 의한 파멸의 형태일지 진단하기 어렵지만, 분명한 것은 북한이 앞으로 어떤 식으로든 변화하리라는 사실이다. 그 변화가 도래할 때, 세계 모든 도시의 구축 환경이 그러했듯 북한의 물리적인 구조와 환경 또한 그 새로운 변화에 반응하여 변태變態할 것이다.

    이 책은 이러한 변화를 앞두고, 전문가 그룹으로서 건축가라면 어떠한 노력을 할 수 있고 또 해야만 하는가에 대한 질문에서 시작되었다. 건축가들은 근대 이후 거듭 제기된 사회 변화의 요구를 물리적인 공간에 반영하는 노력을 게을리하지 않았다. 이는 향후 북한의 변화에 대해서도 마찬가지여야 할 것이다. 북한을 그저 '가난하고 위험한 나라' 정도로 인식하는 데 머무른다면, 북한의 변화에 대처하는 태도 역시 빈약하고 섣부른 수준에 머무를 수밖에 없다. 전문가의 한 사람으로서 북한의 물리적 환경을 객관적으로 인지하고, 미래의 변화상을 합리적으로 진단하며, 능동적으로 그 변화에 대처해나가는 자세가 필요하다는 자각에서 나온 결과물이 바로 이 책이다.

    이를 위해 북한의 정치·경제·사회 현실에 대한 언급을 가급적 자제하고, 지난 시절 북한이 사회주의 이념에 입각해 형성해온 도시 건축의 구축 환경을 집중 분석하고자 했다. 또한 현재 평양이 구축하고 있는 물리적 환경의 가치를 최대한 객관적으로 판단하고자 했다. 정치·경제적 환경이나 다른 가치판단 요소가 아닌, 그 물리적 환경 자체가 내포하고 있는 변화를 향한 추동력을 분석함으로써 향후 북한 도시 공간의 변화 가능성과 그 방향을 진단해보았다.

    이 책에서 평양 도시 공간에 대한 분석은 최대한 객관적인 시각을 유지하고자 했다. 하지만 그곳의 향후 변화 가능성에 대한 예측과 제안 부분에는 저자 개인의 주관적인 시각을 많이 반영했다. 한 도시를 이야기함에 있어서 건축가적 감성에 의거한 서술이 아니라, 좀 더 객관적인 정보와 분석에 의거한 주관적 시각의 제시가 가능한지를 스스로 탐험하는 과정으로 보아주면 좋겠다. 따라서 이 예측과 제안이 반드시 올바른 답이라고 볼 수는 없다. 다만 이러한 분석과 가능성의 고찰이라는 일련의 과정을 통해, 독자에게 평양을 바라보는 또 다른 시각을 제시하고자 했다. 이로써 평양 도시의 공간적 잠재성에 관한 논의가 건축계뿐만 아니라 다양한 전문 분야에서 더욱 활발하게 이루어졌으면 하는 바람을 가져본다.

마지막으로, 이 책은 필자가 대학원 시절 Eve Blau와 Richard Sommer 교수의 지도하에 쓴 논문의 주제에서 확장되어 태어난 연구 결과임을 밝힌다. 당시 필자의 논문에 담긴 평양 도시 공간의 형상을 보고, 논문 심사위원들이 평소 상상하던 것과 상당히 다르다는 데 적잖이 놀라던 모습이 기억난다. 이후 개인 업무를 진행하는 동안에도 틈틈이 이 주제에 대한 연구를 발전시켜왔으며, 결국 이렇게 한 권의 책으로 펴내게 되었다. 이 연구를 위해 아낌없는 지원을 해준 목천문화재단의 김정식 이사장께 특별한 감사의 말씀을 전한다.

2011년 5월 보스턴에서
임동우

왜
사회주의 도시
평양에
주목하는가

WHAT
IS
SOCIALIST
CITY?

자본주의 도시에서는 개인이 소유한 토지가 가장 중요한 세금 수입원이기 때문에 도시계획에 있어서 세금을 써야하는 공공 영역을 최소화하면서 세금을 매길 수 있는 사유 토지를 가능한 한 최대화하는 것이 가장 중요한 계획의 논리였다. 이는 도시 조직에 있어서 개발에 필요한 대도로 등의 요구를 낳았고 공공 영역이나 녹지공간은 무시하는 결과를 낳았다.

Since in the capitalist city private ownership of property was one of the most important sources of taxation, it was regarded as a maxim of planning to increase taxable private lands as much as possible, while minimizing the tax consuming public domain. For urban planning typology, this resulted in a demand for broad corridor streets, thorough fares suitable for development, and a neglect of public areas and green spaces.

'혁명의 수도', 평양

어둠 속 작은 불빛 몇 개만 깜박이는 이곳은 평양이다. 평양은 수도임에도 외부인에게 아주 일부만 개방되는 드문 도시 중 하나다. 직접 방문을 해보아도 평양은 기대감에 대한 묘사나 쉬운 분석조차 불가능하게 만든다. 그 첫 퍼즐은 대규모의 공공건물과 기념물로 이루어진 웅장한 도시 경관에서 발견된다. 경제난에도 도시의 기반 시설은 현대적이고, 다른 무엇보다도 잘 정비되어있었다.*

'혁명의 수도'라 불리는 북한의 수도 평양은 서기 427년 고구려의 수도로 건립된 이래 한반도의 역사에서 매우 중요한 도시로 자리매김했다. 고대에는 한 왕조의 수도 역할을 했고, 고려 시대에는 수도인 개성 부근의 가장 큰 도시로서 수도와 경쟁 구도를 형성하기도 했으며, 중국과의 지리적 근접성 때문에 정치·경제 및 교통 면에서 전략적인 도시로 성장했다. 근대에 들어서도 한반도에서 가장 크고 중요한 도시 중 하나였고, 특히 일제강점기에 일본은 평양을 군수 및 병참기지로 만들고자 했다. 현재 평양은 전 세계적으로 얼마 남지 않은 사회주의 도시로, 사회주의 도시의 다양한 특성을 갖추고 있을 뿐 아니라, 근대건축의 전시장으로도 손색없는 모습을 지녔다. 이는 전후 폐허가 된 평양 시가지를 다른 사회주의 국가들의 원조를 통해 재건하는 과정에서, 사회주의 도시의 모범이 되는 곳으로 건설하겠다고 천명한 김일성의 의지와 무관하지 않다.

---

*Chris Springer, 《Pyongyang: The Hidden History of the North Korean Capital》, Saranda Books, 2003.

평양직할시는 북위 39°01′, 동경 125°45′, 한반도의 북서쪽에 자리 잡고 있다. 북한의 다른 주요 도시 네 곳은 평양을 중심으로 동서남북 각 방향에 위치하는데 동쪽의 원산, 서쪽의 남포, 남쪽의 개성, 북쪽의 신의주가 그것이다. 지형적 특징으로는 완만한 평지와 함께 대동강을 들 수 있다. 평양平壤의 한자가 설명해주듯 평양은 주변 산(태성산과 장산)에 둘러싸인 평탄하고 양지바른 도시다. 도시 내에 모란봉이라는 작은 언덕이 있지만, 현재 평양 중심부를 형성하는 대부분의 대지는 평지에 가까운 지형을 지닌다. 또한 한반도에서 가장 긴 하천 중 하나인 대동강은 평양의 중심부를 가로지르며 남포에 다다른다.

평양에서 물리적인 역사의 흔적이 발견되는 시기는 6세기 무렵이다. 서기 427년 고구려가 수도를 평양으로 옮긴 후 586년에 총 길이 23㎞, 총 면적 11.85㎢에 달하는 평양성을 쌓으며 평양의 도시 조직urban fabric에 중대한 영향을 끼쳤다. 당시 고구려의 다른 성과 마찬가지로 평양성 또한 도시의 영역을 규정하는 데 지형을 이용했다. 대동강과 보통강, 금수산이 그 기준이 되었다. 평양성은 내성, 외성, 북성, 중성 등 네 개의 성으로 구성되었다.

668년 고구려가 멸망하기 전까지 평양은 고구려의 정치·경제·문화적 중심지 역할을 수행했고, 이후 고려 시대에 제2의 중흥기를 맞이했다. 고려 시대에 평양은 서경西京으로 불렸다. 이름에서 나타나듯 당시 평양은 경주, 개성, 서울과 함께 4대 주요 도시 중 한 곳이었다. 조선 시대에 평양은 급속도로 발전했다. 인구는 이전의 4만 명에서 15만 명으로 4배 가까이 늘어, 서울에 이어 두 번째로 큰 도시로 발전했다. 이전 왕조의 수도였던 개성의 세력을 의도적으로 축소시켜 일어난 변화인 동시에, 한편으로는 오늘날 한반도 북부의 경계를 구성하는 데 결정적 영향을 미친 조선 시대 북진 운동의 결과이기도 하다. 이로 인해 평양은 한반도 북부 지역의 중추적 도

한반도

면적 : 220,847㎢
인구 : 72,920,000명
인구밀도 : 330명/㎢

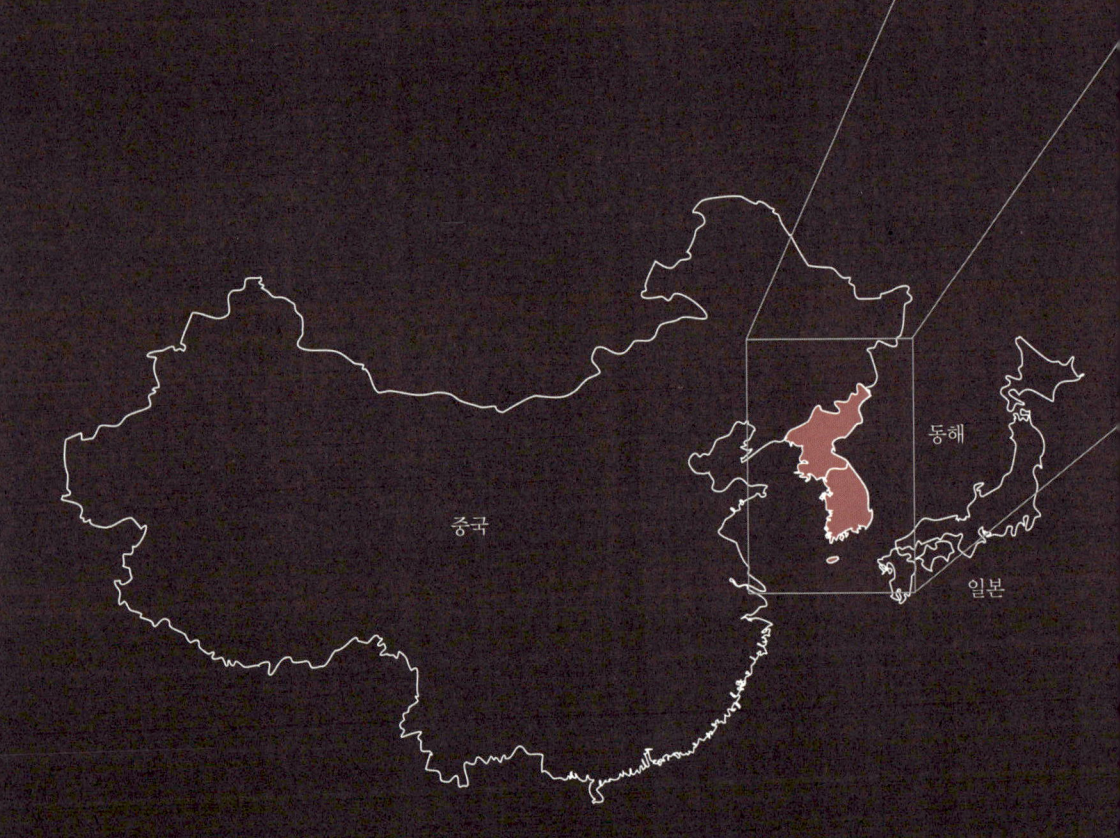

평양

위도　39°01′N
경도　125°45′E
해발고도　27m
면적　2,629㎢
인구　3,255,388명

시 역할을 새로이 수행하게 되었다.

2003년 기준으로, 평양은 2,629㎢의 면적에 행정구역상 19개 구역과 4개 군을 갖고 있다. 인구는 약 325만 명이며 인구밀도는 1,236명/㎢다. 이 가운데 시가지화 된 곳은 대동강구역, 대성구역, 동대원구역, 락랑구역, 만경대구역, 모란봉구역, 보통강구역, 서성구역, 선교구역, 중구역, 평천구역 등 총 11개 구역이며, 시가지 면적은 약 100㎢에 불과하다.* 이로 미루어, 시가지 지역의 인구밀도는 약 2,000명/㎢로 추정된다. 평양의 인구는 북한의 총 인구 2,400만 명 대비 약 13%에 해당하는 수치로, 인구의 1/4이 서울에, 절반이 수도권에 집중된 한국과 비교하면 상당히 낮은 수치다. 이는 '혁명의 수도'로서 상징성은 갖되, 주요 도시의 과도한 팽창을 억제하고 지방의 소도시를 육성하겠다는 의지에 따라 북한 당국이 인구 이동을 억제하는 정책을 펼친 결과로 해석된다. 하지만 인구를 기준으로 북한의 제2, 제3위 도시인 남포와 함흥의 인구가 100만 명이 채 안 된다는 점을 고려할 때, 평양이 다른 도시에 비해 상당한 도시화를 이루었음은 명확하다. 한편 평양은 면적이 서울(605㎢)의 4배에 달하지만 인구밀도는 1/10에도 미치지 않는다. 이는 평양의 행정구역이 한국으로 따지면 수도권의 영역까지 편입하고 있기 때문이며, 대부분의 지역은 농업 용지로 사용되고 있다. 평양의 권역 중 실제 도시화가 진행된 곳은 김일성광장을 중심으로 반경 10㎞ 안팎에 불과하고, 평양 시민 대부분은 여기 거주한다.

최근 언론 보도에 따르면 2010년에 평양은 기존의 19개 구역과 4개 군 가운데 강남군, 중화군, 상원군 등 3개 군 및 승호구역을 황해북도에 할양했다. 이로써 현재 평양의 면적은 기존의 43% 수준으로, 인구는 약 50만

* 《조선향토대백과》 〈평양시편〉, 평화문제연구소, 2003.

명이 감소한 250만 명 정도로 추정된다.[*]

평양의 교통은 대중교통이 주를 이룬다. 도시의 도로망은 잘 발달된 편이지만 개인의 자가용 소유가 제한되고, 기타 경제적 요인 때문에 지하철과 전차, 버스가 시내 교통의 대부분을 담당한다. 최근에는 특정 수요층만을 위한 택시도 등장했으나 역시 제한된 교통수단에 불과하다. 평양의 지하철은 현재 3개 노선이 있으며 비교적 이른 시기인 1970년대에 첫 지하철 노선이 개통되었다. 평양의 몇몇 지하철역은 모스크바의 지하철역을 연상케 하는 웅장한 모습으로 치장되어 체제 선전의 장으로 이용된다.

1960년대에 처음 개통된 전차는 지하철보다 더 많은 승객을 운송한다고 알려져있다. 특히 철로가 필요 없는 무궤도전차는 평양의 가장 중요한 대중교통으로, 대형 차량은 한 대에 100여 명, 소형 차량은 50여 명의 승객을 수송할 수 있다. 또한 대규모 주거 단지와 주요 지점 사이의 효율적인 운행을 위해 1990년대부터는 궤도전차가 도입되었다. 서울을 비롯한 한국의 주요 도시에서 전차가 자가용 차량의 소통을 방해하고 효용성 역시 낮다는 이유로 퇴출된 것과는 사뭇 다른 양상이다. 서울과 달리 평양 시내에는 자동차의 수가 많지 않을뿐더러, 지하철에 비해 노선 확대 및 변경이 쉽다는 장점 때문에 전차는 여전히 평양의 주요 교통수단으로 많이 이용된다. 한편 평양 시민 중 많은 수가 도심에 거주하지만, 그 대다수는 여전히 평양 내 협동농장에서 일한다. 도시에 거주하는 농민인 이들의 출퇴근을 담당하는 교통수단은 바로 버스다. 평양 도심과 그 외 지역은 대부분 방사형의 도로로 연결되어있는데, 버스는 이 도로를 타고 시 외곽의 협동농장으로 농민을 수송한다.

---

[*] 〈아사히신문〉, 2010년 7월 17일자.

대동강은 평양을 가로질러 남포에 이르러 서해와 만난다.

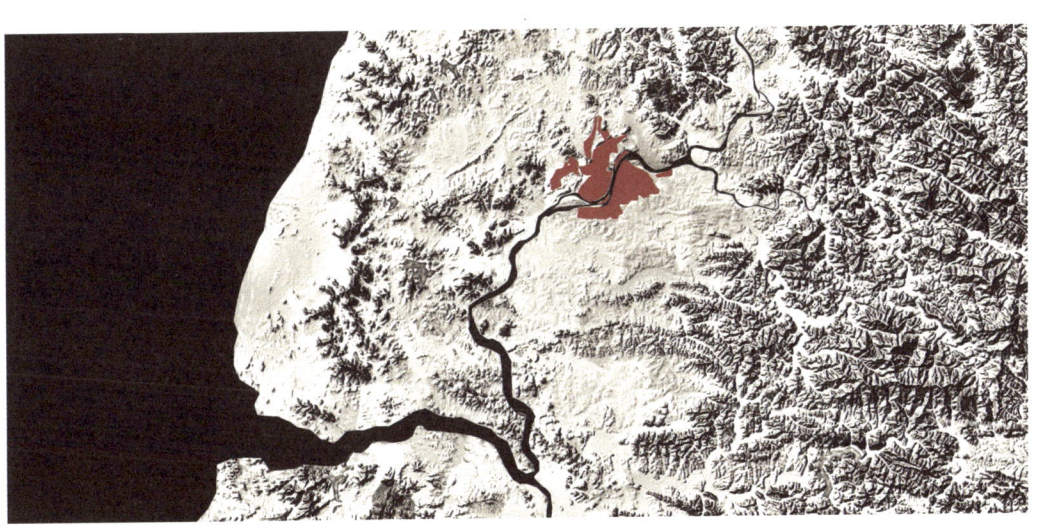

평양을 가로지르는 대동강을 따라 평야와 낮은 구릉이 펼쳐지고, 그 동부와 북부를 산지가 감싸고 있다.

위와 같은 사실은 우리가 평양에 대해서 손쉽게 얻을 수 있는 객관적인 정보다. 이러한 기본적 정보조차도 얼마 전까지는 쉽게 접할 수 없었다. 하지만 〈위키피디아〉에서 접한 정보만으로 한 도시를 이해할 수 없듯, 평양 또한 위에 나열한 정보만으로는 이해할 수 없다. 앞서 스프링거Chris Springer가 묘사한 '어둠 속 작은 불빛'이란, 전기 사용이 억제되는 평양의 야경만을 가리키지는 않을 것이다. 평양이라는 도시는 외부인에게는 그만큼 짙은 안개 속에 가려진 도시로 받아들여진다. 하지만 어둠의 이면에 숨은 평양의 또 다른 모습을 목격한다면, '어둠 속 작은 불빛'에 대한 인상은 별로 신기할 바 없는 경험이 될지도 모른다. 제한적이고 왜곡된 정보가 아닌, 더 객관적인 정보를 통해 평양 도시를 한층 깊게 분석하는 일은 그래서 필요하다.

북한은 2001년 '수도건설부'를 설치, 평양의 도시 기반 시설과 주거 시설 등 주요 시설의 건설을 담당하도록 했다. 이는 '2012년 강성대국'을 목표로 삼은 북한이 수도 평양을 중심으로 개발에 박차를 가하겠다는 의지로 보이며, 결국 북한 내에서 평양이 갖는 '혁명의 수도'로서의 의미는 단순히 면적이나 인구밀도로 판단할 수 있는 수준을 넘어선다고 볼 수 있다. 2006년에 김정일의 매제인 장성택이 수도건설부 부장을 맡고, 최근에 김정일과 그 후계자 김정은이 수도건설부를 군부에 편입하는 조치를 취한 것을 볼 때, 북한 정권이 평양의 중요성에 대한 의지를 재확인하고 있음을 알 수 있다. 이러한 일련의 조치는 북한의 정치·경제적 변화와 함께, 또는 그 자체로 흥미롭게 살펴보아야 할 지점이다. 한 나라를 대표하는 도시의 대대적인 개발 사업은 본질적으로 그곳의 사회적 변화, 정치적 입장, 경제적 상황을 반영하기 마련이다. 일례로, 프랑스 파리의 라데팡스 지구 개발을 들 수 있다. 라데팡스 개발에는 경제 침체 문제에 대한 프랑스 정부의 고민,

도심 과밀화로 인해 발생하는 사회 문제에 대한 파리시 당국의 고민 등 국가 차원의 다양한 고심이 담겨있었다. 개발 위치 선정에도 상당한 정치적 판단이 가해졌다. 마찬가지로, '2012년 강성대국 건설'이라는 목표 하에 의욕적으로 진행하는 수도건설부의 평양 재건설 프로젝트는, 오늘의 평양이 안고 있는 고민뿐 아니라, 북한 정권의 향후 지향점까지도 어느 정도 시사한다고 볼 수 있다.

그렇다면 현재 평양은 어느 지점에 서있는가. 이를 파악하면 평양이 앞으로 어떤 방향으로 나아갈지 진단할 수 있을 것이다. 정치적으로는 권력의 이양 과정에 있으며, 경제적으로는 2002년 이후 새로운 경제 시스템의 도입이 점차 진행되고 있는 'post-reform period'라고 규정된다.* 이러한 변화를 반영하며 도시 조직에도 조금씩 변화가 생기기 시작한 것이 2010년의 평양이며, 수도로서의 중요성 때문에 북한의 변화가 대부분 이곳에 집중되는 것이 현실이다. 이는 현재뿐만 아니라 과거에도 마찬가지였다. 이처럼 북한에서 평양이 갖는 상징적 위치는 평양을 북한의 이념과 변화를 가장 적극적으로 반영하는 물리적인 공간으로 만들었고, 그동안 평양은 그러한 변화를 도시 조직에 그대로 담아내고 있었다. 따라서 북한에서의 사회주의 혁명의 성공은 다른 사회주의 국가와 마찬가지로 도시에 사회주의 이념을 담는 데서 시작되었으며, 북한에서는 당연히 평양이 그 중심 무대였다. 즉 평양을 이해하는 데 사회주의의 이념과 그 도시계획 이론은 가장 기본이 되는 바탕이라 할 수 있다. 그렇다면 과연 사회주의 도시란 무엇인가.

---

* Marcus Noland, Stephan Haggard, 《Witness to Transformation: Refugee Insights into North Korea》, Peterson Institute for International Economics, 2011.

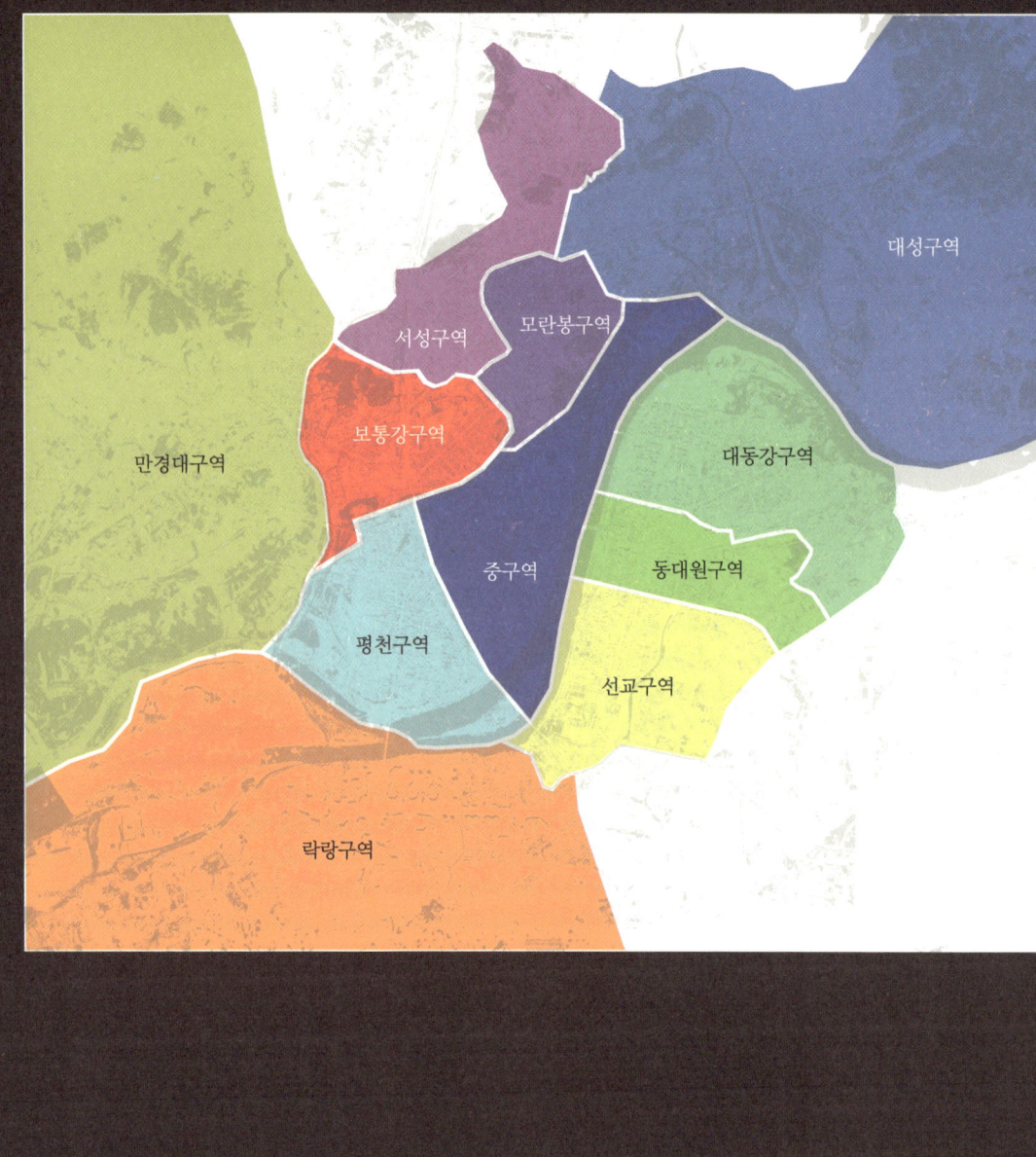

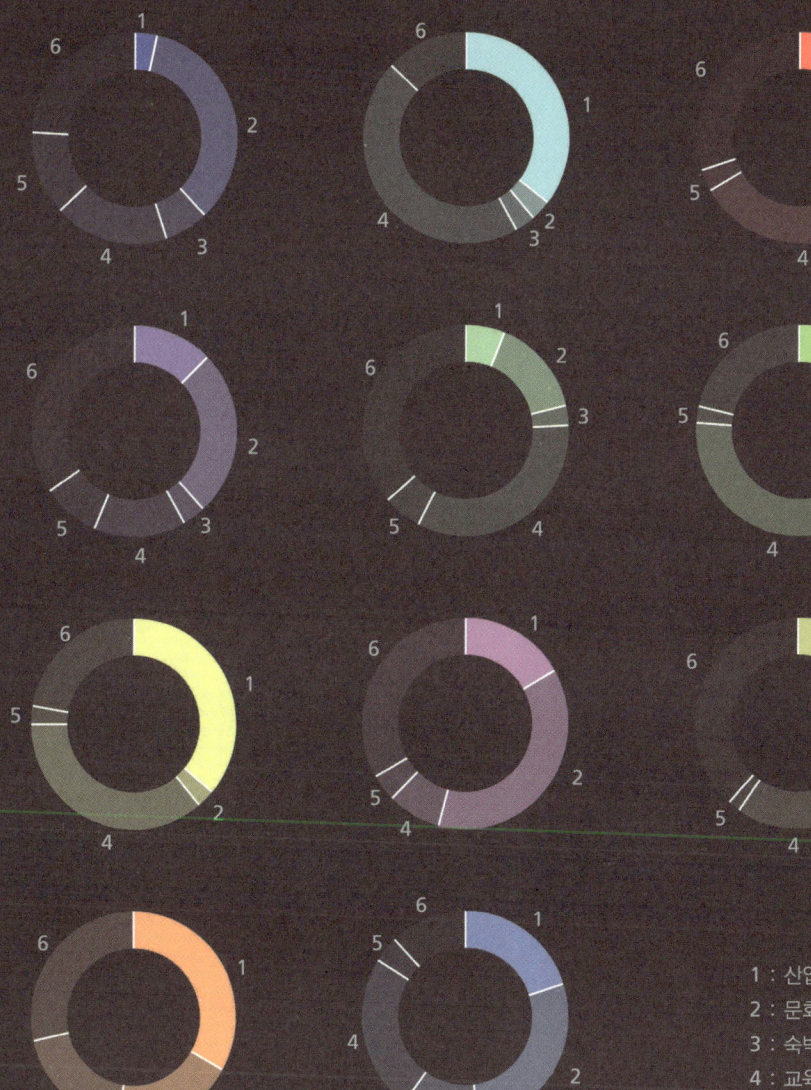

1 : 산업시설
2 : 문화시설
3 : 숙박시설
4 : 교육시설
5 : 공공시설
6 : 기타시설

평양의 궤도전차 노선

지
일심단결을 더욱 강화하자!

종합안내판
지
부흥
영광
봉화
승리
통일
개선
전우
삼흥
락원
전승
붉은별
혁신
건설
광복
건국
황금벌

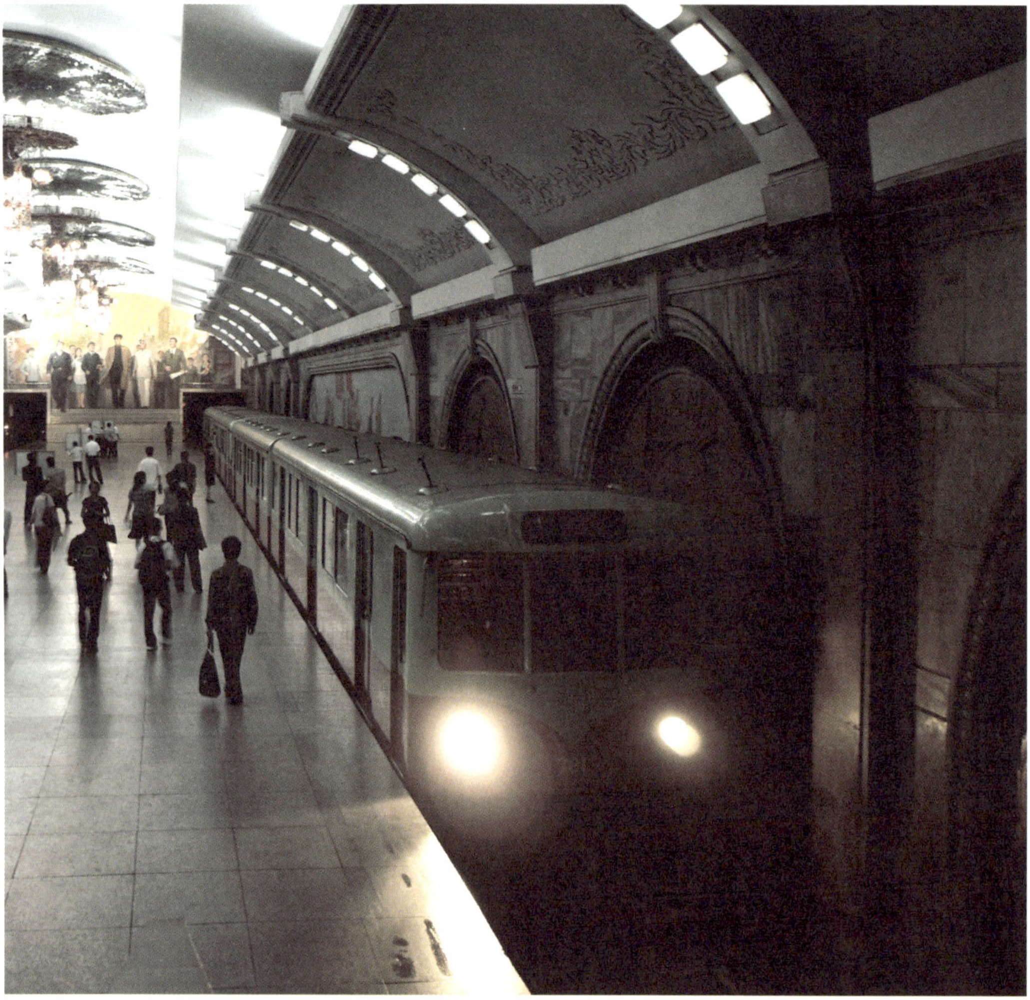

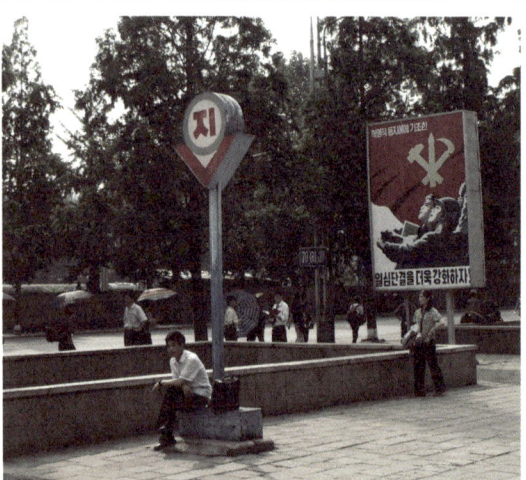

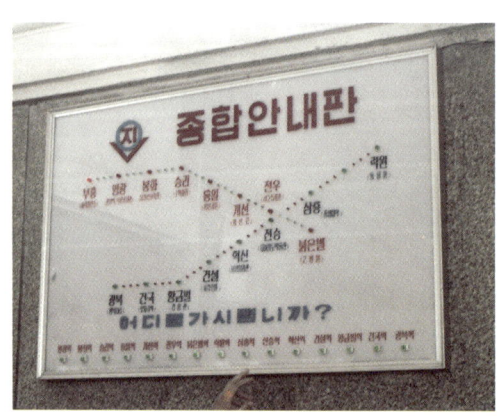

평양의 지하철 노선

평양의 주요 도로망

사회주의 도시의 이해

사회주의 도시란 무엇인가

앞서 '사회주의 도시란 무엇인가?'하고 물었지만, 실질적으로 먼저 던지게 되는 질문은 '사회주의 도시는 존재하는가?'일 것이다. 물론 간단히 설명하자면, 사회주의 국가에 있는 도시를 사회주의 도시라고 정의내릴 수 있을 것이다. 하지만 다른 시대 또는 다른 이념의 도시들을 보자. 중세 시대 교황권이 맹위를 떨칠 때 종교 건축 또는 가톨릭 건축이란 말은 있었지만, 가톨릭 도시라는 말은 없었다. 비슷한 예로, 제국주의 시대의 도시들이 모두 제국주의 도시라고 분류되지는 않는다. 따라서 사회주의 국가에 있는 도시라는 이유만으로 사회주의 도시라고 명명하는 것은 무리가 있어 보인다. 결국 사회주의 도시란 사회주의 국가에 속한 도시가 아니라 어떠한 특정한 성격을 갖는 도시를 의미하며, 이러한 특징이 실현된 도시가 있다면 그 도시는 소속에 상관없이 사회주의 도시라 명명할 수 있을 것이다. 따라서 질문은 '사회주의 도시는 어떠한 특징을 갖는가?'로 이어진다.

이 질문에 대해, 프렌치R. A. French와 해밀턴F. Ian Hamilton은 자본주의 도시에 비해 상대적으로 사회주의 도시가 갖는 특징을 분석, 차이점을 발생시키는 세 가지 중요한 원인을 설명한다. 첫째는 토지 소유권에 대한 시스템의 차이, 둘째는 정부 주도형 도시 개발, 셋째는 국토 개발의 체계적인 계획이다.* 이러한 사항은 사회주의 도시의 특징이 무엇인가에 대한 정확한 해답을 제공해주지는 않지만, 적어도 사회주의 도시가 자본주의 도시와 다른 특징을 가질 수밖에 없는 배경은 설명해준다. 공산주의를 기반으로 시작된

---
* R. A. French, F. Ian Hamilton, 《Socialist City》, John Wiley & Sons Ltd., 1979.

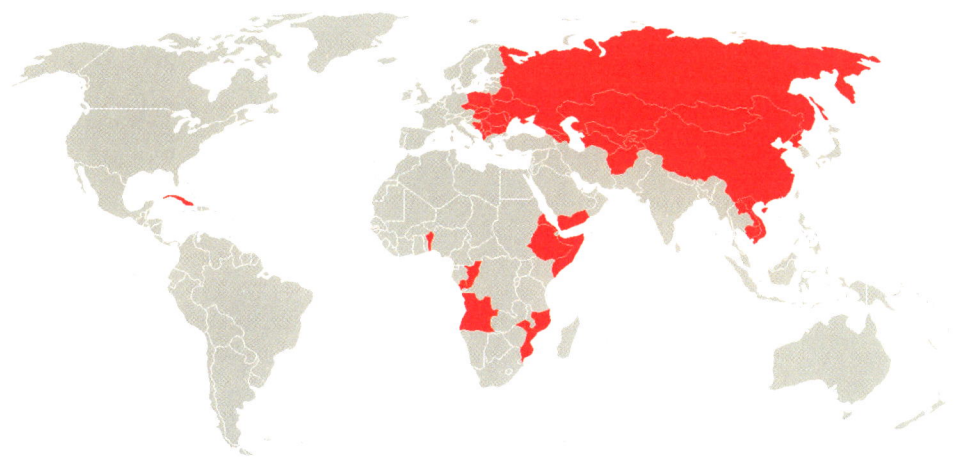

1960년의 사회주의 국가 분포

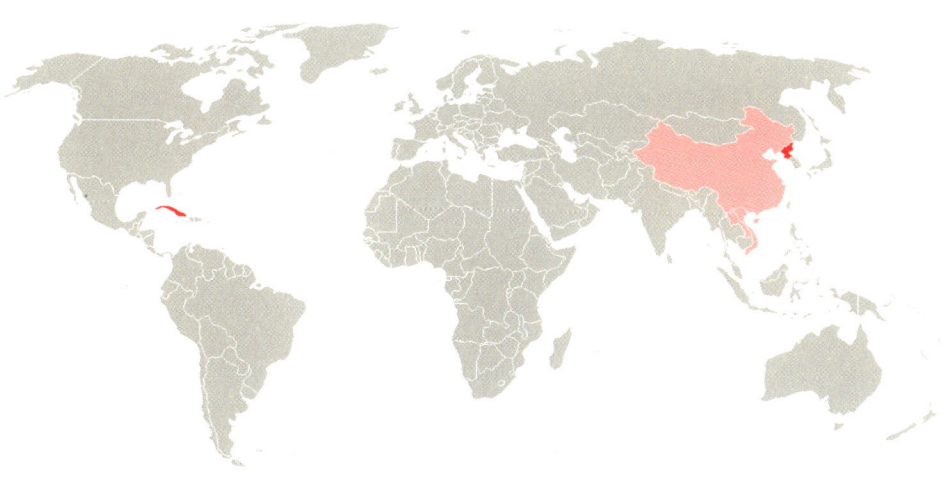

1990년의 사회주의 국가 분포

왜 사회주의 도시 평양에 주목하는가

사회주의는 계획경제 시스템을 바탕으로 가격을 통제하고 수요와 공급을 국가에서 조절하는 방식을 도시 계획에도 같은 논리로 적용했다. 사회주의 도시에서는 개인의 토지 소유를 금지했기 때문에 개인에 의한 개발은 당연히 불가능했고, 따라서 정부 주도의 개발과 계획만이 남게 되었다. 결국 사회주의 도시가 자본주의 도시와 구분되는 점은 사회주의 특유의 계획 이론에 앞서 이념상의 차이에서 출발하며, 동시에 사회주의 이론과 도시계획의 밀접한 관계 때문에 그 차이가 극대화되는 경향도 있다.

사회주의 이념은 마르크스와 엥겔스가 19세기 산업혁명 이후 급속하게 팽창하는 도시와 그로 인한 도시화 속에서 농촌으로부터 계속 유입되는 노동계급의 삶과 주거 환경의 질이 날로 열악해지는 것을 목격하면서 그 이론적 토대를 다듬었다. 당시의 산업화된 유럽의 도시들은 혼잡하고 무질서하며 오염된 공간이었다. 그 중 가장 문제가 되었던 것은 도시 기반 시설, 특히 하수 시설이었다. 로마 시대부터 현재에 이르기까지 도시의 팽창은 필연적으로 하수 시설의 개발을 수반했으며, 그것이 뒷받침되지 않으면 도시는 쉽게 팽창할 수 없는 상황에 빠지게 된다. 조선 시대에도 지속적으로 늘어나는 서울의 인구 때문에 하수 기능을 하던 청계천을 지속적으로 정비해야 했다는 기록은, 하수 시설이 도시화에서 보이지 않는 손으로 작용함을 증명한다.* 즉, 도시화가 지속적으로 진행되기 위해서는 하수 시설을 비롯한 도시 기반 시설이 뒷받침되어야 하고, 이는 예로부터 국가 차원의 계획이 필요한 부분이었다. 19세기 산업화 시대의 도시 이야기로 돌아가면, 특정 계층의 주거 환경의 질이 낮아진다는 것은 그들이 과밀화된 인구의 배설물을

---

* 전우용, 《서울은 깊다》, 돌베개, 2008.
** Steven Marcus, 〈Reading the Illegible〉, Dyos and Wolff(eds.), 《The Victorian City: Images and Realities》, Routledge, 1973.

처리하기에 부족한 하수 시설을 가진 곳에서 배설물과 함께 살아야했음을 의미하고, 이는 그만큼 국가 차원의 대안이 없었다는 사실을 보여준다. 엥겔스는 19세기 중반, 산업화가 가장 빨리 진행된 영국 맨체스터에서 머물면서 이러한 현실을 관찰했다. 하지만 그가 맨체스터에서 발견한 것은 도시화로 인한 혼잡과 삶의 질의 악화뿐만이 아니었다. 그는 근본적으로 이러한 주거 환경의 질적 차이 때문에 도시 내에서 계층 간 공간적 구분이 일어난다고 판단했다.** 도시 환경의 개선을 위한 재개발은 표면적으로는 도시의 혼잡을 해소하고 주거 환경을 개선하는 효과를 보이지만, 실질적으로는 도시 구성원의 새로운 주역인 부르주아가 그 공간을 차지하고 결과적으로 노동계급은 여전히 주거 환경이 전혀 개선되지 않은 곳에 남게 된다고 본 것이다.

실제로 19세기에 다양한 도시 문제를 해결함과 동시에 파리를 근대의 도시로 만들어낸 오스망G. E. Haussmann의 도시 계획은 주거 환경을 상당히 개선했지만, 이 개선된 새로운 공간은 중산층의 전유물이 되었다. 19세기 엥겔스가 관찰하고 지적한 도시 재개발의 이러한 문제점은 150여 년이 흐른 지금도 여전한 듯하다. 특히 건설과 재개발에 대한 국가 경제의 의존도가 높은 한국의 경우는 더욱 그러하다. 2009년 벽두에 발생한 이른바 '용산 참사'를 비롯해 여러 재개발 관련 사태의 본질은, 아마도 엥겔스가 지적한 재개발로 인한 공간적 차별에 있을 것이다. 환경 개선을 표면적으로 내세우지만 지역 개발이 실질적 목표이고, 그 개발 비용을 감당할 수 있는 특정 계층만이 그곳에 터전을 마련할 수 있는 것이 재개발 사업의 근본 구조다. 앞서 언급한 오스망의 파리 재개발 지역과 함께, 도시 내 녹지 공간의 확보라는 명목하에 흑인과 이민자를 정착촌에서 몰아내고 개발된 뉴욕 센트럴파크의 사례를 볼 때, 결국 누가 점유하고 소비하는가를 직시하면서 엥겔스의 관찰을 다시 한 번 곱씹게 된다.

도시화의 문제를 해결하기 위해 철저한 도시계획이 필요하다고 그는 역설했고, 이 도시계획이 또 다른 사회적 문제를 야기하지 않으면서 제대로 실천되려면 사회적 혁명이 필요하다고 생각했다. 이러한 결론은 농촌과 도시의 관계성에 주목한 마르크스도 비슷하게 도출했다. 그는 도시와 농촌의 관계 역시 유물론으로 해석했다.* 도시와 농촌은 서로 연계가 느슨한 구분된 공간이 아니라, 오히려 상호작용을 통해 하나의 완전한 체계를 완성한다고 본 것이다. 그는 저서 《자본론》에서 도시란 자본주의자들이 농촌에서 노동계급을 끌어와 만든, 그들의 최대한의 이익을 위한 공간이라고 보았다. 엥겔스와 마찬가지로 마르크스는 민영 자본에 의해 규제 없이 마구잡이로 진행되는 재개발은 도시와 농촌 간의 양극화를 심화시키는 악순환에 불과하다고 판단했다. 따라서 그는 심화되는 도농 간의 격차를 해소하기 위해서는 공공기관이 모든 자본과 토지를 소유하고 개발을 관리해야 한다고 주장했다.

마르크스와 엥겔스의 관찰과 주장을 기반으로, 다섯 가지의 사회주의 도시계획론에 대한 기본 개념이 정립되었다.** 첫째, 사회주의 도시계획은 대도시화를 지양한다. 사회주의론자들은 기본적으로 도시의 발달과 성장은 농촌 지역에서의 인구 유입을 바탕으로 진행된다고 판단했고, 이때 농촌 출신의 프롤레타리아는 부르주아에 의한 자본의 착취를 피할 수 없게 된다고 보았다. 따라서 사회주의 도시계획에서는 농촌과 확연히 구분되는 산업화된 대도시보다는 농촌의 생산 요소를 갖춘 작은 규모의 도시를 선호한다. 둘째, 사

---

* Peter Saunders, 《Social Theory and Urban Question》, Routledge, 2007.
** 김원, 《사회주의 도시계획》, 보성각, 1998.

회주의자들은 도시 재개발에 반대한다. 앞서 언급했듯 민영에 의한 재개발은 최대한의 이익을 위해, 노동계급이 주를 이루는 저소득층보다는 자본을 지닌 상위 계층의 환경을 개선하는 데 치중할 수밖에 없다. 따라서 도시 환경 개선을 목적으로 재개발이 계속될수록 그 지역은 개발 비용을 충당하기 위해 가치를 상승시킬 수밖에 없고, 따라서 저소득층은 그 공간에서 배제되기 때문이다. 셋째, 사회주의자들은 도시와 농촌 지역의 융화를 모색한다. 이 두 지역은 마르크스의 유물론에 의거, 새로운 환경을 위해 각각의 요소가 하나로 합쳐져야 한다. 특히 제한된 크기를 갖는 도시에는 농촌이 지닌 요소, 즉 생산 영역으로서의 특징을 지니도록 했다. 이에 따라 사회주의 도시에는 실제로 농지를 포함하여 생산 영역이 함께 조성되었다. 넷째, 체계적인 도시계획을 인식했다. 계획이 부재한 상황에서 자본 논리만을 바탕으로 형성된 도시는 혼잡과 오염, 그리고 열악한 주거 환경을 결과물로 낳았다. 따라서 이러한 도시의 문제에 대한 해결책은 초기부터 체계적인 계획을 바탕으로 접근하는 것이었다. 마지막으로, 정부의 통제와 간섭이 사회주의 도시계획의 중요한 특징이었다. 사회주의자들은 정부 기관이 모든 토지와 기업을 소유해야 한다고 주장했으며, 이를 통해 도시의 개발 논리에 대한 지위를 확보해야 한다고 보았다. 다시 말해 국가의 논리, 즉 사회주의 이념이 도시의 개발 정책을 결정하는 데 절대적인 역할을 해야 한다고 본 것이다.

> 마르크스주의자와 사회주의 지도자들에 의해 주장된 개인 토지 소유의 금지, 특수 계층의 제거, 평등의 원칙 등은 도시 조직의 변화를 가져왔다. 주거 영역에서는 무차별과 공간적 평등을 구현하고자 했다. 어떠한 사회적 집단도 더 낫거나 더 선호하는 주거를 선택할 수 없이, 모두가 무작위로 배분되는 주거를 선택해야 한다. 같은 논리로, 대중교통을 포

함한 공공서비스 일체는 모두 동일한 질과 이용성, 그리고 접근성을 가져야 한다. 통근은 (…중략…) 최소화되어야 하며, 어떠한 집단도 특정한 통근 방법에 다른 집단보다 더 의존하거나 덜 의존해서도 안 된다. 또한 위락 시설을 포함한 높은 수준의 편의 시설도 모든 사람이 동등한 접근성을 가져야 한다. 이러한 모든 도시의 환경은 동등하게 분포되고 이용되어야 한다.*

마르크스와 엥겔스의 사회주의 이념뿐만 아니라 사회주의 도시계획에 대한 초기 개념을 현실화할 수 있었던 곳은 당연히 사회주의 혁명이 최초로 성공한 러시아였다. 레닌은 혁명 후 모스크바를 최초의 사회주의 국가의 수도로 건설하고자 했고, 이때에 가장 큰 영향을 미친 개념은 에비니저 하워드Ebenezer Howard의 '전원도시 운동Garden City Movement'이었다.** 이유는 간단하다. 이 전원도시의 개념 역시 마르크스와 엥겔스의 관찰과 마찬가지로, 19세기 산업화 도시의 문제를 파악하고 이를 해결하기 위한 대안으로 제안된 도시계획안이었기 때문이다. 여타 도시계획 대안이 새로운 산업화 도시를 제안한 반면, 전원도시 개념은 이를 탈피하고자 함으로써 사회주의자들에게는 가장 이상적인 개념으로 받아들여졌다. 이 영향으로 사회주의 도시계획은 전원도시와 비슷하게 녹지 인프라와 다핵화를 통해 도시의 팽창을 억제하고 주거환경의 질을 보장함을 기본으로 삼게 되었다.

---

* G. Demko, J. Regulska, 〈Socialism and its impact on urban processes and the city〉, Urban Geography(vol.8), 1987.
** Liang Zhao, 《Modernizing Beijing: Moments of Political and Spatial Centrality》, Harvard University, 2006.
** Duanfang Lu, 《Remaking Chinese Urban Form Modernity, Scarcity and Space, 1945-2005》, Routledge, 2006.

러시아는 1935년에 '모스크바 재건을 위한 계획General Plan for the Reconstruction of Moscow'(이후 '모스크바 플랜')을 발표했다. 여기서 모스크바는 인구 500만 명의 도시로 규정되었고, 면적은 기존의 286㎢에서 600㎢로 확대되었다. 도시의 밀도를 낮추기 위함이었다. 아울러 도시 면적의 30%가량을 녹지로 조성해 노동자에게 여가와 휴식의 공간을 제공해줌은 물론, 도시의 팽창을 억제하고자 했다. 하지만 무엇보다도 이 녹지 면적의 확보는 마르크스와 엥겔스가 주장한 도농 간 격차 해소가 주된 목적이었다. 따라서 도시 내에 농촌의 요소를 도입하기 위해 이 녹지 공간 일부는 농업 용지로 설정되었다.

> 1935년 모스크바 플랜에서 처음 도입된 '마이크로 디스트릭트mikrorayon' 개념은 75~125에이커의 면적에 5,000~1만 5,000명 정도의 인구를 수용하는 주거 단지로 정의되었다. 각각 반경 300~400m 규모인 네댓 개의 마이크로 디스트릭트는 복합 주거 단지를 형성했다. 스탈린 시기에 이 마이크로 디스트릭트 개념은 슈퍼블록 계획에 의해 대체되었다. 스탈린 사후, 새로운 공산당 서기관인 니키타 흐루쇼프Nikita Khrushchov가 소비에트연방을 새로운 방향으로 이끌고 나가기 위한 계획을 세우면서 마이크로 디스트릭트 개념은 다시 등장했고 즉각 적용되기 시작했다.[※]

1935년 모스크바 플랜에서는 '마이크로 디스트릭트mikrorayon, microdistrict'의 주거 개념이 처음 소개되었다. 이는 대중의 공공 생활 체계를 마련하는 공간적 개념이었다. 하나의 슈퍼블록 안에 학교나 공용 시설 또는 공공 생활과 밀접한 연관이 있는 상업 시설 등을 주거 시설과 함께 배치하는 방식이었다. 페리C. A. Perry의 근린주구Neighbourhood Unit 개념과 매우 유사한 이 개념은 현재 사회주의 도시나 자본주의 도시 구분 없이 많이 쓰이지만, 당시 이처럼 주구를 만드는 구상은 사회주의 도시계획에서 처음 등장했다. 한편 마이크로 디스트릭트를 적용한 자본주의 도시의 주거에서는 끝내 등장하지 않는 요소가 있었는데, 바로 작업장 등의 노동 시설이다. 이는 도시도 농촌과 같이 생산을 위한 공간이 되어야 한다는 사회주의자들의 판단에서 영향을 받은 결과다. 사회주의 도시계획가들은 이 공간을 주거 단위에 함께 계획함으로서 생산 기능을 수행함은 물론 노동자들의 통근 거리를 최소화할 수 있다고 보았고, 이로써 자생적인 공동체 생활 단위를 실현할 수 있었다. 이 마이크로 디스트릭트는 대략 1만~1만 2,000개의 가구로 구성되었는데, 이는 공공시설을 계획하고 유지하는 데 가장 효율적인 규모라는 판단에 따른 것이었다.*

사회주의 도시 구조

자본주의 도시에서는 토지의 개인 사유가 가장 중요한 세금 수입원이기 때문에, 세금을 써야 하는 공공 영역을 최소화하면서 세금을 매길 수 있는 사유 토지를 최대화하는 것이 도시계획에서 가장 중요한 논리였다. 이는 도시 조직의 개발에 필요한 대도로 등의 요구를 낳았고, 결국 공공 영역이나 녹지 공간을 무시하는 결과를 발생시켰다.**

사회주의와 자본주의의 근본적인 시각의 차이는 결국 사회주의 도시와 자본주의 도시의 물리적 공간의 차이를 낳는다. 바니크 슈바이처Banik-Scweitzer가 역설했듯, 서로 다른 사회의 패러다임과 그로 인한 도시 공간에

---

* A. Obraztsov, 《The Soviet microdistrict, three Soviet architects describe the residential environment being planned for the future Soviet city》, 1961.
** Renate Banik-Schweitzer, 《Wien Wirklich》, Döcker, 2000.
** James. H. Barter, 《The Soviet City: Ideal and Reality》, Sage Publications, 1980.

대한 해석 차이는 공간의 물리적 특성과 형태 자체의 차이를 수반한다. 결국 사회주의 이념의 도시에 대한 관점의 차이와 이를 바탕으로 한 도시계획 이론에 의해 건설된 사회주의 도시는 다음과 같은 특징을 가진다. 1) 제한된 도시의 크기 2) 국가 통제하의 주거 3) 계획된 주거지역 4) 공간의 평등화 5) 통근 거리의 최소화 6) 토지 이용의 규제 7) 합리적 대중교통 시스템 8) 녹지 공간의 확보 9) 국가 개발 계획 일부로서의 도시계획 10) 상징성과 중앙형의 도시.**

흥미로운 것은, 이러한 사회주의 도시의 특징 중 많은 부분이 현재 자본주의 도시에서도 쉽게 발견된다는 점이다. 예를 들어, 녹지 공간의 확보나 토지 이용의 규제, 합리적인 대중교통 시스템 등은 비단 사회주의 도시뿐만이 아니라 대부분의 도시들에서 추구하고자 하는 바이다. 서울의 경우에도 녹지대를 개발하면 같은 면적의 녹지를 다른 지역에 확보해야 하는 규정이 있으며, 토지 역시 용도가 제한이 되어있다. 19세기 산업화 이후 한 세기 넘게 도시화가 진행되면서 생긴 많은 문제를 해결하고자 자본주의 도시들이 여러 대책을 수립했는데, 이때 자연스럽게 사회주의 도시계획의 특징과 유사한 요소가 도입된 것이다. 이는 1930년대 대공황이 시작되면서 시장의 보이지 않는 손에만 의존하던 순수자본주의의 문제점이 드러나자, 이를 해결하기 위해 이전까지 '공산주의'의 특징이라고 생각했던 정부의 시장 개입을 인정함으로써 수정자본주의로 나아갔던 현상과 비슷하다. 따라서 자본주의 도시에서도 발견되는 특징이므로 사회주의 도시의 특징이 아니라고 단정지을 수는 없다.

그럼에도 사회주의 도시만이 갖는 고유한 도시 공간적 특징을 따져보는 일은 의미 있는 작업이라 할 수 있다. 앞으로 평양이 어떠한 방식으로든 시장경제 체제를 도입할 텐데, 그에 따른 도시 공간의 변화 가능성을 예측해

보고자 할 때 이 작업은 매우 중요하게 작용할 것이다. 자본주의 도시에서 쉽게 찾아보기 힘든 '도시 공간'이라는 말은 그 공간이 형성된 사회·경제적 배경이 자본주의 논리와 충돌을 일으킨다는 의미를 내포하며, 따라서 자본주의의 논리가 도시 조직에 반영되기 시작하면 그러한 도시 공간이 가장 쉽게 변화할 수 있기 때문이다. 예를 들어, 왕조 시대가 끝나고 공화정이 사회를 지배하기 시작하면 왕의 거처로 사용되던 궁은 가장 먼저 박물관 또는 의회로 용도 변경되는데, 이는 전 시대의 궁이 공화정 시대의 논리와 충돌을 일으키기 때문이다.

다시 원래의 질문으로 돌아가자. 사회주의 도시에서만 나타나는 도시 공간의 특징으로 어떤 것들이 있을까? 사회주의 도시의 물리적 환경에 직접적인 영향을 미치는 특징들로 범위를 한정한다면, 대략 세 가지로 압축할 수 있다. 첫째는 '생산의 도시city of production', 둘째는 '녹지의 도시city of green', 마지막은 '상징의 도시city of symbolism'다. 앞의 두 가지는 사회주의 이념이 그대로 도시 공간의 구성에 반영되면서 나타난 특징이고, 세 번째는 사회주의 이념 자체의 반영이라기보다는 그것이 사회에 반영되게 하기 위한 수단으로서의 특징이다.

> 고대 중국은 통치 계급이 몰려있는 왕권과 식민지적 성격을 함께 지니는 도시로 이루어진 거대한 국가였으며 대부분의 도시는 소비의 도시들이었다. 노동계층에 대한 권리 박탈은 차치하고서라도, 이러한 도시들의 존재와 영광은 온전히 지방의 착취를 통해서 얻어졌다. 우리가 그러한 대도시에 진입한 이상 이를 방치할 수 없다. 이러한 현상을 막기 위해 우리는 체계적이고도 빠른 속도로 이 도시들의 생산성을 회복시키고 발전시켜나가야 한다.*

'생산의 도시'는 말 그대로 도시 내에 생산 기능을 갖추어야 한다는 의미이다. 앞서 언급했듯이 사회주의 이념에서는 농촌과 도시의 구분을 없애야 한다고 생각했고, 이를 위해서는 도시가 소비만을 하는 공간이 아니라 농촌과 마찬가지로 생산을 담당하는 공간이 되어야 한다고 생각했다. 또한 이를 통해 도시 내 노동계급의 비율을 높이고자 했다. 이는 두 가지 형태로 사회주의 도시에 도입되었는데, 하나는 생산 시설을 도시 내에 계속해서 유지하는 것이었고, 또 하나는 앞서 설명한 마이크로 디스트릭트 내에 작업장 또는 경공업 시설을 배치함으로써 주거와 밀접하게 연계시키는 것이었다. 이는 도시화가 산업화와 함께 이루어지고 산업화 시대가 끝나면서 산업 시설이 용도 변경되거나 도시 외곽 지역으로 밀려나게 되는 자본주의 도시와 근본적인 차이를 보인다.

'녹지의 도시'도 자본주의 도시의 경우와는 매우 다른 특징이다. 사회주의 도시는 개발지 이외의 지역이 녹지로 반영되는 것이 아니라 녹지 영역을 적극적으로 구성함으로써 도시 조직의 틀을 형성해나간다는 점에서 자본주의 도시와는 물리적으로 다른 특징을 지닌다.

> 국제 전원도시협회International Garden City Society는 공산주의 혁명 이후 1913년 상트페테르부르크와 1922년 모스크바에 지회를 설립했다. 도시와 농촌을 결합하고자 한 하워드의 개념은 마르크스주의자의 "도시와 농촌 간의 구분을 지양하겠다"는 목표에 정확히 들어맞는 개념이었다. 하워드의 도시계획과 사회 변화에 대한 강조점 역시 사회주의자들에게

---

* Mao Zedong, "Turning a City of Consumption to a City of Production", 〈People's Daily〉, March 17th, 1949.

환영받았다. 그의 이론은 이후 소련의 도시계획에 지속적으로 중대한 영향을 끼쳤고, 이는 중국의 도시계획에까지 영향을 미치게 된다.*

　서울을 비롯한 일부 도시에서 그린벨트라는 이름으로 녹지대를 도시 팽창을 억제하는 요소로 사용하고는 있지만, 대부분의 자본주의 도시에서 녹지 공간의 조성은 시민에게 공원 시설을 제공하려는 목적을 갖고 있었다. 따라서 이는 도시의 물리적인 형태를 결정짓는 밑바탕이 되는 요소라기보다는, 도시의 기본 조직 위에 얹히는 새로운 레이어의 개념으로 볼 수 있다. 반면 사회주의 도시에서 녹지 공간은 크게 두 가지 목표를 갖고 도시의 기본 틀을 조직하는 기준이 되었다. 첫째는 도시 팽창 억제, 둘째는 도시와 농촌 사이의 차이를 최소화하기 위함이다. 따라서 사회주의 도시에서는 농업 용지를 녹지 인프라로 활용하는 현상이 종종 발견된다.

　'상징의 도시'는 사회주의 도시를 접할 때 가장 먼저 눈에 들어오는 특징이다. 자본주의 도시의 시민에게는 익숙지 않은 공간이다. 사실 사회주의 도시에서 나타나는 상징적인 공간들은 마르크스와 엥겔스의 이념을 바탕으로 한 초기 사회주의 도시계획의 개념에는 나타나지 않는 요소였다. 하지만 실제로 사회주의 혁명이 일어나고 대규모 군중집회와 체제 선전 공간의 필요성이 대두되면서 사회주의 도시에는 거의 필연적으로 상징적 공간이 조성되기 시작했다. 이러한 상징적 공간은 다양한 형태로 도시 내에 분포하게 되었는데, 이는 도시를 다핵화함으로써 팽창을 억제하고 각 도시 공간 간의 평등 관계를 유지하고자 하는 사회주의 도시계획의 개념과 맞물리면서 사

---

* Liang Zhao, 《Modernizing Beijing: Moments of Political and Spatial Centrality》, Harvard University, 2006.

회주의 도시 공간을 특징짓는 가장 중요한 요소 중 하나가 되었다.

사회주의 도시의 정체성을 설명하는 데에는 사회적 접근이나 경제학적 접근 등 다양한 방법이 있다. 그러나 사회주의 이념의 근간에는 무엇보다도 도시의 물리적 환경에서 발생하는 여러 문제점을 해결하겠다는 의지가 깔려있었고, 그런 만큼 사회주의 도시는 그곳을 구성하는 도시 공간의 특징을 설명함으로써 더 심도 있게 정의해볼 수 있을 것이다. 그중 생산의 도시, 녹지의 도시, 그리고 상징의 도시라는 특징은 사회주의 도시를 이해하기 위한 준거의 틀로서만이 아니라, 그 도시가 새로운 환경, 즉 자본주의 논리와 맞닿았을 때 새로운 가능성을 모색해갈 수 있는 맹아로서 또한 의미를 지닌다. 이어지는 평양에 대한 분석과 그 가능성 발견의 작업을, 이들 세 가지 공간적 특징을 기준으로 삼아 전개해나가려 한다.

아시아 각국의 수도

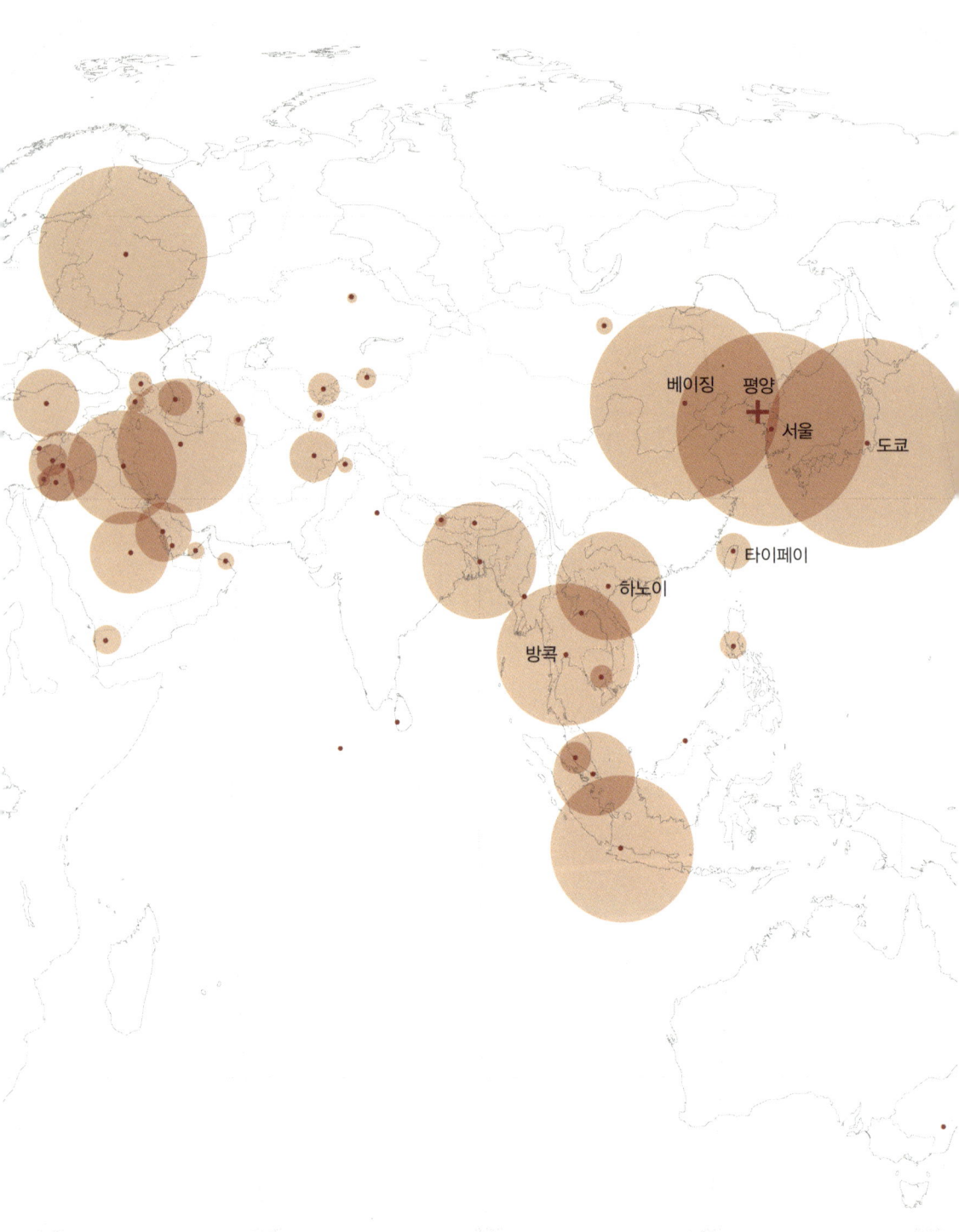

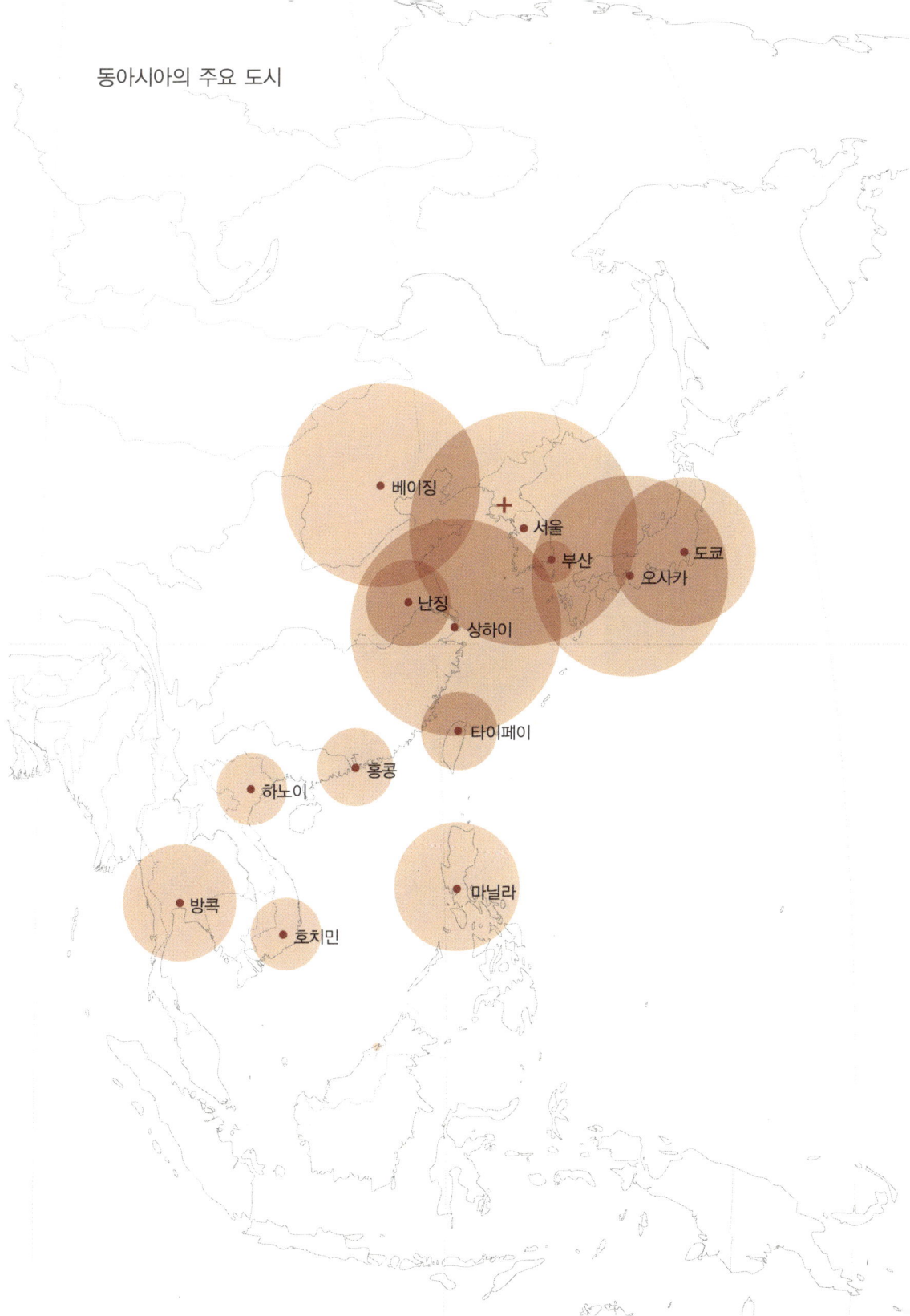

평양과
동아시아 주요 도시
사이의 거리

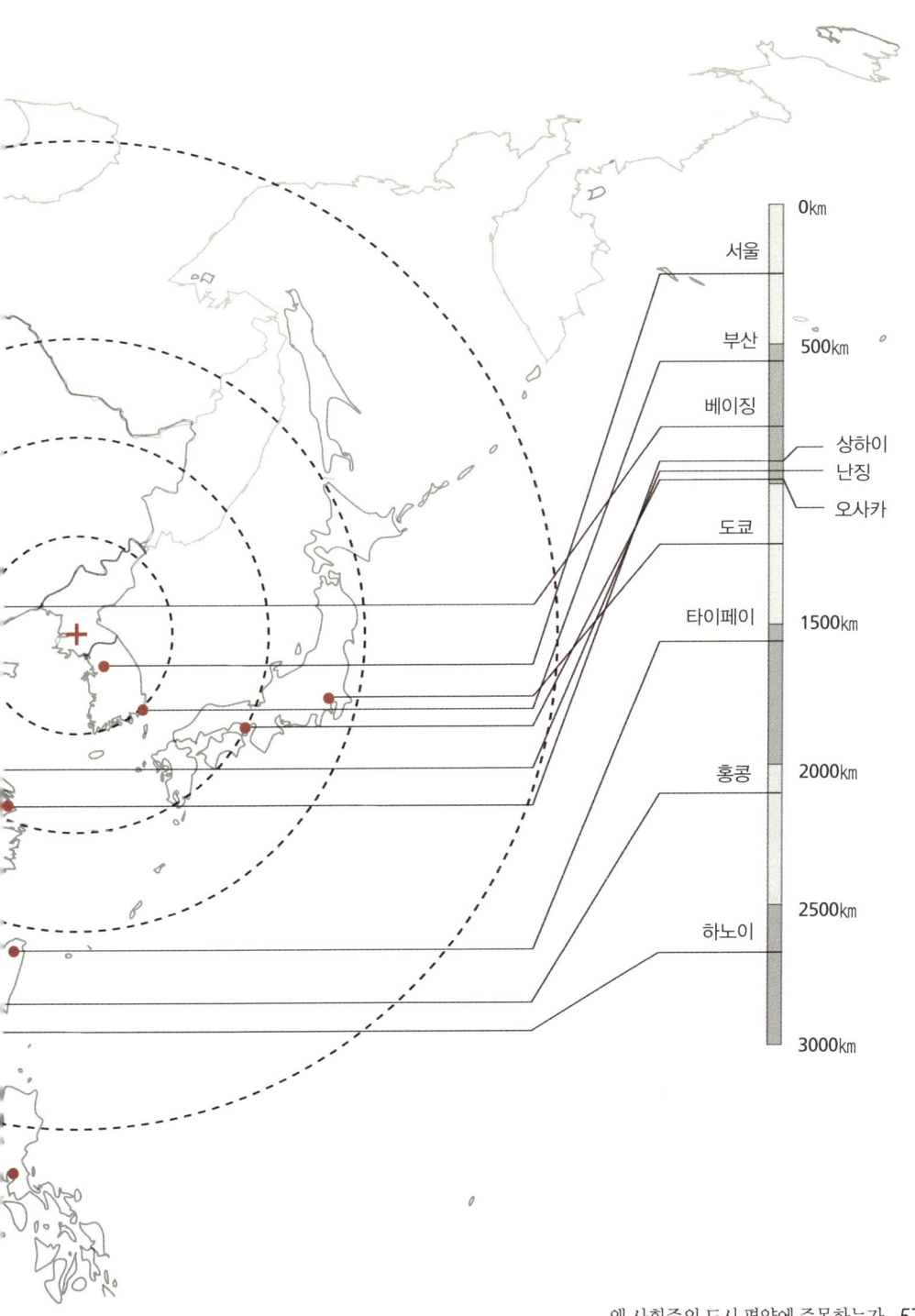

왜 사회주의 도시 평양에 주목하는가 57

동아시아 주요 철도망

평양의 주요 항공 노선

왜 사회주의 도시 평양에 주목하는가

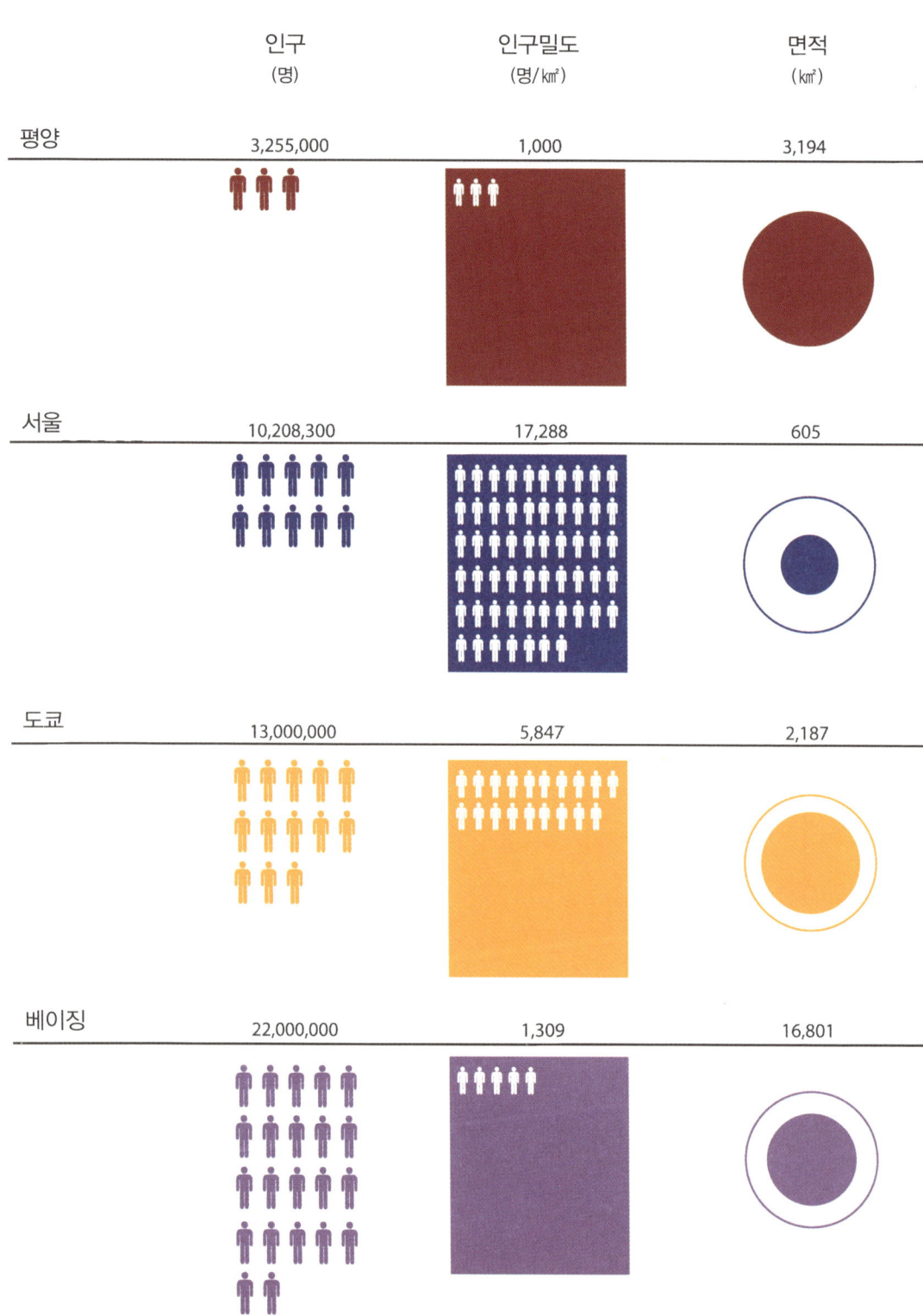

지하철 (총연장_km)	주택 가격 (평균 가격_$)	호텔 숙박비 (1박 기준)
34		$120
		$
314	$420,000	$100
	$ $ $ $ ¢	$
238	$650,000	$120
	$ $ $ $ $ ¢	$
336	$289,000	$32
	$ $ $	$

북한의 심장,
평양

SOCIALIST
CITY;
PYONGYANG

한국전쟁 이후 김일성은 평양을 북한의 수도로 유지하기로 결정했고, 초토화된 평양은 건축가들에게 백지 상태에서 도시를 건설할 수 있는 기회를 제공했다. 결국 평양은 1950년대 전후 복구를 통해 공산권 국가들 사이에서 '이상적인 사회주의 도시'로 인정받았다.

After the three years of Korean War, Kim Il Sung decided to keep Pyongyang as the capital city of the North Korea, and the complete shambles after the war provided architects opportunity to create a completely new structure from the ground up. After all, Pyongyang was considered by other socialist countries to be an ideal socialist city when it was reconstructed from the was in the 1950s.

평양의 지난 100년

앞서 간략히 언급한 대로, 평양은 6세기에 고구려의 수도로 설립된 이래 한반도에서 정치·경제적으로 중요한 역할을 담당해왔다. 특히 조선 시대에 대동강을 중심으로 활발히 이루어진 중국과의 무역으로 평양은 큰 경제 성장을 이루었고, 아울러 수도 서울의 영향권에서 벗어나 중인 세력을 중심으로 새로운 문화를 받아들이는 도시로 성장하게 되었다. 하지만 평양의 인구 증가와 도시의 활발한 물류에도 불구하고, 평양의 기본 도시 구조는 1897년 평양 항구(남포항)가 개방되기 전까지는 크게 바뀌지 않았다. 현재의 평양, 혹은 사회주의 정권 수립 당시의 평양 도시 조직에 가장 큰 영향을 끼친 것은 20세기 전반에 도입된 근대적 요소의 도시 개발 방식이었다. 이 시기에 평양은 급속도로 팽창했으며 기본적인 도시 기반 시설이 대부분 정립되었다.

1894년 청일전쟁에서 승리한 일본은 서해안 지역의 물류 중심지였던 평양을 포함한 다수의 항구를 개항하라고 강요한다. 1913년에 평양은 일제에 의해 부로 지정되었고, 이후 주변 평안남도 지역을 계속 흡수하며 구역을 넓혀갔다. 일본은 평양을 중심으로 한 한반도 북쪽, 즉 현재의 북한 지역을 크게 두 가지 이유에서 집중 개발하기 시작했다. 첫째는 이 지역의 풍부한 광물자원을 최대한 이용하기 위함이었다. 이를 위해 주변의 많은 도시를 공업화해나갔다. 둘째는 중국 대륙을 비롯한 동아시아로 뻗어나가는 전쟁을 준비하는 병참기지로 개발하기 위함이었다. 특히 1930년대 이후에는 북한 지역 도시들에 대규모 군대를 주둔시켰고, 군수물자를 제공할 공업 시설과 철도를 개설했다. 평양 또한 예외는 아니었다. 식민 통치 기간 동안 일본은 평양에 많은 일본인을 상주시켰는데, 그들은 새로운 철로와

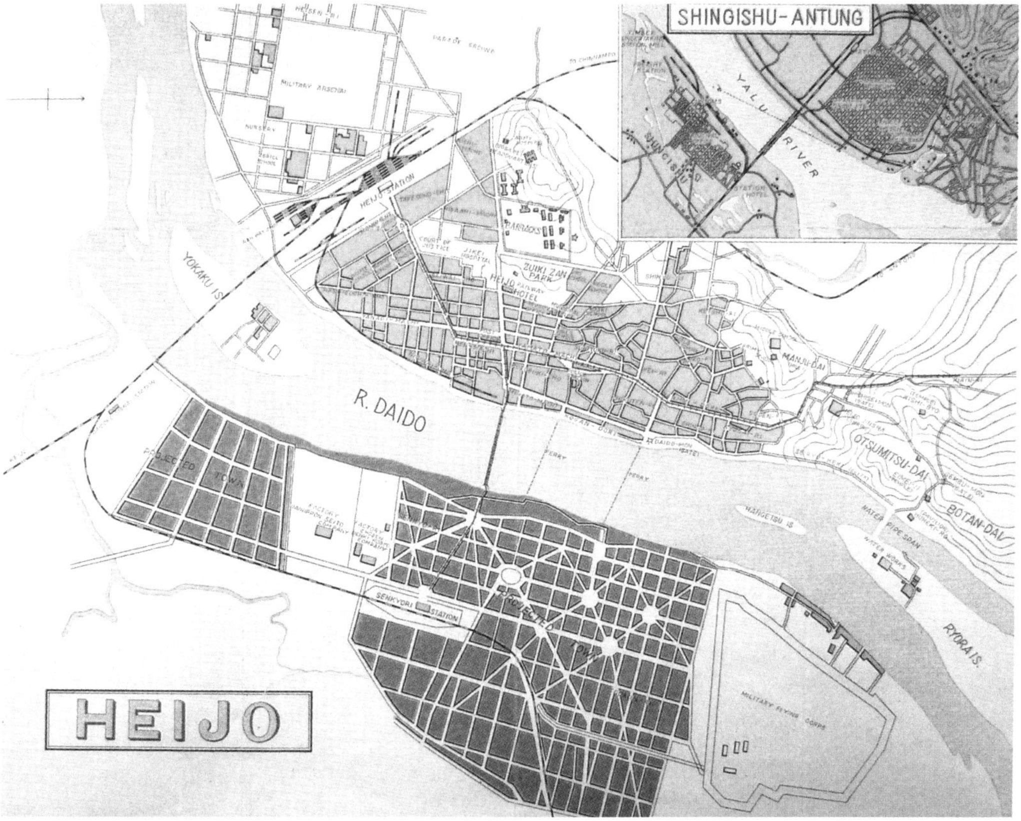

1930년대의 평양 마스터플랜

1947년의 평양 지도

기차역을 만들면서 당시 대다수 조선인이 거주하던 옛 평양성 내 지역을 완전히 뒤바꿔놓았다.* 1,000년 넘게 지속되어온 평양성의 기본 구조는 새로운 철로와 그 주변의 군수공장 등에 의해 새롭게 재편되었고, 광복과 전쟁을 거친 오늘의 평양에도 그 흔적이 남아있다. 기존 리방里坊의 흔적이 남아있던 외성 지역은 그 흔적을 찾는 게 불가능해 보인다.** 어찌되었든 평양은 근대 도시의 모습을 갖추기 시작했고, 일본은 새로운 평양을 개발해나갔다.

1930년대에 들어 본격적으로 동북아시아 진출 전략을 세운 일제는 평양에 대한 장기 마스터플랜을 발표한다. 이 계획에 따르면, 평양은 15~20년 내에 총 면적 110km², 인구 50만 명의 도시로 성장을 목표로 삼고 있었다. 도시 내에는 공업지역과 주거지역, 녹지 영역이 계획되었다.*** 당시 평양의 인구가 약 14만 명에 불과하고 서울의 인구도 40만 명이 채 되지 않았음을 감안하면 이 계획은 다소 무리해 보이지만, 한편으로는 평양을 전략적 도시로 성장시키겠다는 일제의 야심이 반영되었음을 살필 수 있다. 마스터플랜에 따르면, 도로는 폭 12~34m의 여섯 단계로 구분되고, 도시 곳곳에 광장을 마련해 각 영역의 중심 노드node로 구성하도록 했다. 그런데 이 마스터플랜에서 가장 중요하고 두드러져 보이는 점은 역시 대동강 동쪽으로의 도시 확대를 계획했나는 사실이다. 이는 평양의 역사 이래 처음 시도되는 계획이었고(이전에는 옛 평양성 주변인 대동강 서쪽에만 밀집하여 개발되었다), 이로 인해 새로운 개발 축이 생겨났다. 기존의 축이 평양성을 중심으로 한 남북의 축이었다면, 새로운 마스터플랜에서는 동서의 축을 기준으로

---

* 손정목, 《한국개화기 도시화과정연구》, 일지사, 1982.
** 이왕기, 《북한 건축 또 하나의 우리 모습》, 서울포럼, 2000.
*** 김원, 《사회주의 도시계획》, 보성각, 1998.

평양을 확장하고자 했다. 비록 이 마스터플랜이 실현된 부분은 적었지만, 이는 이후 평양의 계획에 어느 정도 영향을 미쳤다.

    1920년경 6만 명이 채 되지 않았던 평양의 인구는 해방 직전에 34만 명에 달해 무려 6배에 가까운 성장을 보였다. 1930년대 마스터플랜에서 계획한 50만 명에는 미치지 못했지만, 그래도 상당히 근접한 수치였다. 같은 기간에 서울 인구가 24만 명에서 98만 명으로 4배, 부산이 7만 명에서 32만 명으로 4.5배 증가한 데 비해 훨씬 큰 성장세였다. 이러한 인구 증가는, 그만큼 평양이 전략적으로 개발되었음을 반증한다. 일제강점기에 급속도로 성장한 평양의 산업과 도시 조직은 광복 후 완전히 새로운 모습으로 바뀌게 된다.

> 폭발로 인한 먼지 구름과 연기 기둥으로 둘러싸인 평양에 황혼이 드리웠다. 우리는 잔해를 보러 나갔다. 도시는 폭탄들로 초토화가 되었다. 포탄은 채 완공되지 않은 새 기차역을 강타했고, 마치 거대한 쟁기가 훑고 지나간 것처럼 노동계급의 거주지를 파괴했다. 건물의 잔해는 기괴한 형상으로 쌓여있었다. 대부분의 도로는 형체를 알아볼 수 없었다. 뒤집힌 전차들은 선로에서 먼 곳까지 내동댕이쳐졌고, 선로는 우뚝 솟았으며, 가로등은 쓰러져있었다. 포탄이 떨어져 만들어진 구덩이가 아스팔트 이곳저곳에 산재했고 도로에는 시체의 잔해가 널려있었다.*

    1950년에 시작된 3년간의 한국전쟁은 한반도의 모습을 뒤바꿔놓았다. 남쪽의 수도 서울과 마찬가지로 북쪽의 수도 평양은 주된 전투의 장이었고

---

* Andrei Frolov, 〈New York Times〉.

폭격의 주요 목표 지점이기도 했다. 미군이 평양에 투하한 폭탄은 태평양 전쟁 당시 5년간 쏟아 부은 폭탄 전체의 양과 맞먹었다. 북한의 자료에 따르면, 당시 평양의 인구가 30만 명이었는데 평양에 투하된 폭탄이 35만 기에 이르렀다고 한다. 한마디로 평양은 초토화된 것이다. 폭격으로 평양 시가지는 완전히 파괴되었으며, 폭격을 피한 건축물은 미군이 지표로 삼고자 남겨놓은 옛 평양성의 남문 대동문이 유일했다. 이처럼 전쟁은 남북한 모두에게 참상만을 남겨놓았다.

하지만 이처럼 초토화된 평양의 상황은 북한에게 반전의 토대를 제공했다. 새로운 이념으로 새로운 도시를 건설할 수 있는 좋은 기회를 부여한 것이다. 소련이나 동유럽, 또는 중국과 같은 다른 사회주의 국가의 도시들과는 달리, 평양은 '이상적인 사회주의 도시'를 건설하는 데 기존 도시 조직과의 마찰을 겪을 일이 없었다. 사회주의자들은 기존의 자본주의나 제국주의를 인정하지 않고 그 흔적을 없애야 한다고 믿었다. 따라서 자본주의나 제국주의의 이념을 바탕으로 건설된 건축물이나 도시 조직은 마땅히 제거되어야 할 대상이었다. 하지만 사회주의 국가의 도시들은 대부분 이 지점에서 하나의 딜레마에 빠질 수밖에 없었다. 기존의 도시는 나름의 기능을 수행하고 있고, 수많은 사람에게 삶의 터전이 되고 있었다. 따라서 기존의 도시를 완전히 뒤바꾸는 작업은 거의 불가능했고, 새로운 땅에 새 도시를 건설하는 일 또한 대단히 무모한 작업임이 분명했다. 결국 많은 사회주의 도시는 기존 도시 조직을 대체로 유지하면서 그 주변 지역에 사회주의 도시의 모습을 하나하나 추가해나가는 방식을 채택할 수밖에 없었다. 하지만 폭격으로 모든 도시 조직이 사라진 평양은 이러한 '장애물'을 만날 일이 없었다.

평양은 북한 내 다른 어떤 도시보다도 훨씬 심각한 전쟁 피해를 입었고, 수도 기능을 재건하는 일은 쉽지 않아 보였다. 실제로 전쟁 이전에 남한에 속한 도시였던 개성은 평양보다 훨씬 적은 피해를 입었고, 주요 도시 조직의 상당수가 그대로 남아있었다. 지금도 잘 보존되어있는 개성의 한옥 마을은 그만큼 전쟁의 피해가 적었음을 대변한다. 어떤 면에서는 개성처럼 적은 피해를 입은 도시를 북한의 새로운 수도로 삼아 재건하는 것이 더 타

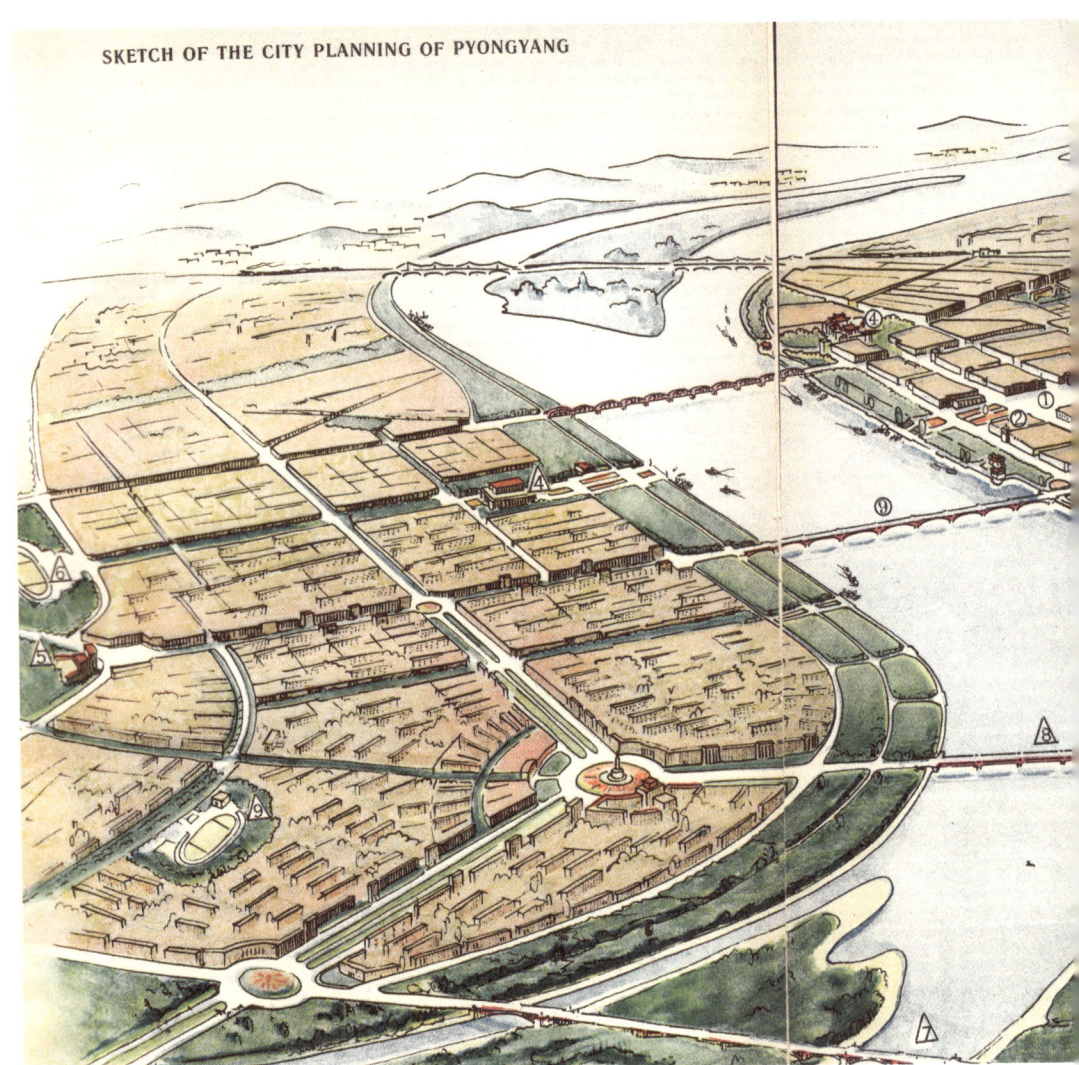

SKETCH OF THE CITY PLANNING OF PYONGYANG

당해 보였다. 실제로 많은 공산권 국가는 새로운 도시를 수도로 삼아 재건하라고 북한 측에 제안했으나 김일성은 평양을 포기하지 않았다. 평양이 변함없는 북한의 수도임을 천명했고, 그곳에 이상적인 사회주의 도시를 건설하기로 결정했다.* 그는 일본제국주의의 잔해 위에 그들만의 사회주의 도시를 건설함으로써 전쟁에서의 승리는 물론 사회주의 혁명의 위대함을

1950년대 마스터플랜 스케치

나타내고자 했다. 이러한 그의 결정은 이미 전쟁 기간 중에 서있었다. 평양을 '이상적인 사회주의 도시'로 재건하겠다는 뜻을 염두에 두고, 건축가 김정희에게 평양 재건을 위한 마스터플랜을 수립할 것을 지시했다.

'이상적 사회주의 도시'로 건설된 평양

한국전쟁 이후 북한은 전 국토의 재건과 함께 주요 도시를 사회주의 도시계획에 입각해 복구하기 시작했다. 첫 전후 복구를 위한 3개년 계획은 1954년부터 1956년까지 시행되었다. 이 기간 동안 북한의 주요 도시들은 각기 다른 공산권 국가들로부터 원조를 받아 복구 작업을 수행했다.** 예를 들어 평양은 헝가리와 불가리아의 원조를 받았는데, 이 영향으로 사회주의 초기 평양의 건축물과 도시 공간은 이들 나라의 양식을 많이 수용했다. 복구 작업은 대동강의 서쪽인 옛 도심부에서부터 시작되었다.

첫 전후 복구 단계에서 평양은 사회주의 도시의 요소들보다는 도시 내 기반 시설을 복구하는 데 주안점을 두었다. 이후 1957년 시작된 개발 5개년 계획에서부터 평양은 사회주의 도시로서의 면모를 만들어나가기 시작했다.:* 이 5개년 계획의 토대가 된 것은 전쟁 중 김일성의 지시에 따라 김정희가 제안한 1953년 마스터플랜으로, 이 마스터플랜은 2년 전인 1951년에 역시 김정희에 의해 작성된 마스터플랜을 발전시킨 내용이었다. 1951년에 작성된 마스터플랜은 도시의 전반적인 규모와 개발 지역에 대한 내용은 담고 있었지

* Chris Springer, 《Pyongyang: The Hidden History of the North Korean Capital》, Saranda Books, 2003.
** 김원, 《사회주의 도시계획》, 보성각, 1998.
:* 이왕기, 《북한 건축 또 하나의 우리 모습》, 서울포럼, 2000.

만, 사회주의 도시계획의 특징은 많이 반영하고 있지 않았다. 1951년 마스터플랜은 오히려 1930년대 일제에 의해 작성된 마스터플랜에 더 가까웠다. 대동강의 동쪽 연안을 평양의 신도시로 지정하여 개발하고, 방사형의 도로 구조와 격자형의 도시 구조를 적절히 조합하는 내용이었다. 이후 1953년에 제안된 새로운 마스터플랜에는 사회주의 도시계획의 특징을 더 명확히 적용하기 시작했다(이는 뒤에서 더 자세히 다루기로 한다). 새로 제안된 마스터플랜은 도시의 규모나 영역을 규정하는 부분에서는 기존의 것과 크게 다르지 않으나, 도시 내 녹지 인프라 구성이나 도시 다핵화 등의 구상은 사회주의 도시계획 이론의 영향을 받은 것으로 볼 만하다.

1951년 평양특별시 재건종합계획도

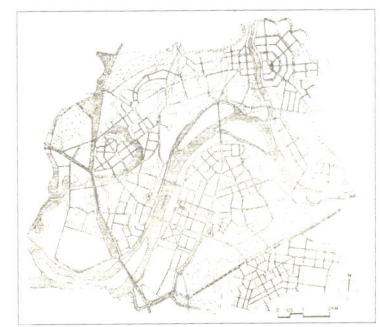
1950년대 중반 평양 도시계획도

평양, 생산의 도시 | Pyongyang; city of production

평양은 일제강점기 시절부터 군수산업을 비롯한 중공업이 발달한 도시였다. 이로 인해 철도를 비롯한 도시 기반 시설이 잘 갖추어져있었다. 전후 평양은 이러한 중공업 시설과 도시 기반 시설을 복구하는 데 주력한 결과, 다른 자본주의 도시에 비해 월등이 높은 공업 시설 비율을 갖게 되었다. 서울의 공업 용지 비율이 2.8%에 불과한 반면 평양은 19%에 달한다. 다른 남한의 도시도 평균 6%에 불과한데, 평양은 그 세 배가 넘는 비율의 면적을 공업 용지로 활용하는 셈이다. 이는 원래 평양이 공업 위주의 도시였기 때

평양 시가지 내 생산 시설 분포

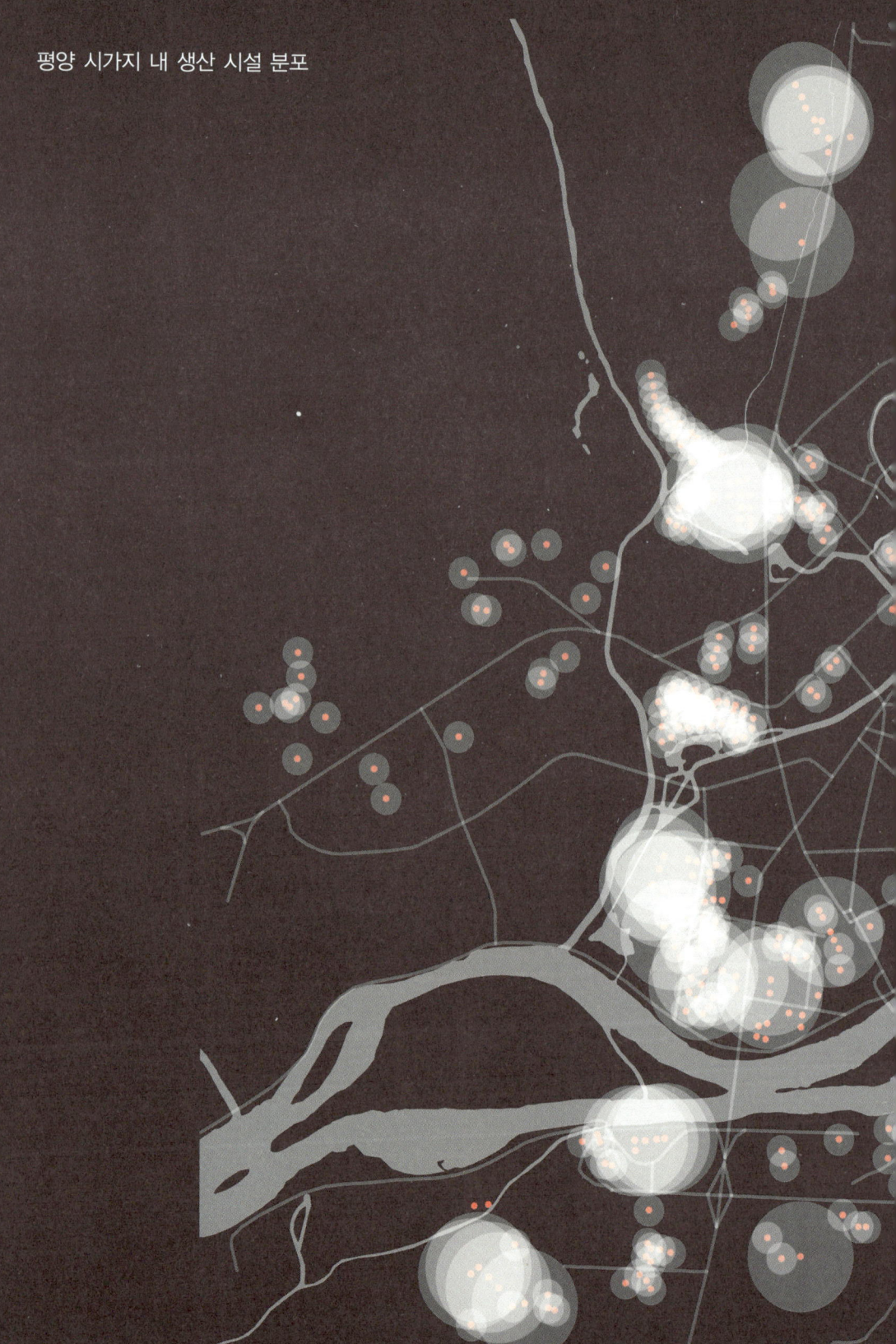

문이라기보다는, 사회주의 도시는 생산 시설을 갖추어야 한다고 생각한 사회주의 도시계획가들의 의지에 따른 결과로 보인다.

실제로 평양공업지구는 북한에서 가장 큰 공업단지다. 평양과 그 위성도시인 남포, 대안, 송림, 사리원 일대에 걸쳐 조성된 곳으로, 이 단지에는 대동강 유역을 따라 북한의 주요 경공업 및 중공업 시설이 분포한다. 기계공업이 특히 발달했으며, 경공업의 경우 북한 전체 경공업 규모의 8%를 차지하는 등 북한 내 주요 생산도시 역할을 한다. 이는 주요 생필품 등 소비재를 각 도시에서 자급하는 구조를 갖추기 위한 노력의 일환으로 해석되는데, 평양에서도 도시 곳곳에 경공업 시설이나 그것을 보충하기 위한 작업장 및 경영뜰을 배치함으로써 자급 가능한 생산의 도시로서의 모습을 갖추고자 했다. 이 시설들은 앞서 살펴본 마이크로 디스트릭트라는 주거 단지 안에 주거 시설과 함께 배치되는 형태를 띤다. 사회주의 도시계획의 특징적 요소인 이 마이크로 디스트릭트 개념을, 북한에서는 '주택소구역계획'이라는 명칭으로 새롭게 해석해 도입했다.

북한의 주택소구역계획 또는 마이크로 디스트릭트 개념은, 앞서 간단히 언급했듯 페리가 1924년 주창한 '근린주구'라는 주거 단위 개념과 비교해 살펴볼 수 있다. 이 개념은 주거 단위에 커뮤니티를 형성하고, 이를 통해 쾌적한 주거 환경을 제공할 수 있어야 한다는 면에서 주택소구역계획과 많이 닮아있다. 근린주구 개념은 반경 100m 정도의 인보구, 인구 3,000~5,000명 규모의 근린분구, 그리고 1만~2만 명 규모의 근린주구 단위로 세분화되며, 공공시설과 열린 공간, 교육시설이 커뮤니티를 형성할 수 있도록 적절이 분포해야 한다는 내용을 담고 있다. 또한 순환 교통을 선호하고 내부 통과 교통은 최대한 배제하도록 계획된다.* 이 조건을 바탕으로 페리가 제안한 모델은 1,000명 정도의 초등학생을 수용할 수 있는 4,000~5,000명 규모의 주거 단위였다. 그 면적은 도보 가능 거리인 반경 약 400m를 고려해 64㏊ 정도로 설정되었다. 또한 공공시설과 상업시설은 인근 주거와 인접해 단지의 중심에 위치하도록 했다. 소련의 마이크로 디스트릭트 개념이 다른 사회주의 도시들의 주거 개념의 모델이 된 것처럼, 페리의 근린주구 개념은 이후 많은 자본주의 도시들이 채택한 현대 집합 주거의 기본 개념이 되었다. 이 두 개념은 실제로 굉장히 많은 유사성을 띠고 있다.

북한의 주택소구역계획은 이론적으로 마이크로 디스트릭트 개념을 바탕으로 구성되었다. 주택소구역은 크게 세 개의 단위로 구성되는데, 가장 기본이 되는 단위는 '초급봉사단위'다. 이는 반경 100~150m의 범위에 주민 2,000~3,000명 정도를 지원하는 단위로, 이에 포함되는 공공시설은 밥공장, 어린이 놀이터, 공동녹지, 경영뜰 등이다. 그 다음으로 큰 단위는 '소구역봉사단위'로, 반경 400~500m의 범위에 주민 6,000~9,000명 규모를 지원한다. 이는 초급봉사단위의 공공시설보다는 좀 더 큰 규모의 시설인 도서관, 두부공장, 체육관, 연료공급소, 동사무소 등을 포함한다. 마지막 단위는 '구역봉사단위'로, 2,000~2,400개 가구에 총 4,000~7,500명 정도의 주민이 대상이 된다.** 면적은 대략 15~30㏊로, 페리의 근린주구 단위에 비해 절반 이하 규모다. 이 소구역 안에는 작은 경공업 시설이나 작업장 등이 배치되어 해당 주민들의 노동의 상 역할을 하며, 통근 거리와 시간을 최소화한다. 아울러 학교와 탁아 시설, 보건소 등 주민 편의 시설과 교육 시설을 두어, 소구역이 하나의 자생적 주구 단위로 독립하는 데 목표를 두었다.

---

* Larry Lloyd Lawhon, 〈The Neighborhood Unit: Physical Design or Physical Determinism?〉, 《Journal of Planning History》, 2009.3.
** 리화선, 《조선건축사》, 발언, 1993.

평양의 주거 분포

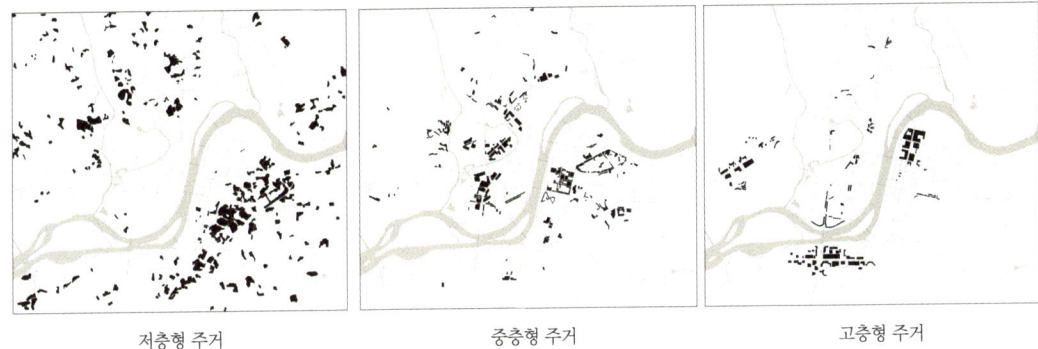

저층형 주거　　　　　　중층형 주거　　　　　　고층형 주거

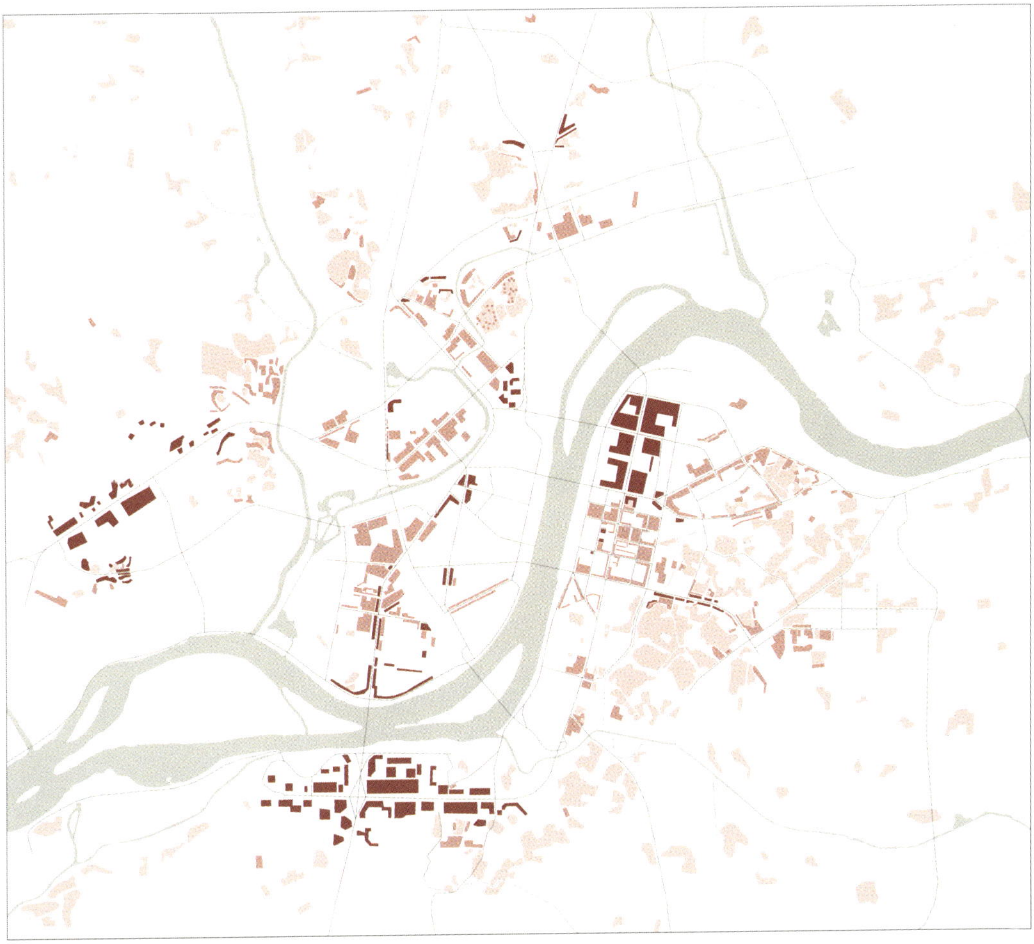

　　저층형 주거
　　중층형 주거
　　고층형 주거

이 계획의 요소 중 페리의 근린주구 개념과 다른 것 중 하나가 단지 내 도로에 관한 사항이다. 페리의 개념에서는, 하나의 커뮤니티를 형성하기 위해 외부의 통과 교통을 배제할 목적으로 단지 내 도로와 외부 도로의 연계성을 높지 않게 설계했다. 단지 내 도로가 발달하지 않았다는 면에서 주택소구역계획은 근린주구 개념과 닮았다. 하지만 그 배경 차이는 확실히 있다. 앞서 설명한 대로, 주택소구역계획은 경공업 시설과 작업장을 배치함으로써 소구역이 주거의 공간뿐 아니라 노동의 공간이 되게 하여 그 구역 자체를 자생적인 독립 단위로 만들고자 했다. 이로써 주민들이 종일 넓지 않은 반경 안에서 생활하므로 구역 내 차량 운행을 활성화할 이유가 없었다. 또한 구역의 크기 자체도 처음부터 도보 가능 거리를 기준으로 계획되었기 때문에 보행 위주의 환경을 갖추고 있고, 사람들은 일정한 반경 내에서 생산과 소비와 주거에 필요한 모든 시설을 이용하며 대부분 대중교통을 이용하게 되어있다. 이는 물론 개인의 자가용 차량 소유를 인정하지 않고 대중교통을 장려하는 사회 문화와도 관련 있다. 이런 여러 가지 이유로, 최근에는 사회주의 도시의 마이크로 디스트릭트를 통해 자생적인 주거 단지에 대해 연구하는 사람도 많이 생겨났다.

평양이 공업이나 상업 용지의 별도 편성을 지양하고 소구역에 주거 시설과 작업장, 상업 시설을 함께 배치한 데는 계층 간 구분을 없애려는 의도도 있었다. 패널C. W. Pannell에 따르면, 도시 내 지역 간 격차는 거기 사는 주민의 실제 계층적 차이에 기인하기보다는 그 지역의 용도 때문에 발생한다.* 그러므로 이런 용도 구분을 없앰으로써 지역 간 격차를 완화하고, 궁

---

* C. K. Leung and Ginsburg, 《The International Structure of Chinese Cities: Nanking》, University of Chicago, 1980.

극적으로 사회 계층 간 격차를 없앨 수 있다고 보았다. 예를 들어 주거 전용 지역과 공업 밀집 지역에 딸린 주거지는 환경적 차이 때문에 지역 간 격차가 생길 수밖에 없고, 이는 두 지역 주민 간의 계층적 분리를 야기한다. 하지만 모든 주거지역이 일정한 비율의 공업 시설과 상업 시설, 공공시설을 포함하고 있다면 환경적 요인에 의해 생기는 지역 간 격차를 최소화할 수 있다. 이러한 이론적 배경을 바탕으로 평양은 소구역계획을 통한 복합 주거 단지를 지향했고, 이를 통해 궁극적으로 공간적 격차를 해소하고 계층 간 구분을 없애고자 했다.

소구역계획에 입각한 지역이 가장 잘 발달한 곳은 김일성광장 맞은편의 대동강 동쪽 지역이다. 옛 도시의 흔적이 많이 남아있는 서쪽 지역과 달리 이 지역은 1930년대 일제의 마스터플랜에 포함되긴 했지만, 실제로 개발된 적이 없었다. 서울로 치면 1960년대 이전의 강남인 셈이다. 또한 평양의 중심 공간인 서쪽의 김일성광장 인근 지역에 대응해 동쪽에 같은 위계를 지닌 지역을 개발함으로써 도시 개발의 중심과 축을 실현하고자 했다. 새로운 시스템을 도입하기에 최적지였던 바로 이곳에, 사회주의 도시계획의 가장 큰 특징이라 할 마이크로 디스트릭트, 즉 주택소구역이 도입되었다. 이 조직은 기본적으로 메가블록 또는 맥시 그리드로 구분되는 250m × 250m의 격자 시스템을 채택했으며, 블록의 가장자리에는 주거 시설, 내부에는 기타 공용 시설과 작업장이 배치되었다. 이러한 배치상의 특징은 다른 자본주의 도시에서 보이는 복합 주거의 배치와는 사뭇 다르다. 일반적으로 공공성이 더 강하다고 보이는 작업장이나 공용 시설은 (만약 존재한다면) 서비스와 외부인의 접근성을 고려해 외곽에, 사적인 영역으로 생각되는 주거 공간은 블록의 안쪽에 위치하기 마련이다. 하지만 앞서 설명했듯이 소구역 내의 작업장과 공용 시설은 그 구역 내 주민을 대상으로 하는 시설이기에 외부에서의 접근성은 크게 고려하지 않는다. 또한 고층의 선형線形 주거 시설을 구역 외곽에 배치하여 가로 경관의 질을 높이고자 하는 선전적인 요소도 이에 영향을 미쳤다.

평양, 녹지의 도시 Pyongyang; city of green

> 넓은 녹지 공간, 공원, 놀이공원과 위락 시설……. 평양을 방문하는 사람들은 마치 공원에 온 것처럼 산뜻한 기분이 든다고 말하곤 한다. 이 때문에 평양은 공원의 도시라고 불린다. 평양의 거주인 1인당 녹지 면적은 58㎡에 달한다. (…중략…) 독립 이전의 대동강 연안은 매해 발생하는 홍수와 오염 때문에 흉물스러웠다고 하나, 이제는 인민이 사랑하는 수변 공간으로 탈바꿈했다.*

앞서 살펴본 바와 같이 녹지 공간의 구성은 사회주의 도시계획 이론에서 매우 중요한 요소다. 이것은 노동자에게 여가 공간과 더 나은 환경을 제공하기 위함은 물론, 도시의 팽창을 억제하는 요소로 사용되었다. 실제로 도시의 전반적인 구조를 구성하고 결정하는 데 가장 중요한 요소가 바로 녹지 인프라다. 이 녹지 인프라는 평양의 1953년 마스터플랜을 1951년 마스터플랜과 구분 짓는 가장 큰 요소로, 김정희는 위성 지역을 여럿 형성해 평양을 다핵화 도시로 구성하고자 했으며, 이때 녹지 인프라는 그 지역들을 구분하고 완충해주는 역할을 했다. 이는 1935년 작성된 모스크바 마스터플랜에서 직접 영향 받은 것으로, 평양에 녹지 인프라의 개념이 도입될 때에

---

* Han Pan-jo, 《Pyongyang, a Park City》, Korea Pictorial, 2002.

는 대동강을 비롯한 지형 자체가 녹지 인프라의 역할을 대신하기도 했다.

　김정희가 1953년 마스터플랜에서 소개한 녹지 인프라는 서울의 그린벨트와 비교해서 볼 수 있다. 그린벨트 개념은 1970년대 초반 서울뿐 아니라 부산, 대구 등 총 13개 도시에 적용되었다. 이는 도시의 무분별한 팽창을 막고 도시 주변의 자연환경을 보존하여 시민에게 더 나은 주거 환경을 제공한다는 목표를 갖고 있었다. 이 지역에서의 토지 용도 변경과 건물의 신축 등은 강력히 제한되었지만, 그 목적을 훼손하지 않는 범위 내에서의 개발은 용인되기도 했다. 1972년에는 서울 광화문 사거리를 중심으로 반경 30km 일대가 그린벨트 영역으로 지정되며 수도권의 개발을 강력하게 제한했다. 하지만 후에 수도권으로의 인구 유입이 지속되고 개발 논리가 더욱 거세지면서 그린벨트는 계속해서 해제되었고, 지금은 수도권의 팽창을 억제하는 역할을 크게 수행하지 못하고 있다.

　도시의 팽창을 억제하고 도시민에게 더 나은 주거 환경을 제공하겠다는 의도 면에서, 1953년 마스터플랜에 나타난 평양의 녹지 인프라는 서울의 그린벨트와 많이 닮았다. 하지만 이 둘의 가장 큰 차이점은 그 영역을 구성하는 다이어그램에서 찾을 수 있다. 서울의 그린벨트는 말 그대로 벨트 형태로 서울과 수도권을 둘러싸며 수도권의 확장을 억제함과 동시에, 서울과 지방의 영역을 확실히 구분하는 역할도 수행했다. 조선 시대의 한양 성곽과 비슷한 역할을 한 셈이다. 따라서 지역적 격차는 불가피한 산물이었다. 반면에 평양의 녹지 인프라는 방사형으로, 도시 외곽 영역이 도시 쪽으로 침투하는 모양을 띠고 있다. 다시 말해, 도시를 하나의 띠로 구획하여 개발을 억제하는 방식이 아니라, 외곽의 녹지 요소를 도시 내로 끌어들임으로서 도시의 확장을 제한하는 형태였다. 즉, 녹지 인프라는 도시와 농촌 간의 공간적 구분이 아니라, 그 둘을 연결하는 공간적 매개체 역할을

평양의 녹지 공간

농업 용지

자연 녹지

공원화 지역

- 농업 용지
- 자연 녹지
- 공원화 지역

하는 것이 특징이다. 또한 이것 자체가 도시를 여러 영역으로 구분하고 팽창을 억제함으로써 도시와 농촌 간 격차를 최소화하는 데 도움을 주도록 했다.

1953년 마스터플랜상의 녹지 인프라는 크게 세 가지 용도로 구성되었다. 레저 및 공원 시설, 자연 녹지, 그리고 농업 용지. 현재 평양은 전체 면적의 77%가 농지를 포함한 녹지 영역으로 할당되어있을 정도로 도시 내에 많은 부분이 녹지 인프라로 구성되어있다(평양 중심부의 녹지 면적 비율도 25%에 달한다). 실제 평양은 2,629㎢의 면적을 갖고 있음에도 시가지 면적은 약 90~100㎢에 불과하다. 물론 현재 평양의 모습이 마스터플랜에서 계획한 녹지 인프라의 모습을 그대로 담고 있지는 않지만, 적어도 두 가지의 경우에서는 이 녹지 인프라가 충실히 구현되었다고 볼 수 있다.

첫째는 유원지와 공원 시설이다. 이 시설들은 대부분 평양의 자연 지형을 따라 계획되었고, 일부 녹지 인프라는 이 자연 지형을 그대로 반영했다. 김일성은 교시를 통해 "공원과 유원지는 노동자의 좋은 휴식터일 뿐 아니라 청소년에게 자연에 대한 산 지식을 주며 조국과 향토를 사랑하는 정신을 길러주는 학교의 공간"이라고 역설할 정도로 이들 시설을 매우 중요하게 인식했다. 따라서 평양은 시대를 거듭하며 공원과 유원지 시설 건설에 힘썼다. 특히 1980년대부터는 '공원 속의 도시'라는 구호를 걸고 대동강과 보통강의 양안, 그리고 주요 도로 주변의 녹지화 사업에 초점을 맞추었고, 국제적인 도시로의 격상을 위해 많은 위락 시설을 계획했다.* 평양에는 약 30개의 공원 및 놀이 시설이 있고, 시민 1인당 약 40㎡의 녹지 공간이 마련

---

* 김원, 《북한의 도시개발 정책에 관한 연구》, 한국지방정책연구원, 1990.
** 김원, 《사회주의 도시계획》, 보성각, 1998.

되어있다. 이는 1인당 평균 16㎡의 녹지 공간을 가진 서울이나 평균 20㎡의 녹지를 가진 OECD 국가보다 두 배 이상 높은 수치다.

둘째로 녹지 인프라의 개념이 잘 반영된 것은 농업 용지다. 앞서 설명했듯이 녹지 인프라는 도시의 팽창을 억제하고 도농의 구분을 해소하고자 제안된 개념이다. 따라서 공원과 자연 녹지뿐만 아니라 농업 용지를 이용하여 이를 실현하고자 했다. 서울의 경우 주로 그린벨트를 경계로 도시와 농지가 극명하게 구분되는 것과 달리, 평양에서는 농지 자체를 녹지 인프라로 활용, 도시에 깊숙이 침투시킴으로써 도시와 농촌의 경계를 모호하게 했다. 이로써 도시와 농촌 간의 기능적·공간적 구분을 없애고자 했다. 평양이 예전부터 농업 생산에 적합한 지리적 특징을 가졌다는 점을 차치하고라도, 평양의 중심 시가지가 농업 용지와 특정한 경계부 없이 얽혀있는 공간적 구성을 보면, 농지를 도심부에 가능한 한 많이 침투시키겠다는 평양 도시 설계자들의 의도를 읽을 수 있다. 김일성광장을 기점으로 개발된 시가지 지역이 반경 10㎞까지 뻗어있는데, 이 영역 안에 주요 농업 지역이 나타나는 모습을 보면 시가지와 농업 지역이 특별한 공간적 구분을 갖지 않는다는 사실을 확인할 수 있다.

북한 당국이 도시와 농촌 간의 균형과 조화를 중요시했음은, 김일성이 1964년 발표한 〈우리나라 사회주의 농촌문제에 관한 테제〉를 통해 도시와 농촌 간의 균형과 상호 의존 관계에 대해 역설한 대목에서도 확인할 수 있다.** 이는 물론 사회주의 도시계획 이론에 의거한 것이며, 특히 모든 도시에 공업과 농업을 고르게 분포시켜야만 도시와 농촌 간의 격차가 해소될 수 있다고 본 엥겔스의 방법론을 바탕으로 한다. 또한 김일성은 농촌에는 도시형 주택을, 도시에는 농촌형 주택을 건설함으로써 도농 간의 격차를 해소할 수 있다고 보았다. 이처럼 북한에서는 평양을 비롯한 많은 도시에서 도시와 농촌 간의 공간적 경계를 허무는 작업에 주력했고, 특히 농지를 도심에 배치하는 방법론을 적극 활용했다.

평양, 상징의 도시 Pyongyang; city of symbolism

> 평양을 혁명의 수도로 만들고 인민을 위한 수도로 만들고자 하는 것은 나의 꿈이자 계획입니다. 평양이 나라의 얼굴인 것처럼, 평양의 중심부는 평양의 얼굴입니다. (…중략…) 올바른 중심부를 만들기 위하여 올바른 축을 형성하는 것은 매우 중요합니다. 이제 우리는 김일성광장 앞에 인민대학습당을 지어 이를 평양의 중심축이 되도록 하려 합니다.*

다른 사회주의 도시와 마찬가지로, 사회주의 혁명을 선전할 수 있는 상징적 광장이나 기념비는 평양의 도시 공간을 조직하는 데 매우 중요한 요소다. 광장은 로마 시대 때부터 중요한 도시 공간적 요소였는데, 그 공간의 의미는 시대가 변하면서 계속 바뀌었다. 때로는 종교적 공간과 연계된 공간의 의미를 지녔고, 때로는 시민의 집합소나 시장의 의미를 지녔다. 사회주의 도시계획가에게 이러한 공간은 또 다른 의미로 사용되었다. 사회주의의 이론이 혁명을 통한 패러다임의 전환을 기본 전제로 깔고 있는 만큼, 사회주의에서는 대중의 선동과 집회가 대단히 중요하게 여겨졌다. 그러한 이벤트를 통해 대중과 사회를 하나의 이념으로 응집시킬 수 있었기에, 사회주의자에게 이를 위한 공간은 필수적이었다. 따라서 혁명에서 성공한 사회

---

* 김일성 교시, 《Glorious 50 Years》, Korea Pictorial, 1995.
** Eve Blau, Ivan Rupnik,《Project Zagreb: Transition as Condition, Strategy, Practice》, Actar, 2007.

주의 국가가 가장 먼저 착수하는 일은 상징적 공간을 도시 내에 조직하는 작업이었다. 예를 들어 크로아티아의 수도 자그레브Zagreb의 반 엘라치차 광장Ban Jelacic Square은 19세기에 만들어졌으나, 본래 있던 동상을 철거하고 사회주의 기념비 등으로 대체함으로써 이곳에 '사회주의 혁명 승리'라는 상징성을 부여했다.**

평양의 상징화 작업은 크게 광장의 조직과 기념비의 건설 두 가지로 구성되었다. 여타 동유럽 사회주의 도시와 달리, 평양에는 애초에 광장이라는 공간이 존재하지 않았다. 전통적으로 서구적 광장의 개념이 존재하지 않았기 때문이다. 따라서 평양은 기존 광장의 개조를 통해 상징적 공간을 만들곤 했던 동유럽 국가들과는 달리, 광장을 새로이 마련함으로써 사회주의 도시 건설에 조직적으로 활용할 수 있는 이점을 확보했다. 김정희는 1953년 마스터플랜에서, 평양을 다핵화하는 데 광장을 이용했다. 평양을 여러 개의 위성 지역으로 구분한 그는 각 지역에 상징적 광장을 배치함으로써 그 지역 내에서도 공간적 위계질서를 구현하고자 했고, 위성 지역 간의 연계는 이 상징 광장들의 연계로 이루어지도록 했다. 이 모든 광장의 중심에는 당연히 김일성광장이 위치했고, 가장 핵심이 되는 상징적 공간으로 계획되었다. 이 상징성은 김일성광장만으로 완성되지는 않았다. 이 광장과 대응되는 상징적 공간을 대동강 맞은편에 배치, 평양의 중심부가 대동강을 중심으로 양쪽으로 배치되게끔 했다. 이러한 배치는 이후 평양 도시 개발 과정에서 가장 중요한 도시 개발의 축이 되었다.

광장의 공공적 성격을 중요시한 김일성은 교시를 통해 "큰 광장 옆이나 번화한 거리에는 노동자들을 위한 궁전, 극장, 영화관 같은 문화시설들을 배치해야 한다"고 역설했다. 이는 사회주의 이념이란 결국 노동자의 더 나은 삶을 위한 것임을 표현하기 위한 물리적인 구성 형식이었다. 현재 평양

평양의 주요 상징물

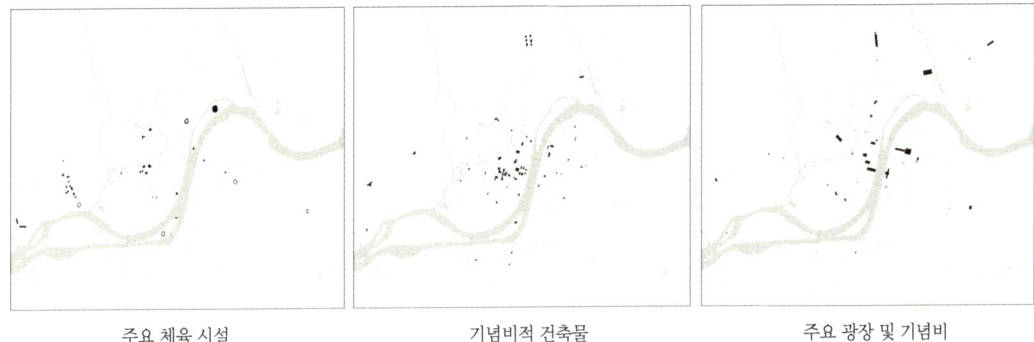

주요 체육 시설   기념비적 건축물   주요 광장 및 기념비

■ 주요 체육 시설
■ 기념비적 건축물
■ 주요 광장 및 기념비

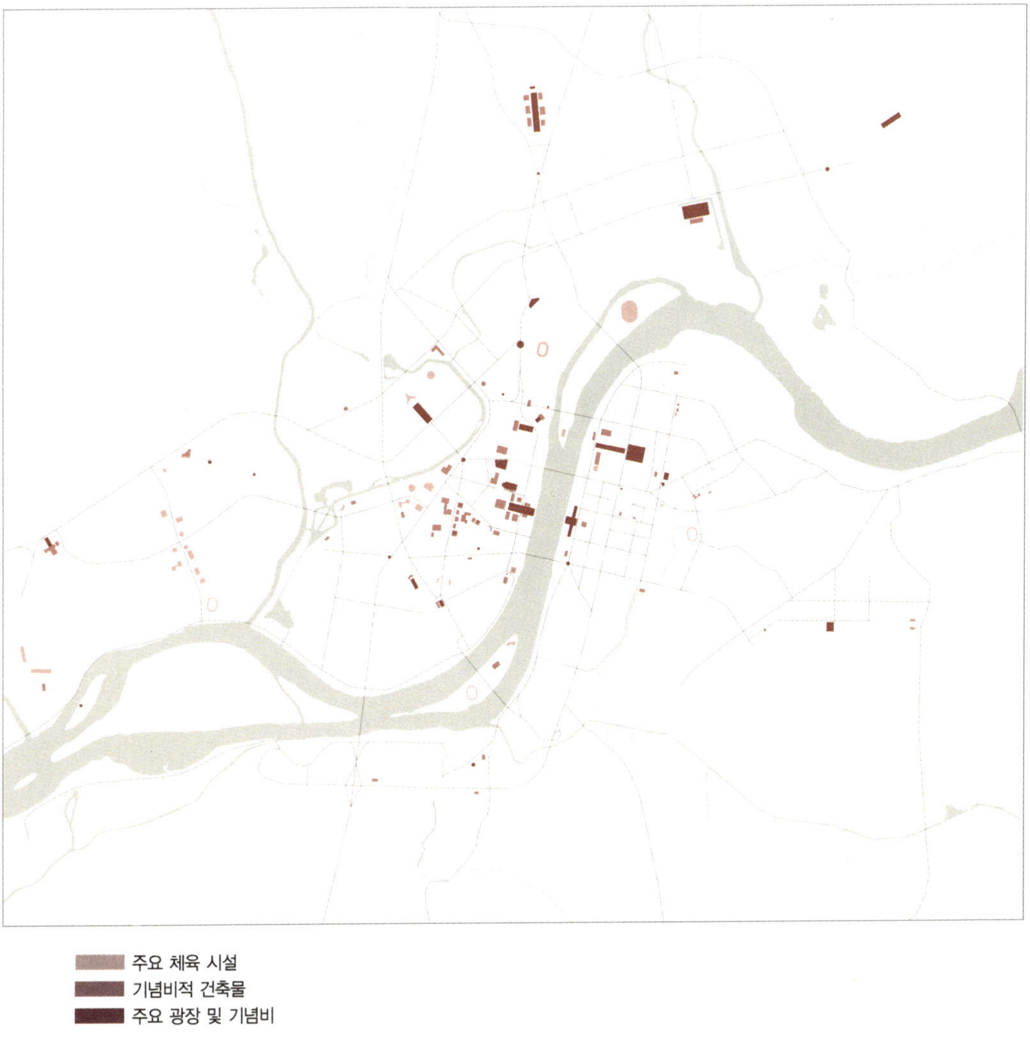

에서 가장 큰 두 광장은 김일성광장, 그리고 김일성동상이 있는 만수대기념비광장인데, 이 두 곳 모두 주변에 박물관과 미술관, 학습당 등 문화·교육 시설이 배치되어있다. 이들은 모두 광장의 규모에 걸맞게 대규모 건축물로 계획되었다는 또 다른 공통점을 갖는다. 이 밖에도 평양에는 김일성경기장 앞 광장이나 평양교예극장 앞 광장, 빙상관 앞 광장 등 대형 문화시설과 연계된 광장이 많다. 이 광장들은 평양에서 치러지는 각종 행사에서 종종 볼 수 있는 학생들의 단체 군무나 매스게임 등을 연습하는 공간으로 흔히 이용된다.

평양의 상징화 작업에 쓰인 두 번째 방법은 기념비 건설이다. 이들 대부분은 전쟁 승리를 기념하거나 사회주의 또는 주체사상을 선전하는 데, 그리고 김일성 우상화 작업에 쓰인다. 이는 물론 독제 체제의 부산물로 해석할 수도 있지만, 기본적으로는 선전과 선동을 중요시하는 사회주의 국가의 기획물이라고 볼 수 있다. 북한에서는 기념비 건축을 그들의 사상과 시대, 그리고 예술을 함께 담아내는 작업으로 간주하며 매우 중요하게 여긴다. 실제로 북한 전역에는 14만 여 개의 선전용 기념비와 동상이 있다고 알려지며, 이들 중 상당수는 가장 인구가 많은 평양에 세워졌다. 이들 기념비 건축은 크게 사상이나 역사적 승리를 선전하기 위한 기념비와, 김일성을 상징화하기 위한 동상으로 나눌 수 있다. 이들은 대부분 주변에 광장을 함께 조성함으로써 도시 공간 구성에 주요한 역할을 하고 있다. 주체사상을 선전하기 위한 주체탑이나 노동당 창건 기념탑 등이 그 대표적 사례다. 이러한 구성은 이들 기념비의 상징성을 더할 뿐 아니라, 케빈 린치Kevin Lynch가 지적했듯 도시의 랜드마크로서의 역할을 통해 해당 지역의 지표地標가 된다. 곧 평양의 도시경관을 규정하는 역할을 하는 것이다.

김일성동상은 북한의 도시를 구성하는 가장 핵심적 요소다(도시의 주요 건물 내부에도 어떠한 형식으로든 김일성동상이 배치되어있다). 북한의 도시에서는 시내가 내려다보이는 언덕이나 도시 중심부에 김일성동상 및 주변 광장을 조성한다. 평양의 경우 1953년 마스터플랜에서 도시의 확고한 중심으로 계획된 김일성광장과 그 맞은편 주체탑 사이에 형성된 강한 축선으로 인해 김일성동상이 평양의 중심축에서 약간 벗어난 만수대에 위치하게 되었지만, 다른 지역보다 높은 지대에 자리 잡음으로써 위치적으로 매우 전략적으로 구성된 공간임을 알 수 있다. 또한 이 만수대기념비는 대동강 맞은편의 노동당창건기념탑과 어울려, 김일성광장-주체탑의 축과 평행한 도시의 축을 형성하고 있기도 하다.

앞서 살펴본 사회주의 도시의 특징, 즉 생산의 도시나 녹지의 도시라는 특성과 달리, 상징의 도시는 사회주의 도시계획 초기 이론에는 등장하지 않은 개념이다. 사회주의 도시계획은 본래 산업화 및 도시화가 낳은 문제점을 해소하고자 등장한 이론이었던 만큼, 애초에 상징이라는 요소에 대한 필요성은 대두되지 않았다. 그러나 이데올로기 선전 공간의 필요성이 제기됨에 따라 도입되기 시작한 상징적인 광장은, 많은 사회주의 도시에서 노동자를 위한 문화시설로 자리 잡았다. 특히 평양의 광장과 기념비는 사회주의 도시계획에 따라 조성된 다른 어떤 공간보다 효율적으로 대중 선동 작업을 수행했다. 이처럼 큰 효과를 자아낸 상징의 도시라는 개념은 사회주의 도시계획에서 가장 지속적으로 진행된 사업 분야가 되었고, 이는 사회주의 도시와 자본주의 도시의 가장 큰 차이를 낳는 요소로 작용했다.

평양 시가지의 용도 구분

평양의 시가지 전체에 걸쳐 주거 시설이 고르게 분포되어있다. 아울러 다이어그램상에 별달리 규정되지 않은 지역이 대부분 자연 지형이거나 농업 용지라는 점을 감안하면, 평양의 중심부에는 주거나 기타 용도뿐만 아니라 농업 용지도 상당히 많이 자리 잡고 있음을 알 수 있다.

주거 시설
체육·문화 시설
교육 시설
행정 시설
산업 시설
재정비 구역

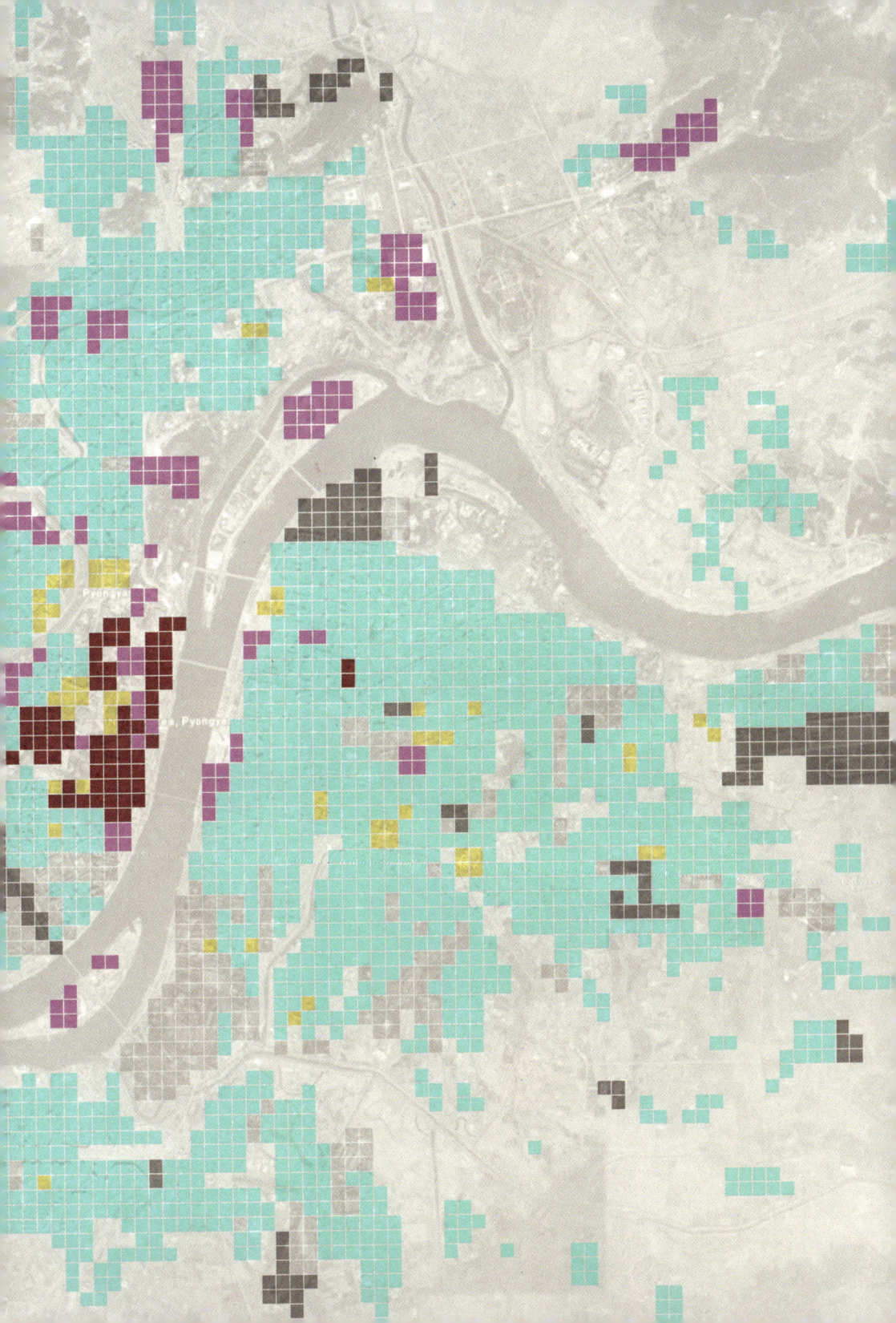

평양 시내 주요 건물의 건축 연대

평양은 전후 복구를 시작한 1950년대 이래 상징적인 건축물을 꾸준히 구축해왔다. 특히 1980년대 후반~1990년대 초반에 그 수효가 크게 늘었다. 그러나 경제난이 심화된 1990년대 중반 이후 최근에 이르기까지 상징적 건축물의 설치는 현격히 줄어들었다.

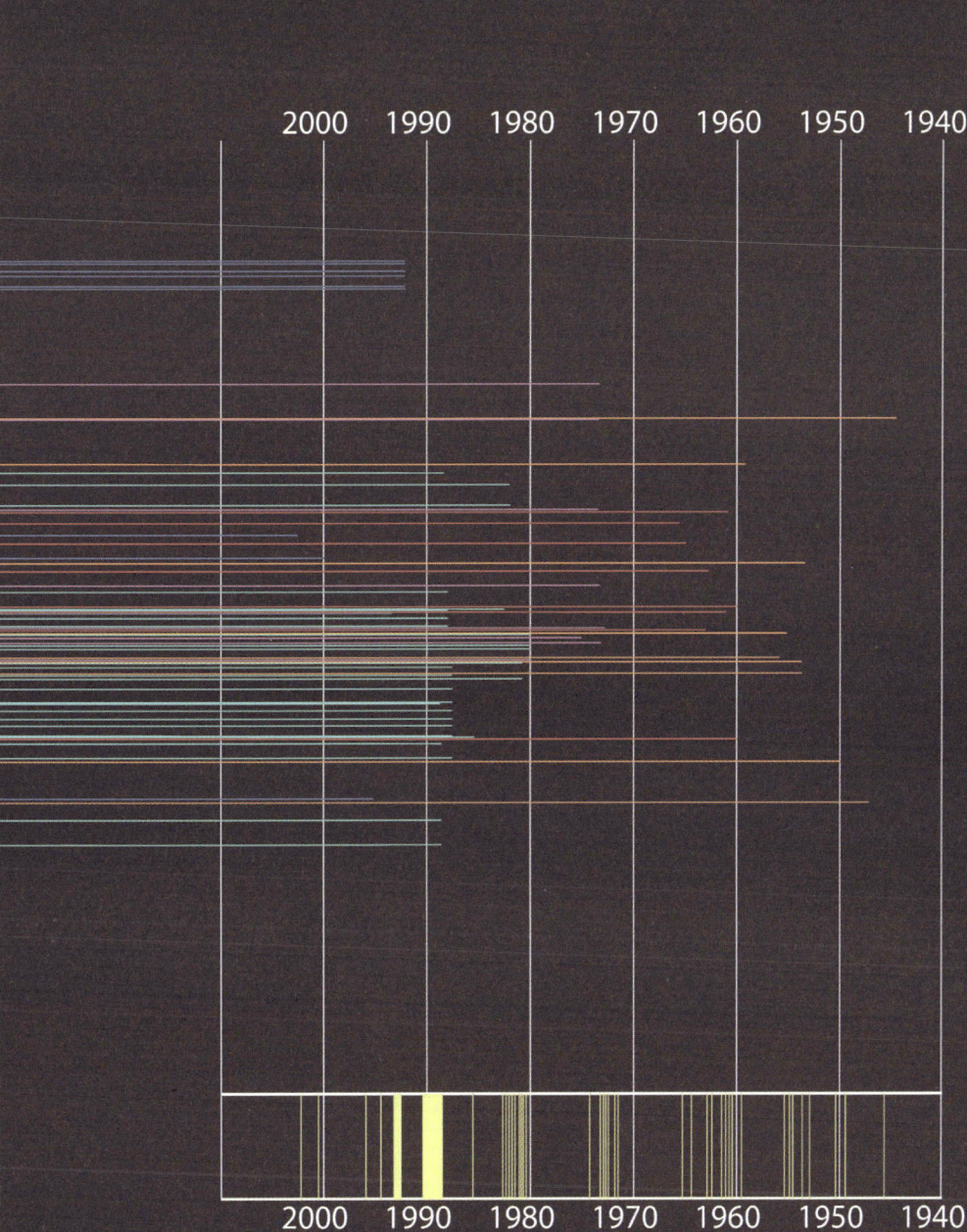

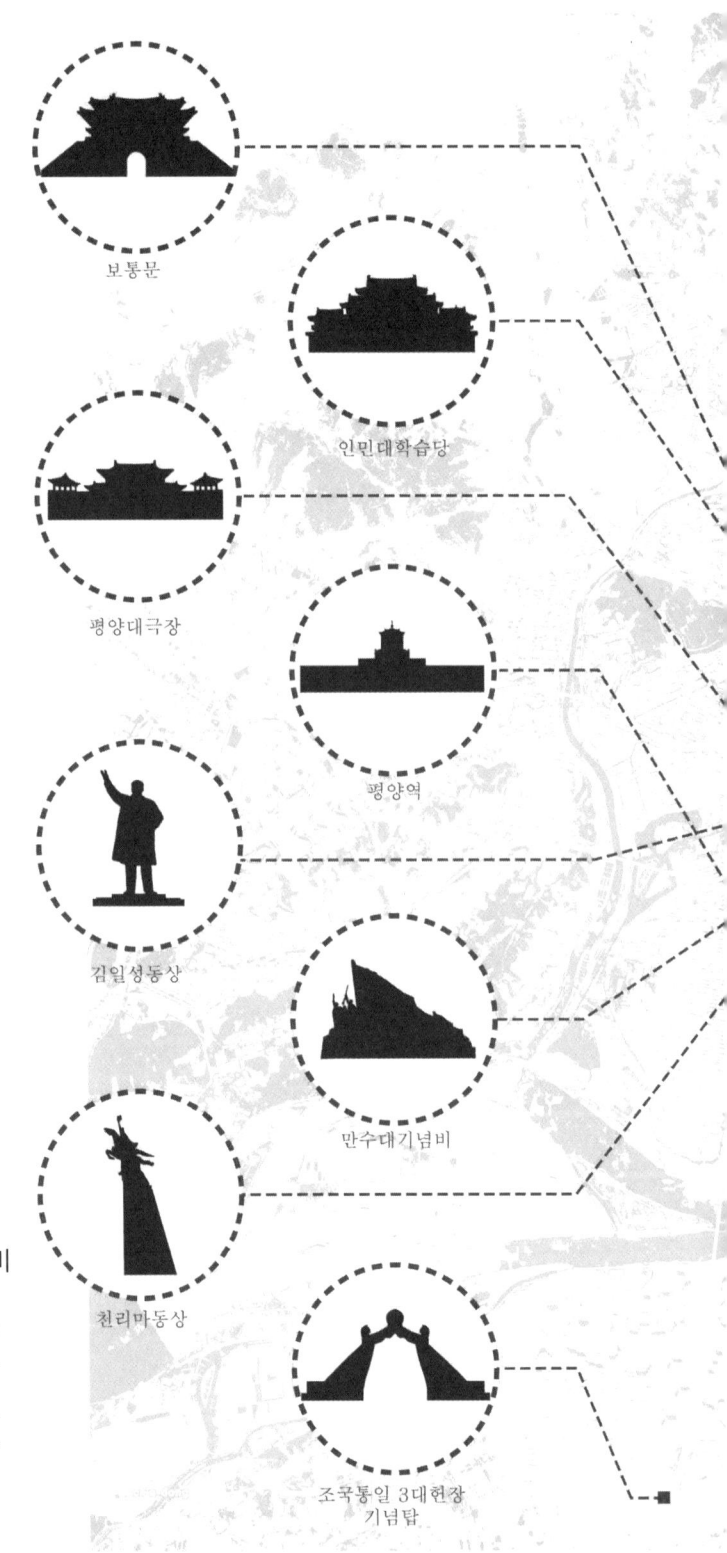

평양의 상징적 건축물과 기념비

평양의 상징적 건축은 전통 양식을 적극 도입함으로써 상징성을 높이고, 또한 규모 자체로 상징성을 높이는 특징을 보인다.
한편 기념비 건축은 대부분 체제 선전과 우상화 작업 목적으로 활용되며, 도시 곳곳에 다양하게 분포한다.

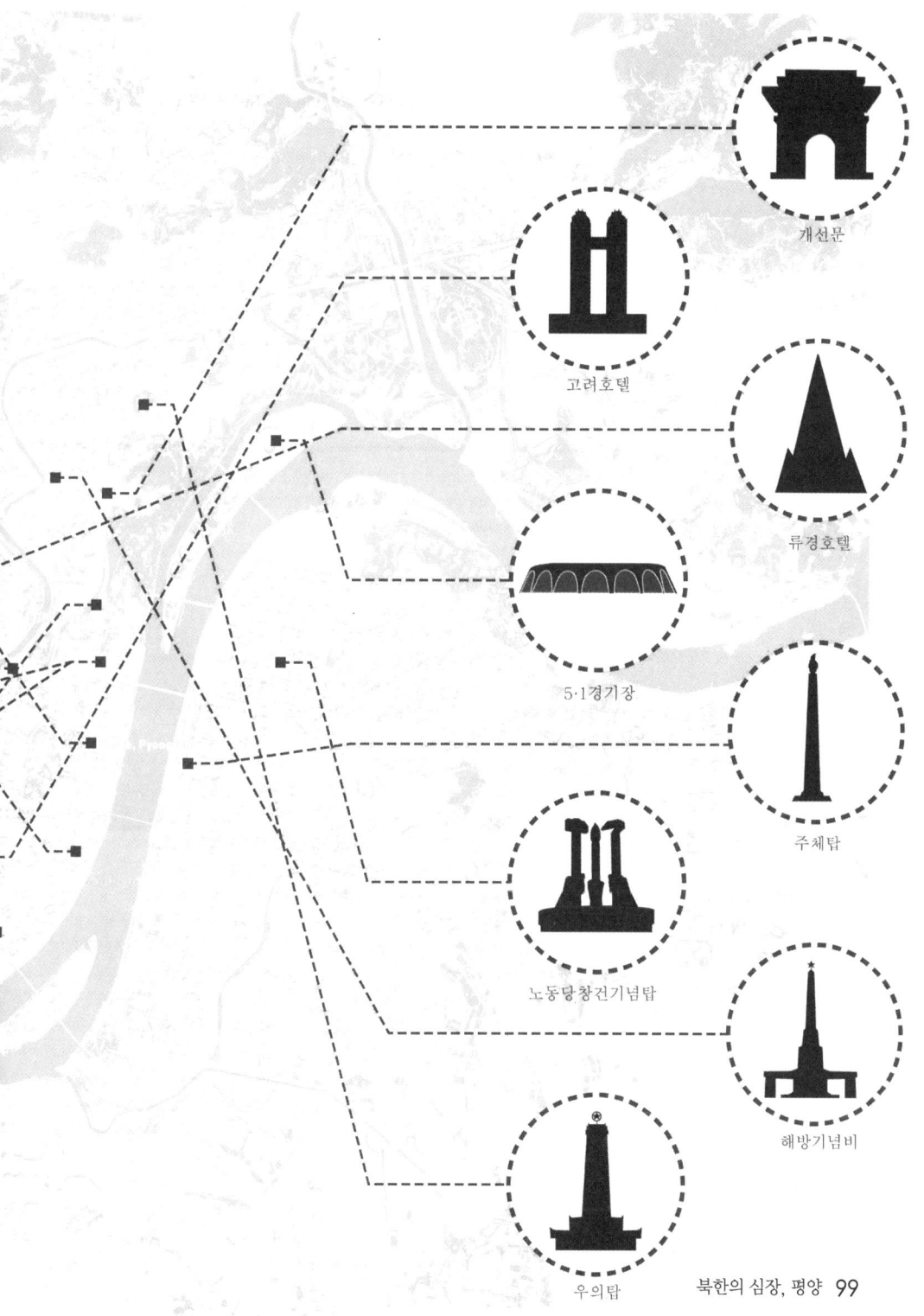

세계의 상징적 건축물 규모

평양은 도시의 규모와는 달리 상징적 건축물의 크기는 매우 거대하다. 북한은 세계적 규모의 건축물을 통해 자신들의 체제를 선전하는 한편, 평양을 국제도시로 자리매김하고자 했다.

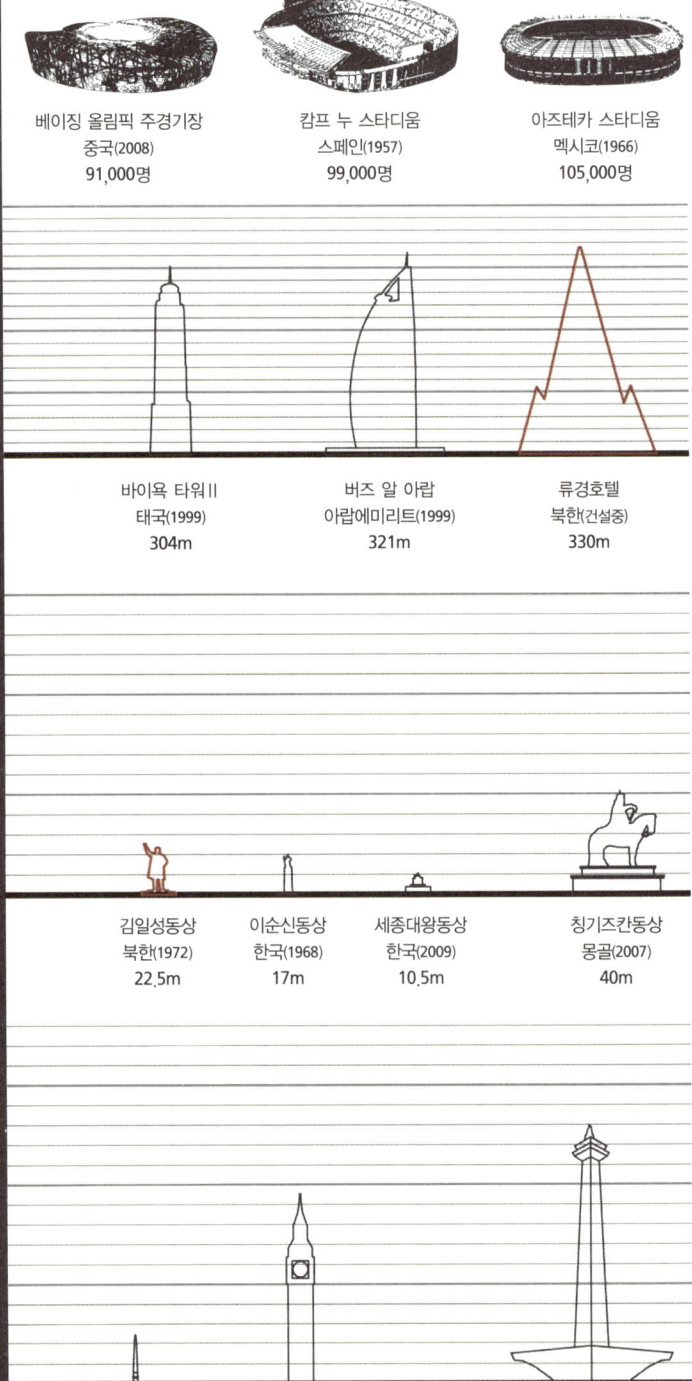

베이징 올림픽 주경기장
중국(2008)
91,000명

캄프 누 스타디움
스페인(1957)
99,000명

아즈테카 스타디움
멕시코(1966)
105,000명

바이욕 타워II
태국(1999)
304m

버즈 알 아랍
아랍에미리트(1999)
321m

류경호텔
북한(건설중)
330m

김일성동상
북한(1972)
22.5m

이순신동상
한국(1968)
17m

세종대왕동상
한국(2009)
10.5m

칭기즈칸동상
몽골(2007)
40m

성베드로광장 오벨리스크
바티칸(BC 30)
25.5m

빅벤
영국(1859)
96m

모나스 독립기념탑
인도네시아(1975)
132m

미시간 스타디움
미국(2010)
109,000명

5·1경기장
북한(1989)
150,000명

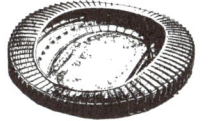
잠실종합운동장
한국(1984)
69,000명

솔트레이크 스타디움
인도(1984)
120,000명

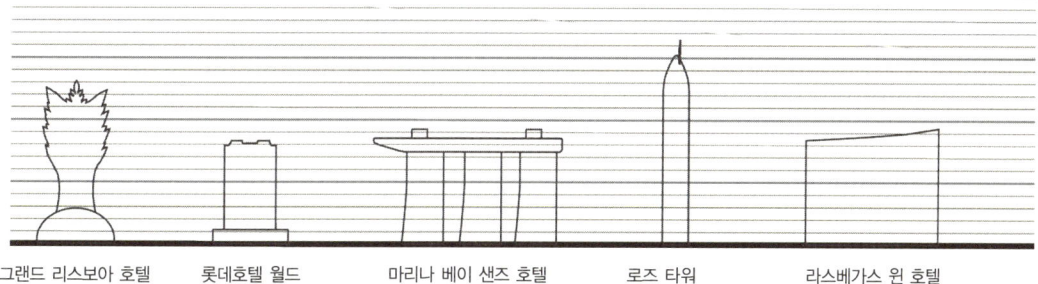

그랜드 리스보아 호텔	롯데호텔 월드	마리나 베이 샌즈 호텔	로즈 타워	라스베가스 원 호텔
마카오(2008)	한국(1997)	싱가포르(2010)	아랍에미리트(2007)	미국(2005)
261m	173m	194m	333m	187m

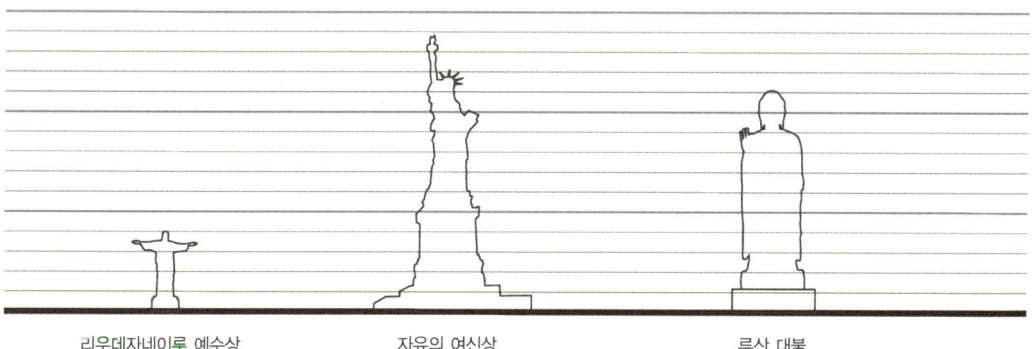

리우데자네이루 예수상	자유의 여신상	루산 대불
브라질(1931)	미국(1886)	중국(2002)
39.6m	139m	128m

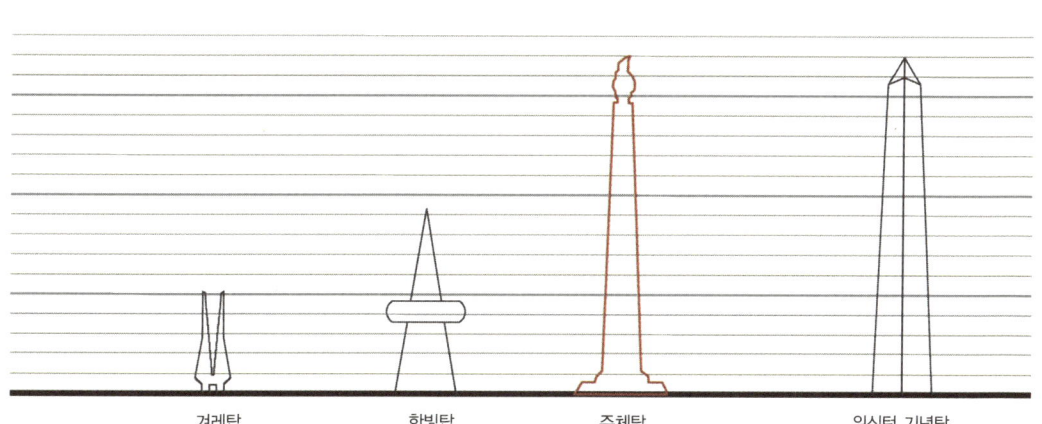

겨레탑	한빛탑	주체탑	워싱턴 기념탑
한국(1987)	한국(1993)	북한(1982)	미국(1884)
51m	93m	170m	169m

평양 주요 거리의 형성 연대

평양의 도시화는 주요 거리를 중심으로 진행되었다. 강남, 잠실, 목동 등 특정 지구를 중심으로 개발을 진행한 서울과 달리, 평양은 주요 거리를 확장하고 개선하면서 그 주변 지역을 새로운 주거 지역으로 개발하는 노력과 도시화를 병행했다.

주요 거리 단면도

평양의 상업 시설은 자본주의 도시의 상업 시설과 사뭇 다른 모습이다. 소비자의 시선을 붙들려는 노력에 익숙하지 않은 듯하다.

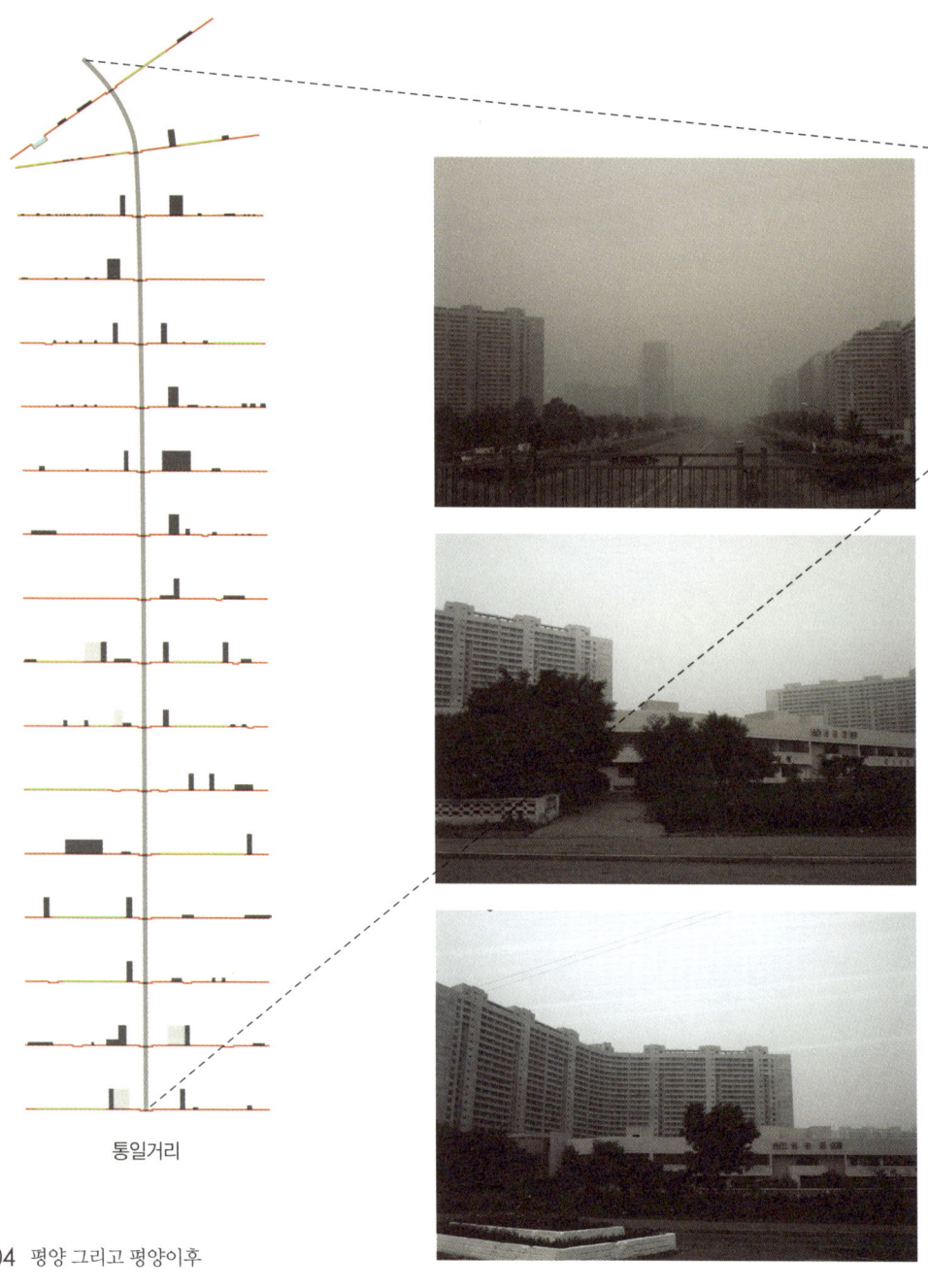

통일거리

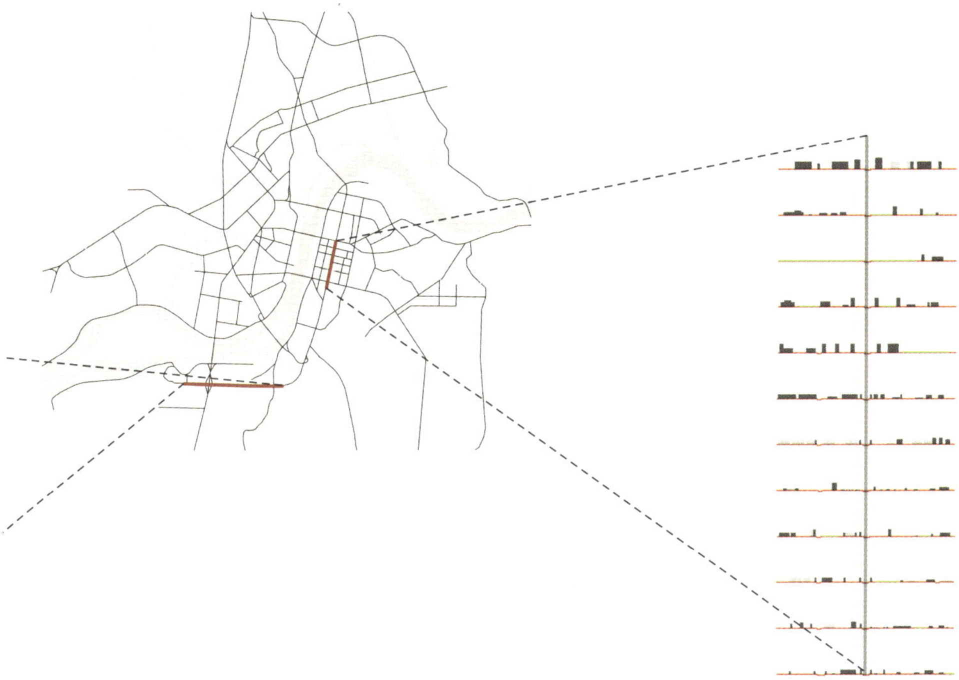

청년거리

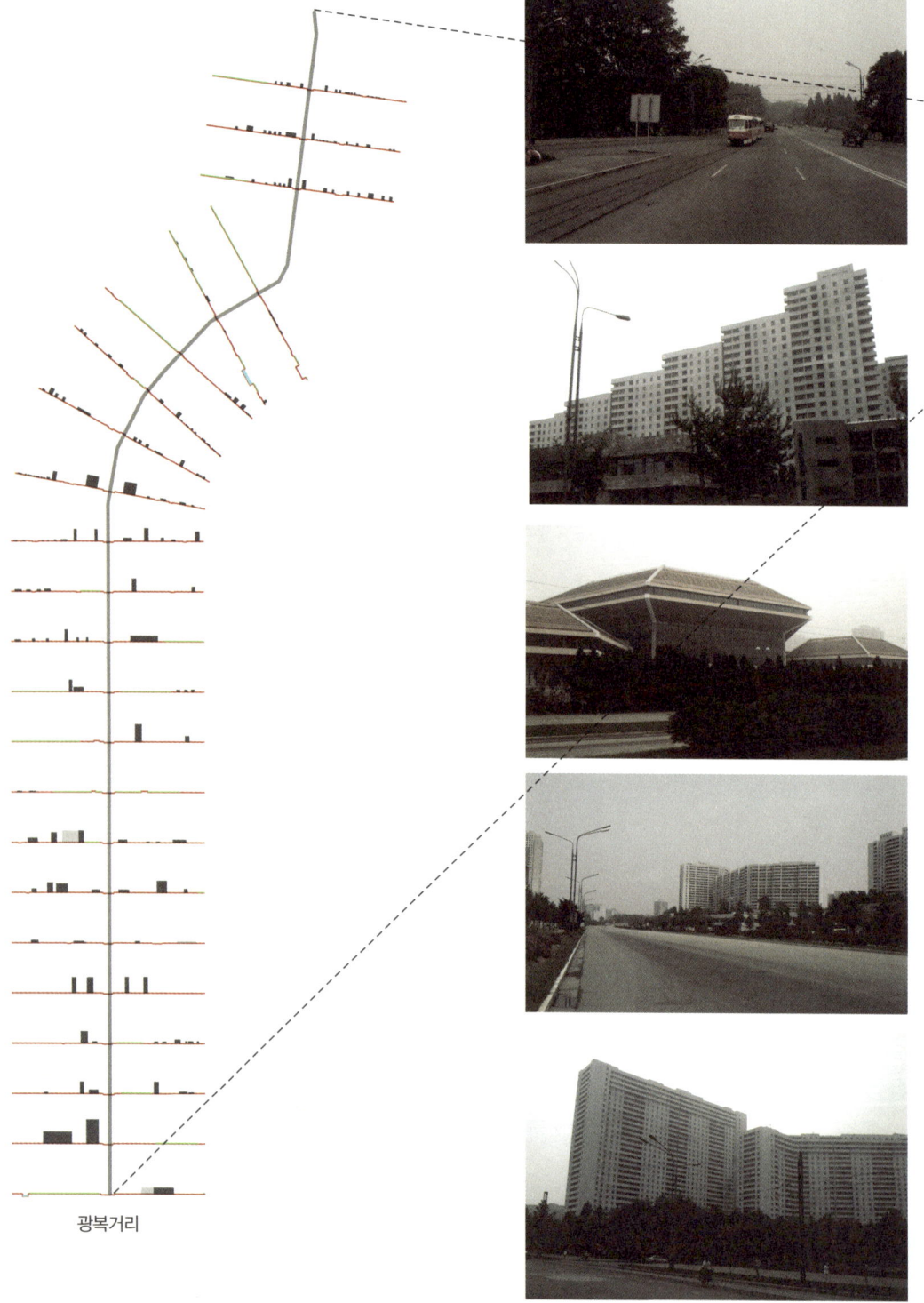

광복거리

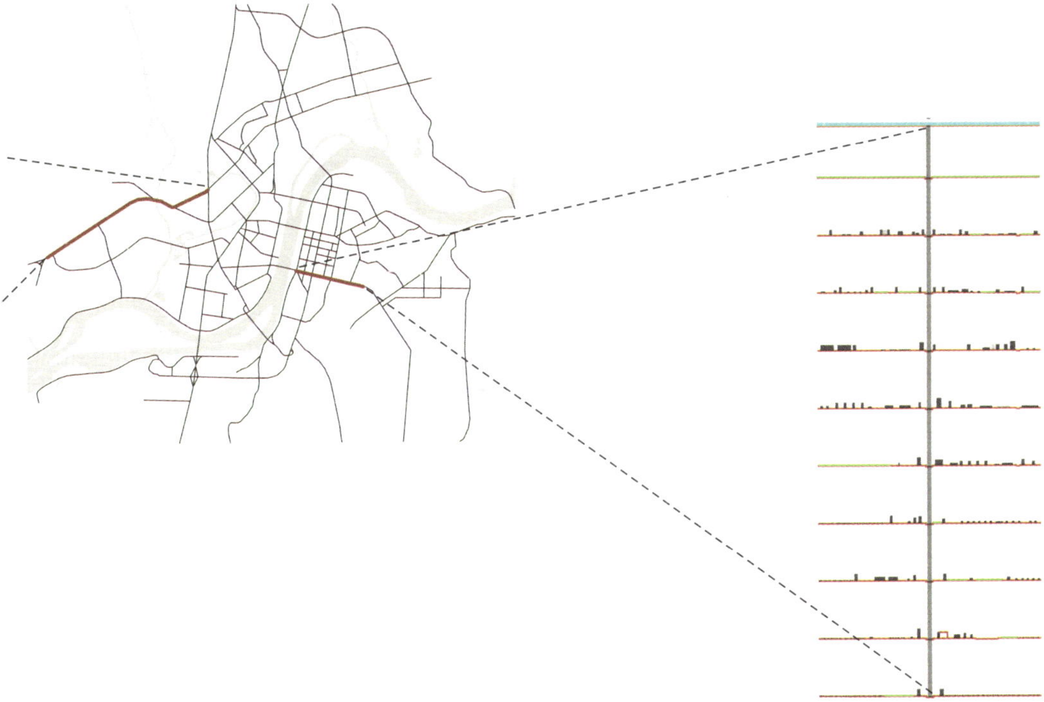

새살림거리

평양과 런던의 상업 시설 외관 비교

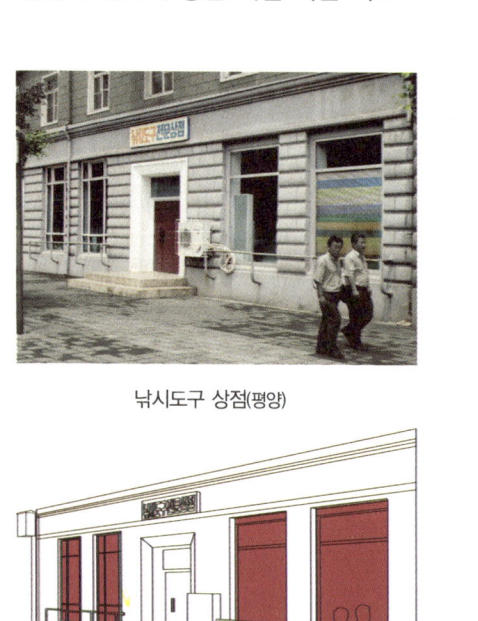

낚시도구 상점(평양)

VS

레저용품 상점(런던)

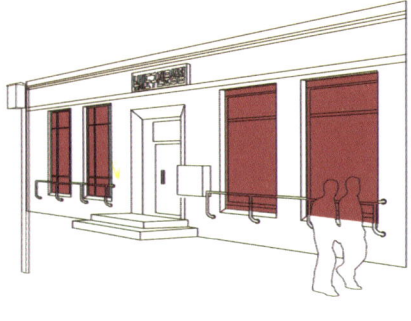

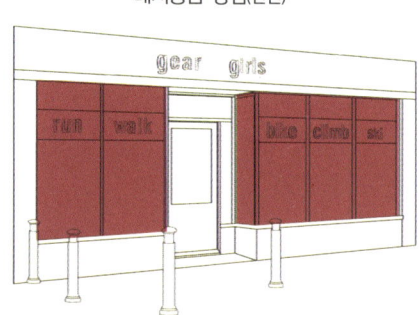

디스플레이 면적

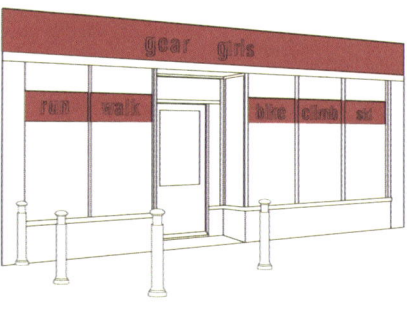

간판

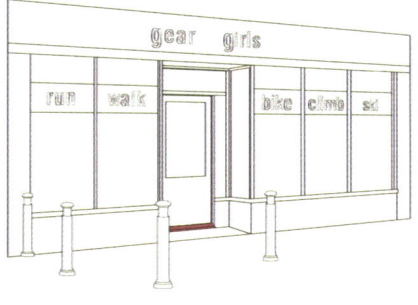

입구 계단

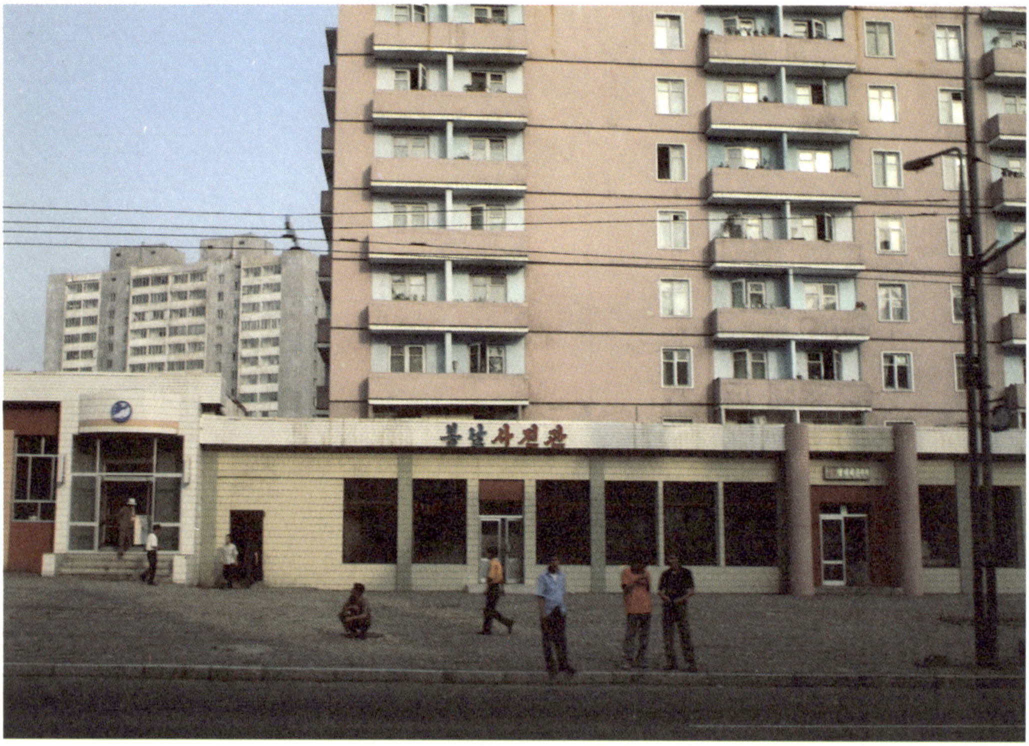

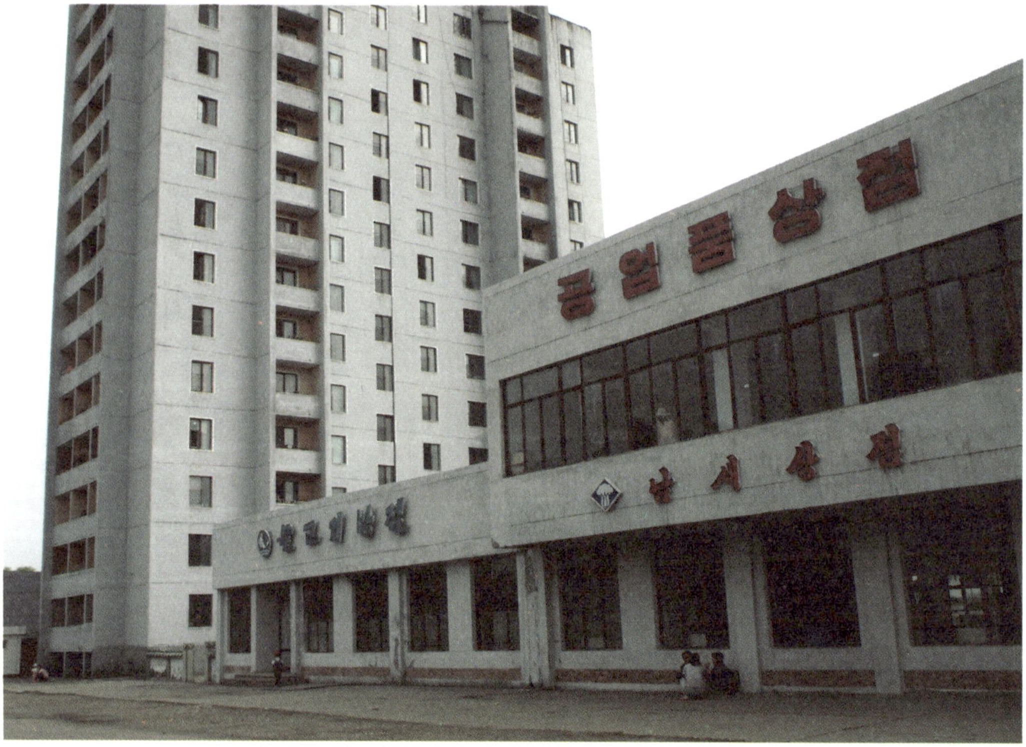
공업품상점

평양 시가지 내
다양한 상점의 모습

중층형 주거 타이폴로지

평양뿐 아니라 북한의 주요 도시에서 가장 많이 나타나는 주거 형태다. 대부분 주요 거리 주변에 형성되어있으며, 거리의 모습을 규정하는 주요한 역할을 한다. 따라서 대부분 선형線形을 취하고 있고, 흔히 주거 단지의 구획 역할을 한다.

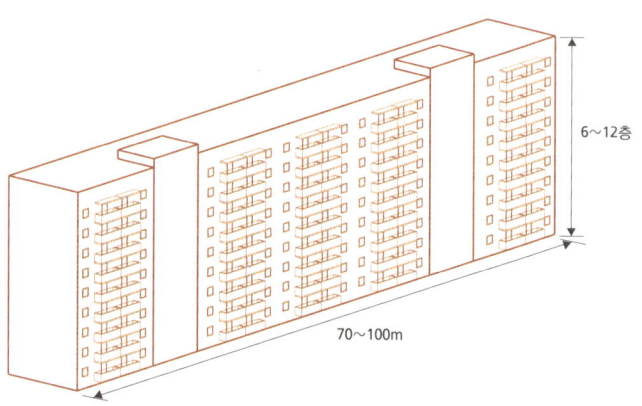

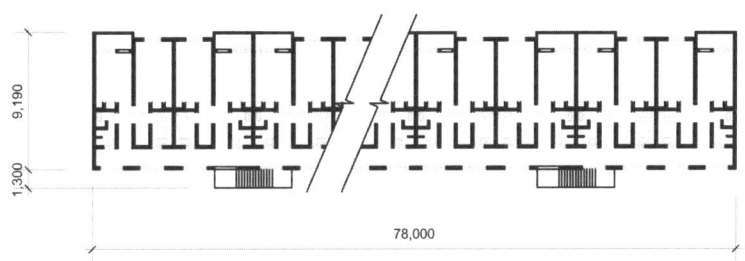

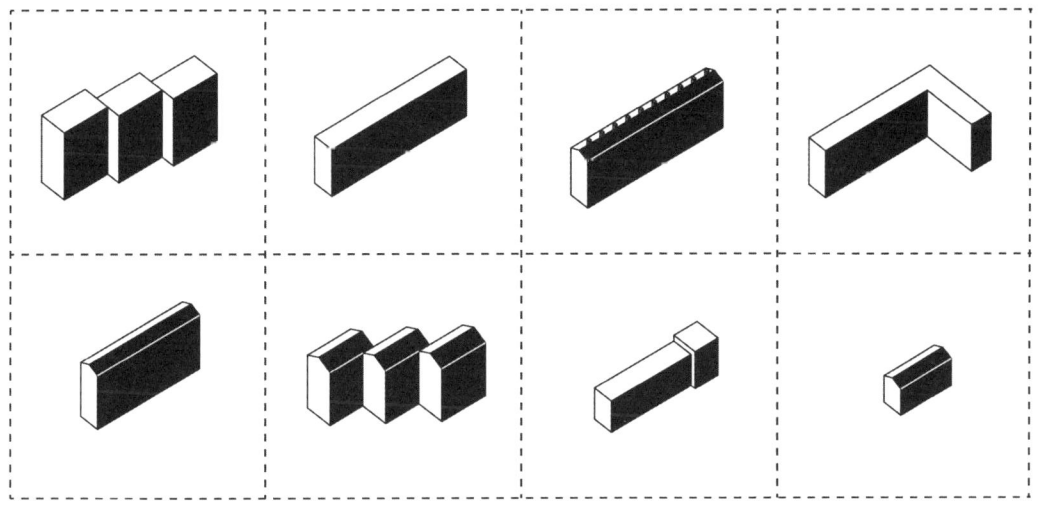

중층형 타이폴로지

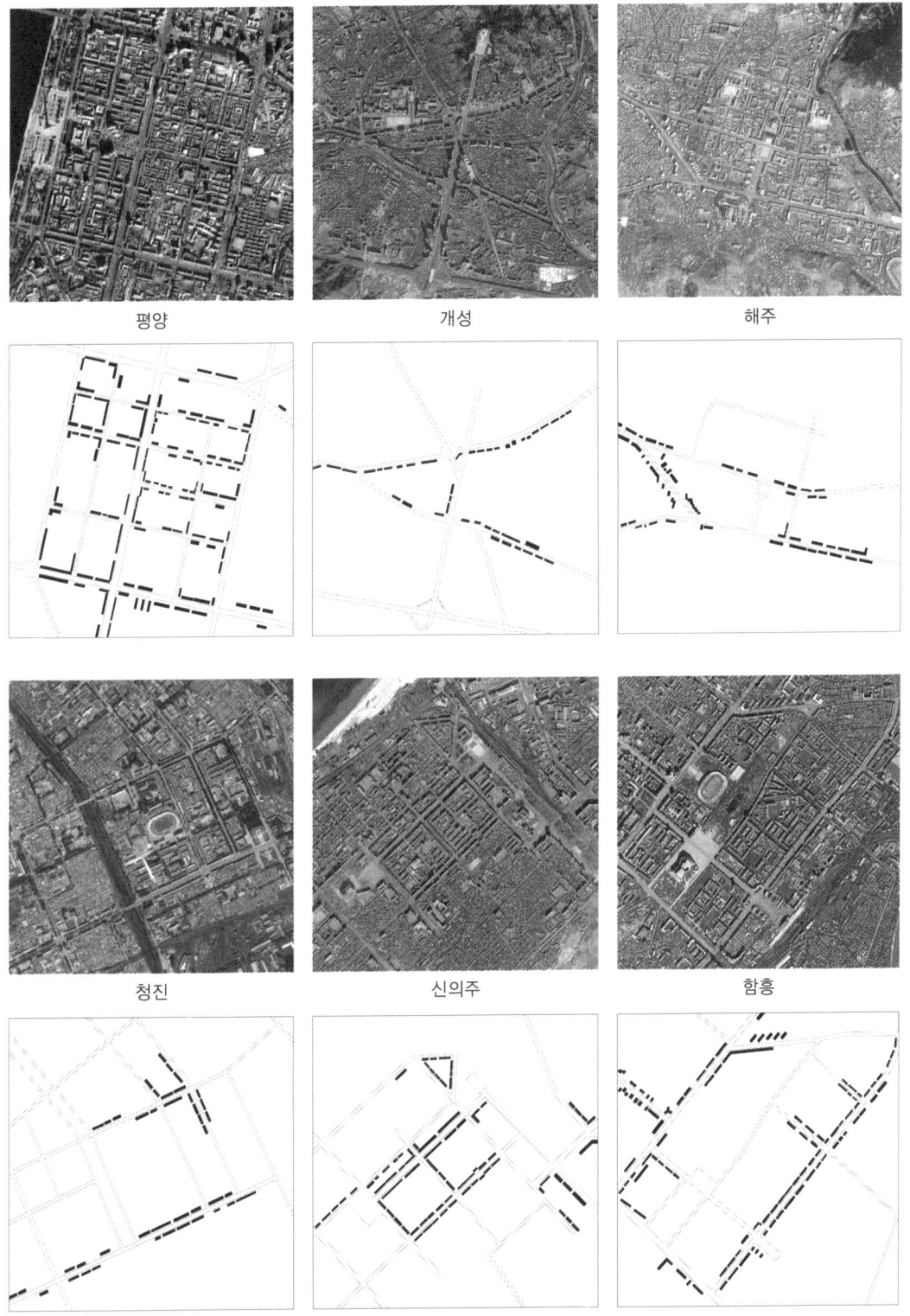

고층형 주거 타이폴로지

북한에서 유독 지속적으로 인구가 유입된 평양만의 특징적 주거 형태다. 대부분 30~40층의 초고층으로 지어졌다. 1980년대부터 본격적으로 개발되기 시작한 주거 형태로, 현재 평양 주거의 상당 부분을 차지한다.

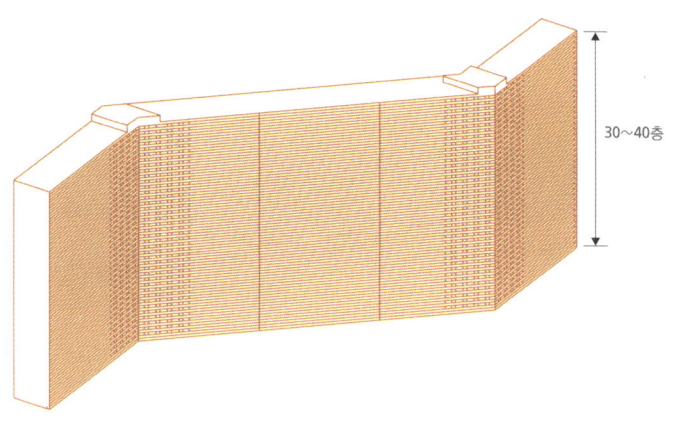

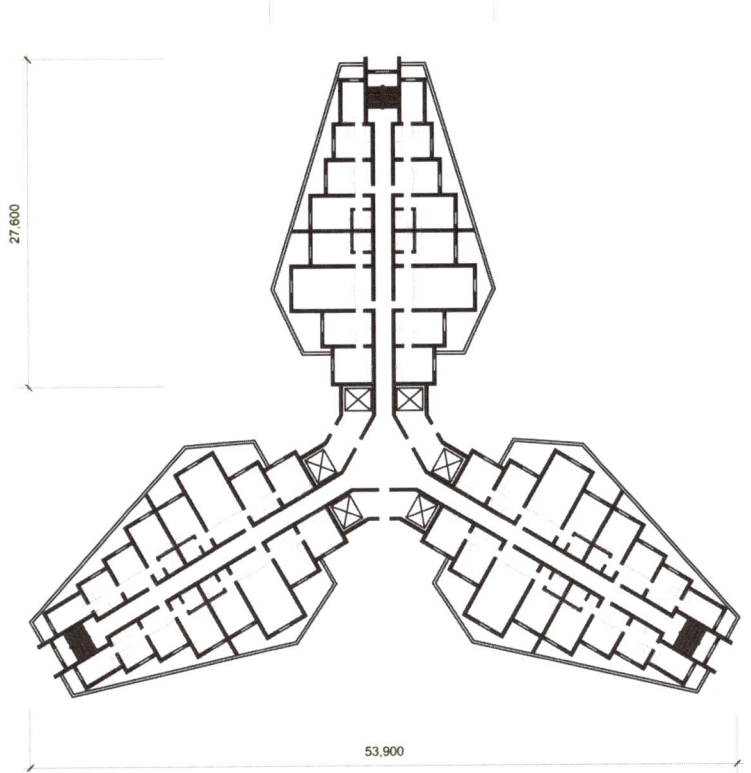

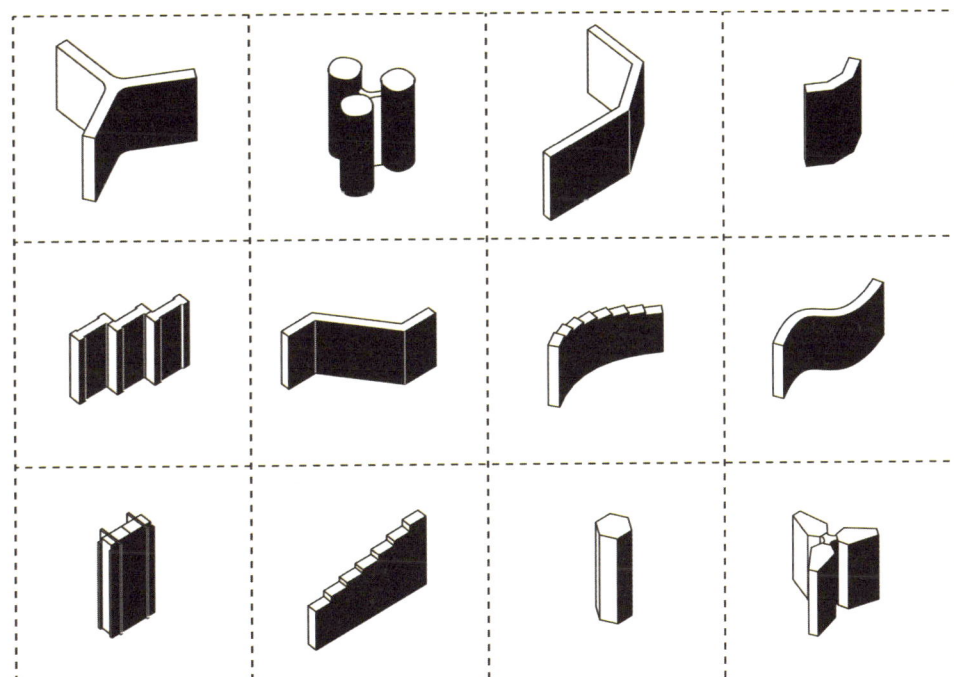

통일거리 주변 고층 주거의 예

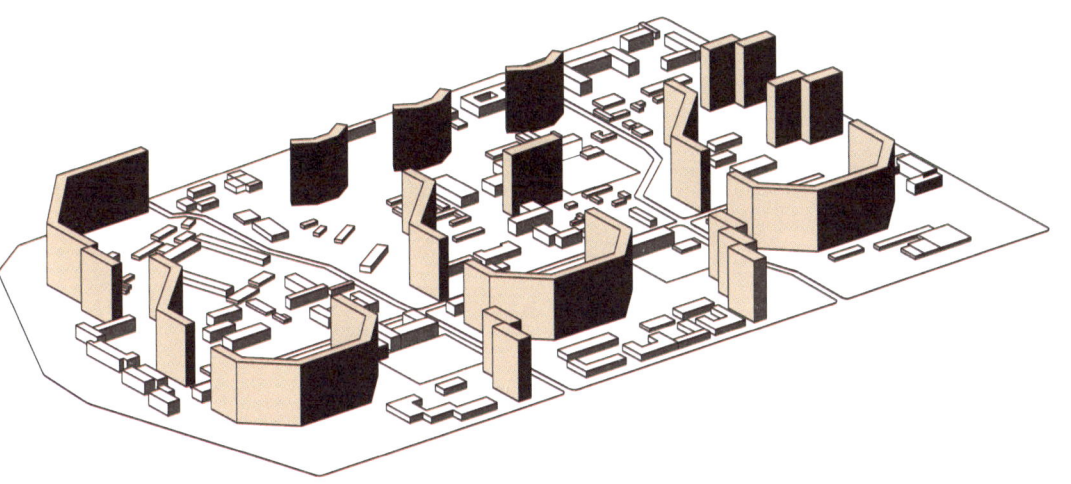

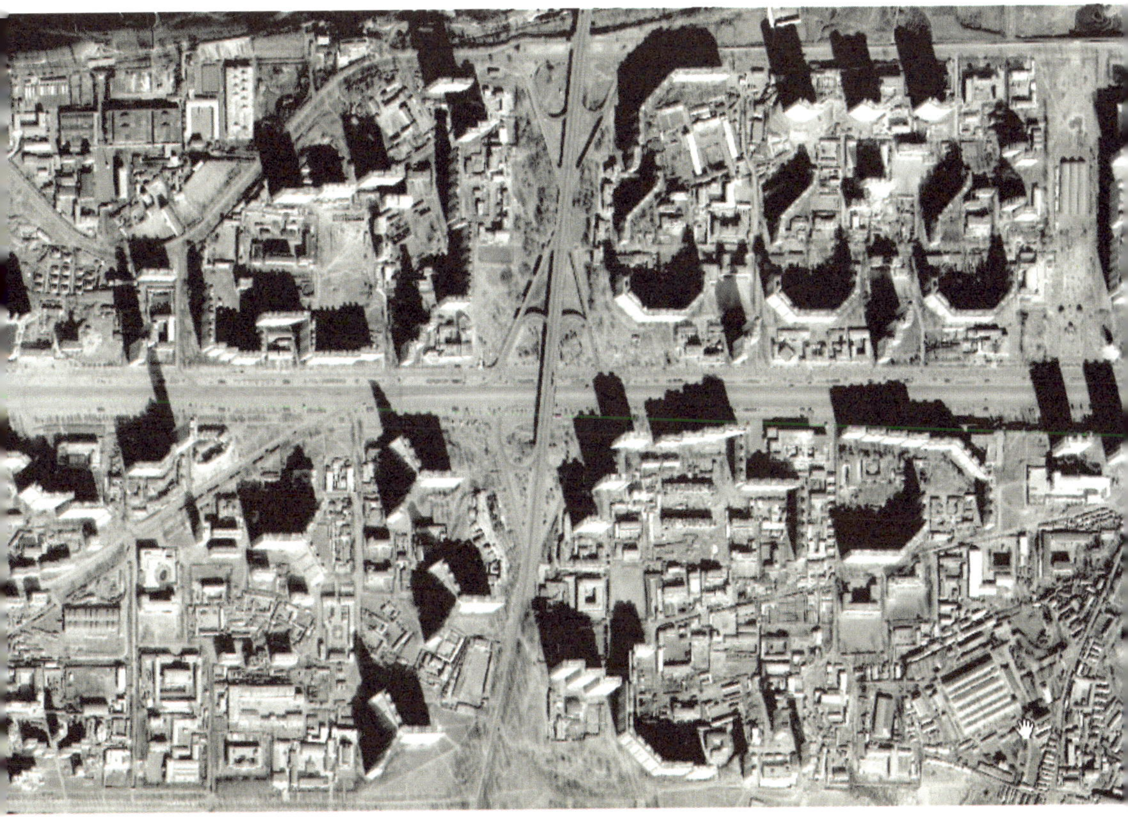

격자 도시 Grid City 비교

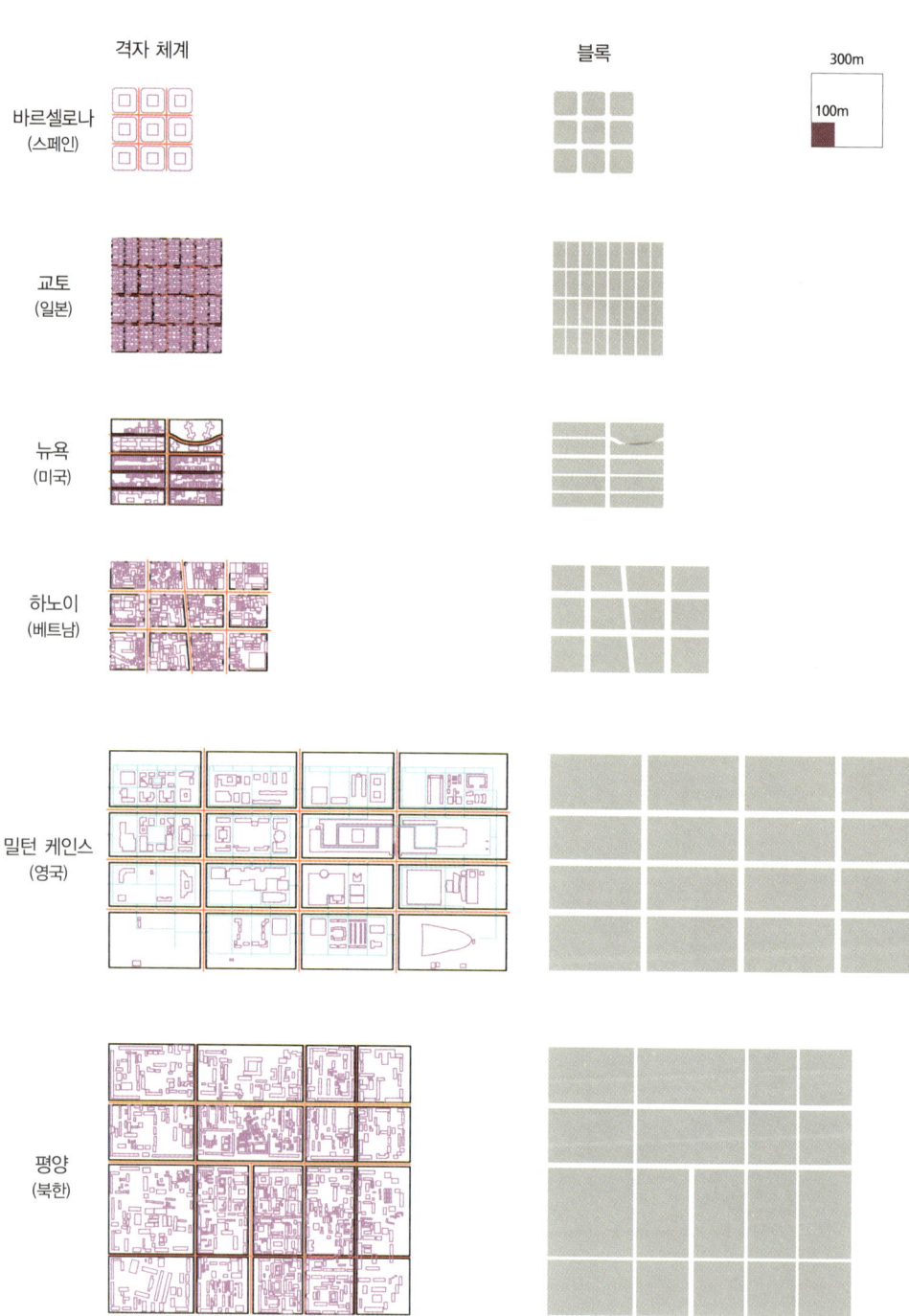

구조

피겨그라운드
figureground

300m
100m

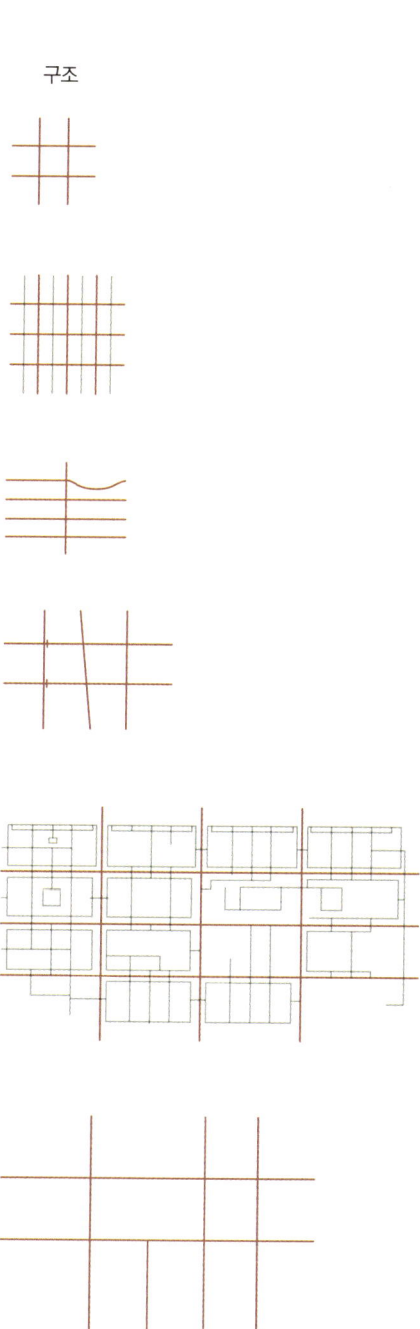

6세기 평양성의 격자형 구조

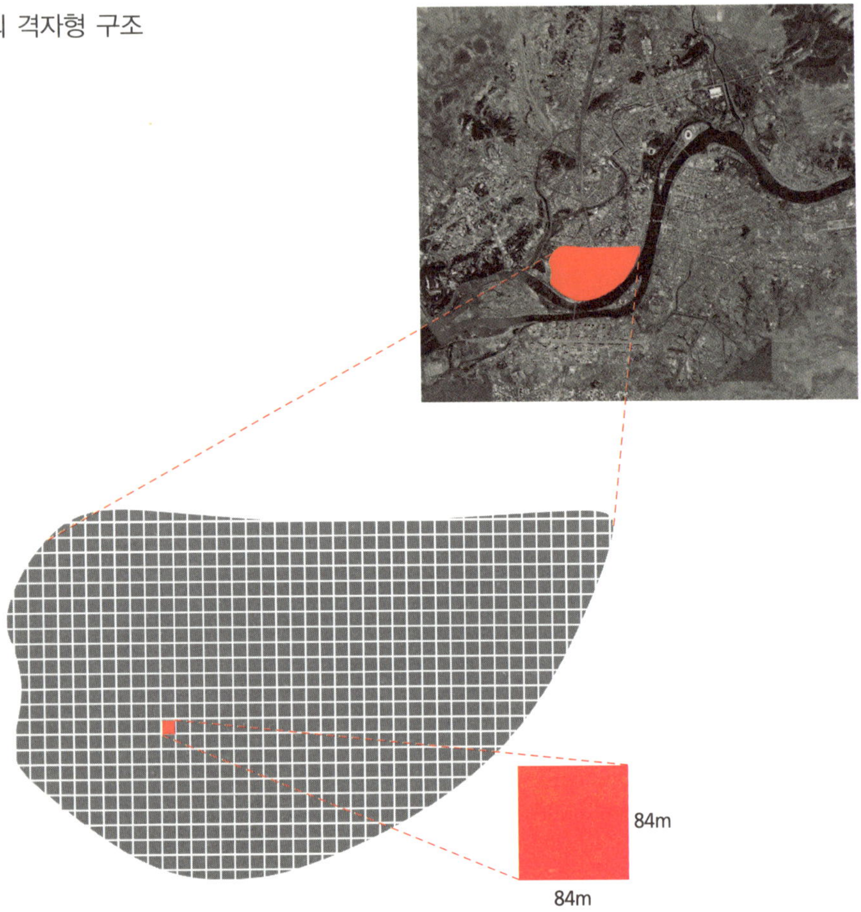

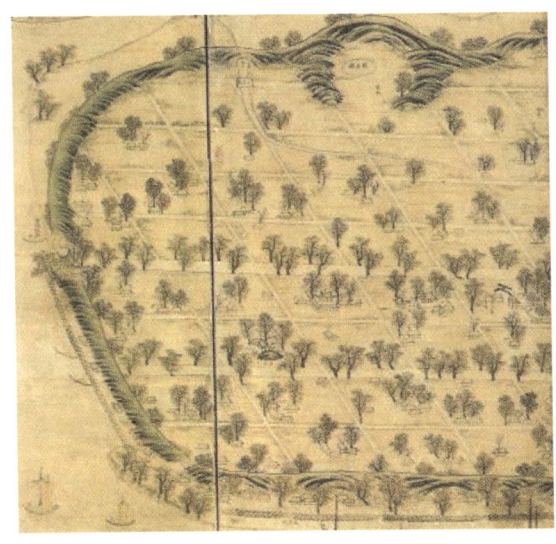

84m

84m

현재 평양의 격자형 구조

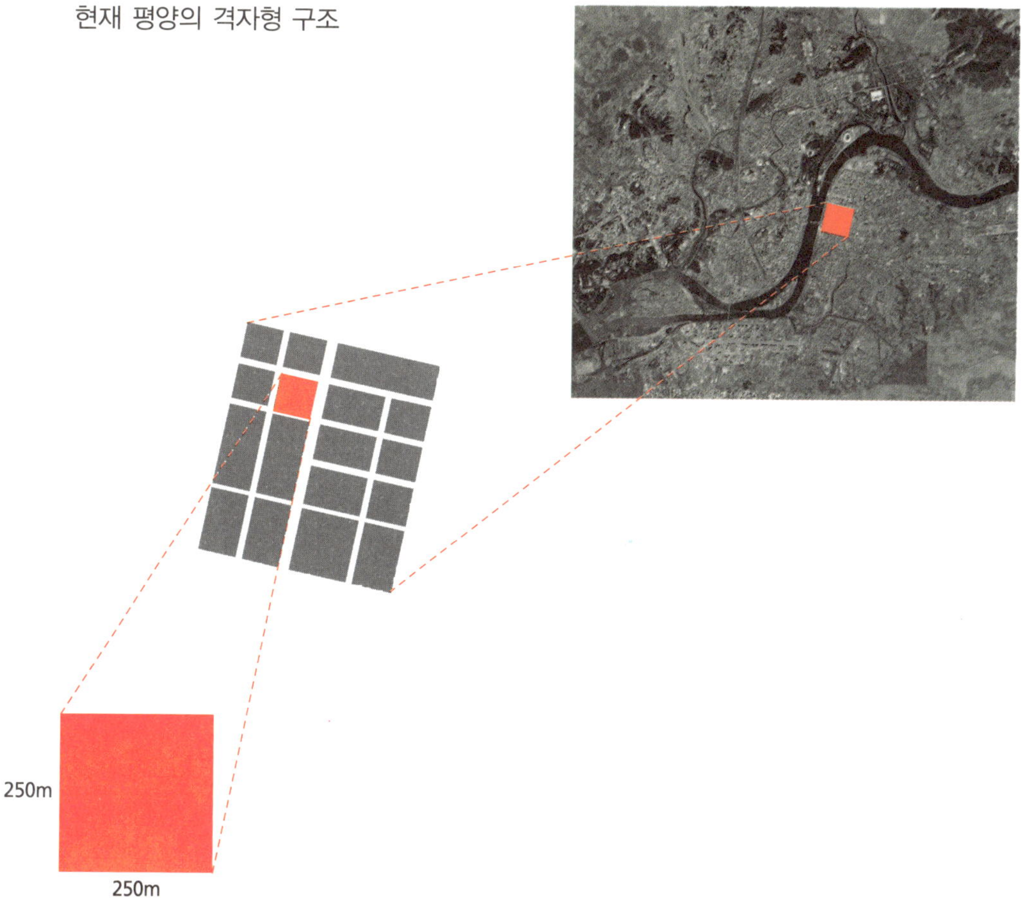

250m
250m

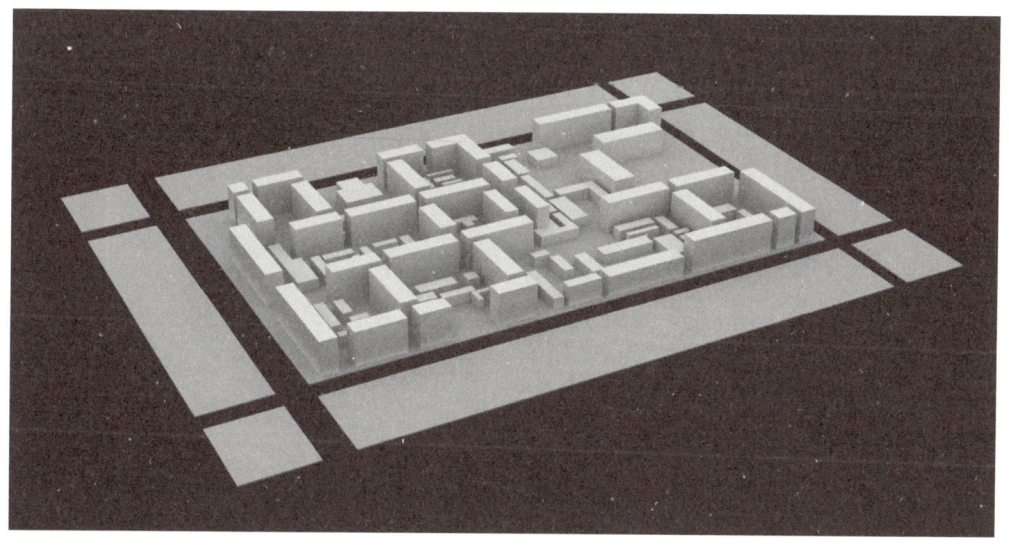

평양의
도시 변형

URBAN
TRANS-
FORMATION OF
PYONGYANG

현재 평양의 도시 조직은 평양의 유일무이한 마스터플랜인 1953년 마스터플랜과 이후 시기별로 도입된 개발 전략의 조합이라고 볼 수 있다. 이들은 모두 평양을 '모범적인 사회주의 도시'로 만들기 위한 노력의 소산이었으나 그 방법론은 종종 다르게 나타났다.

Current urban structure of Pyongyang is composed with 1953 Master Plan and several development strategies throughout periods. Despite they all tried to make Pyongyang as an ideal socialist city, their methodologies to realize it were always different.

사회주의 도시 건설의 토대

3년간의 한국전쟁이 끝난 후 평양에는 몇 단계에 걸쳐 전후 복구 및 재건 사업이 펼쳐졌다. 첫 번째 단계에서 평양은 우선 전쟁으로 기능을 상실한 도시 기반 시설을 복구하고 행정기관을 재건함으로써 수도의 기능부터 살리고자 했다. 1950년대 중반 무렵 기본적인 복구를 끝낸 평양은 도시에 사회주의 도시계획의 요소를 삽입하는 노력을 시작했다. 1953년 건축가 김정희에 의해 작성된 평양 마스터플랜은 이 계획의 밑그림이 되었다. 1935년 모스크바 마스터플랜처럼, 이 계획은 일반적 마스터플랜으로서 거시적 관점에서 도시의 규모와 개발 지역을 규정하고 전반적인 계획의 방향을 제시했다. 이 마스터플랜에는 앞서 지적한 사회주의 도시의 특징인 제한된 크기의 도시와 녹지 인프라, 상징적 광장의 개념이 담겨있으며, 이는 이후 평양의 도시 조직을 구성하는 밑바탕이 되었다.

이러한 물리적인 변화를 실현하기 위해 북한은 사회주의 도시계획의 가장 중요한 개념인 토지와 산업의 국유화도 병행해나갔다. 전쟁 직전 96%에 달했던 농업의 사유율은 전쟁 직후 감소하기 시작해 1958년에는 모든 농업 용지가 국유화되었다. 전쟁 직전까지만 해도 자본가에게서 몰수한 토지를 농민에게 무상으로 분배해 사유율을 높였으나, 전쟁 직후부터는 협동농장 제도를 도입하기 위해 모든 농지를 국유화한 것이다. 이러한 현상은 다른 산업에서도 마찬가지로 일어난다. 이 같은 개혁을 통해 북한은 모든 토지를 국유화하고 그 용도를 정부에서 규제할 수 있게 됨으로써 '이상적 사회주의 도시' 건설을 위한 토대를 마련했다.

이러한 정책적 배경 및 마스터플랜의 작성과 함께, 평양은 시기별 세부 개발 전략을 세움으로써 도시와 농촌 모두에서 산업화를 이루고 '이상적 사회주의 도시'의 모습을 갖추기 위한 노력을 지속한다. 세부 전략은 거시적 관점의 마스터플랜보다 좀 더 상세하고 단기간에 실천 가능한 가시적 전략이라는 특징을 지녔다. 하지만 이 세부 전략이 반드시 기존에 작성된 마스터플랜에 근거한 것은 아니라는 점을 주목할 만하다. '이상적 사회주의 도시'를 건설하겠다는 목적은 마스터플랜과 시기별 개발 전략이 같았지만, 그것을 실천하는 방법론에서는 차이가 있었고, 이 점이 오늘날 평양의 물리적 형태를 낳았다고 할 수 있다. 현재 평양은 1953년 마스터플랜을 기반으로 한 도시 조직과 몇몇 시기별 세부 계획에 의거한 개발이 혼재된 양상을 띠고 있다.

1953년 마스터플랜

평양의 기본적인 도시 조직을 파악하기 위해서는 그 밑바탕이 된 1953년 마스터플랜에 대해 먼저 이해해야 한다. 이 마스터플랜은 1951년 수립된 '평양특별시 재건종합계획도'의 수정본으로, 실제 평양의 물리적 환경에 도입된 처음이자 마지막 마스터플랜이다. 이 두 마스터플랜은 모두 김정희가 작성한 것으로, 1951년 마스터플랜은 의도한 바인지는 알 수 없으나 1930년대 일제가 작성한 마스터플랜과 상당 부분 유사했다. 1951년 평양특별시 재건종합계획도와 1930년대 마스터플랜은 모두 대동강 동쪽 지역을 새로운 도시 확장 영역으로 계획했고, 도시 전반에 격자형 시스템을 도입하고자 했다. 또한 두 개의 주요 다리(옥류교와 송신다리)가 대동강의 동서 양안을 연결하면서 도시 개발의 축을 형성하도록 했다. 1953년 마스터플랜은 그 초안이 1951년 평양특별시 재건종합계획도였기 때문에 전반적으로

1930년대 일제에 의해 작성된 마스터플랜과도 유사점을 지닌다.

하지만 1953년 마스터플랜이 중요하게 여겨지는 이유는 그것이 이전의 마스터플랜과는 달리 사회주의 도시계획적 요소들을 도입했기 때문이다. 김정희가 김일성의 요청에 따라 평양 마스터플랜을 작성한 때는 모스크바로 건너가 건축을 공부하던 시절이다. 따라서 그가 평양 도시 계획을 세우면서 모스크바의 1935년 마스터플랜을 염두에 둔 것은 자연스러웠다고 볼 수 있다. 그런데 이 모스크바 마스터플랜은 하워드의 전원도시 개념에서 큰 영향을 받은 것이었다. 따라서 세 가지 마스터플랜, 즉 평양의 1953년 마스터플랜과 1935년 모스크바 마스터플랜, 그리고 전원도시 개념에는 공통점이 많다. 이는 1953년 마스터플랜이 사회주의 도시계획을 바탕으로 작성되었다는 점을 방증한다.

전반적인 도시의 규모나 개발 지역 면에서 볼 때 1953년 마스터플랜은 1951년의 마스터플랜과 크게 다르지 않지만, 구성에서는 큰 차이를 갖는다. 1951년 평양특별시 재건종합계획도에서는 평양을 하나의 중심을 갖는 도시로 규정한 반면, 1953년 마스터플랜에서는 도시를 몇 개의 작은 단위로 나누며 녹지 인프라가 그 사이사이 구성되어 완충 지역 역할을 하도록 했다. 이 녹지 인프라에는 인공으로 조성되는 공원뿐 아니라 평양의 자연지형, 즉 강과 산 등이 포함되었다. 이러한 방법으로 평양을 다핵화하여 각 지역 간 위계를 평등하게 만듦으로써 계층 간 공간적 격차가 사라지게 하고, 이로써 궁극적으로는 계층의 차이를 소멸하고자 했다. 또한 평양의 주변부와 연계된 녹지 인프라를 통해 사회주의 도시계획의 이념인 도농 간 격차 해소를 실현하고자 했다. 실제로 1951년의 마스터플랜에서는 개발 영역의 지역과 규모만이 명시되었을 뿐 도로나 공간의 위계는 전혀 설명되지 않았고, 녹지 공간에 대한 개념도 자연 지형에 관한 사항을 제외하고는 찾

1953년 마스터플랜

코어 core

지역

강줄기

녹지 인프라

아보기 힘들다. 하지만 1953년 마스터플랜에서는 다양한 용도의 녹지가 표현되었으며 공간의 위계도 좀 더 명확하게 나타났다.

　이 마스터플랜에서는 큰 규모의 도시 조직뿐만 아니라 좀 더 세부적인 도시 공간에 대한 간단하지만 중요한 개념이 나타나있다. 격자형을 기본으로 하여 각 위성 지역을 구성했는데, 이 격자의 규모는 대략 250m×250m였다. 이는 현재 평양에서 소구역계획이 가장 잘 실현된 김일성광장 맞은편 대동강 동쪽 지역의 격자 구조와 규모가 비슷하다. 1953년 마스터플랜은 이러한 격자형 블록의 집합체로 각 지역을 구성하고, 지역이 모여 평양을 구성하는 형식이었다. 지역마다 각각 하나의 상징 광장이 조성되어 그 지역의 핵 역할을 하도록 했는데, 이 공간은 각 지역을 연결하는 노드 역할도 수행했다. 이 스케일의 공간 계획은 1935년 모스크바 마스터플랜이나 평양의 1951년 평양특별시 재건종합계획도에서도 볼 수 없던 것으로, 이는 김정희가 마스터플랜을 작성하면서 사회주의 도시에서 상징 광장의 중요성을 의도적으로 표현하고자 한 시도로 보인다. 또한 이들 노드 간에 도로를 비롯한 도시 기반 시설이 연결됨으로써 위성 지역 간 연결이 이루어진다는 점이 특징인데, 이 연결 라인은 개발 영역이 아니라 녹지 인프라에 의해 개발이 제한되고 있다.

　다핵화로 구분된 여러 지역 중 평양의 옛 중심지였던 영역이 중심 행정 구역으로 지정되었다. 애초에 도시를 다핵화하여 여러 지역으로 나누고자 한 것은 도시 영역 확장의 방지뿐 아니라 도시를 균등한 여러 지역으로 구분함으로써 지역적·공간적 격차를 없애기 위함이었다. 그런데 사회주의 이념 선전과 민중 선동이 필수인 사회주의 도시 평양으로서는 '특별한 위상을 갖는 지역'을 설정해야만 하는 딜레마에 빠질 수밖에 없었다. 선전과 선동을 위해서는 상징적인 광장이나 기념비적인 건축물이 필요한데, 이 요소들은 한데 모일 때 그 효과가 가장 좋다. 따라서 특정 지역을 상징 광장과 기념비적 건축을 위한 영역으로 설정할 수밖에 없었던 것이다. 현재 김일성광장이 있는 중심 지역이 바로 당시 선전과 선동을 위한 영역으로 설정된 지역이다. 하지만 이 중심 지역은 자본주의 도시의 도심 개념과는 엄연히 다르다. 대부분 자본주의 도시에서는 중심업무지구central business district가 도심으로 인식되는 경우가 많은데, 이 지역은 도시 내에서 가장 토지 가치가 높고 자본 경쟁이 치열한 곳이다. 결국 자본의 경쟁에서 취약할 수밖에 없는 행정이나 문화 용도의 시설은 이 지역 밖으로 밀려나게 된다. 이와 같은 용도의 문제에서 볼 때, 평양의 중심 지역은 여타 자본주의 도시의 도심과는 사뭇 다르며, 이 중심 영역조차 녹지 인프라에 의해 확장이 억제되는 점은 특기할 만하다.

또한 평양 중심 지역은 대동강을 기준으로, 현재 김일성광장이 있는 서쪽 영역과 주체탑이 있는 동쪽 영역을 함께 묶고 있다는 점이 특징적이다. 이는 1953년 마스터플랜을 통해 김정희가 구현하고자 했던 평양의 모습을 잘 보여준다. 대동강 동쪽을 단순히 새로운 개발 지역으로 계획했던 다른 마스터플랜, 즉 1930년대 일제의 마스터플랜이나 1951년 평양특별시 재건 종합계획도와 달리, 1953년 마스터플랜은 신개발지인 강동 지역과 기존 도시가 존재하는 강서 지역이 상한 유대 관계를 형성하면서 하나의 도시를 구성하게끔 기획한 것이다. 이 중심 지역에 포함된 대동강 동쪽 지역은, 여타 동쪽 지역이 마스터플랜대로 발전하지 못한 것과 달리 계획대로 개발되었다. 이로써 맞은편 김일성광장 주변 지역과 함께 마스터플랜에서 이루고자 한 평양의 중심 영역으로서 면모를 갖추게 되었다.

1953년 마스터플랜에서는 평양의 인구를 100만 명 정도로 규정했다. 이는 평양 도심을 다핵화하고자 했던 것과 비슷한 이론적 배경을 갖는다.

평양의 시가지 변화

1940년대 시가지

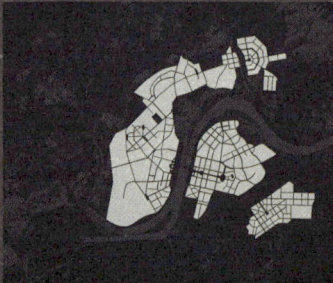
1953년 마스터플랜

2000년대 시가지

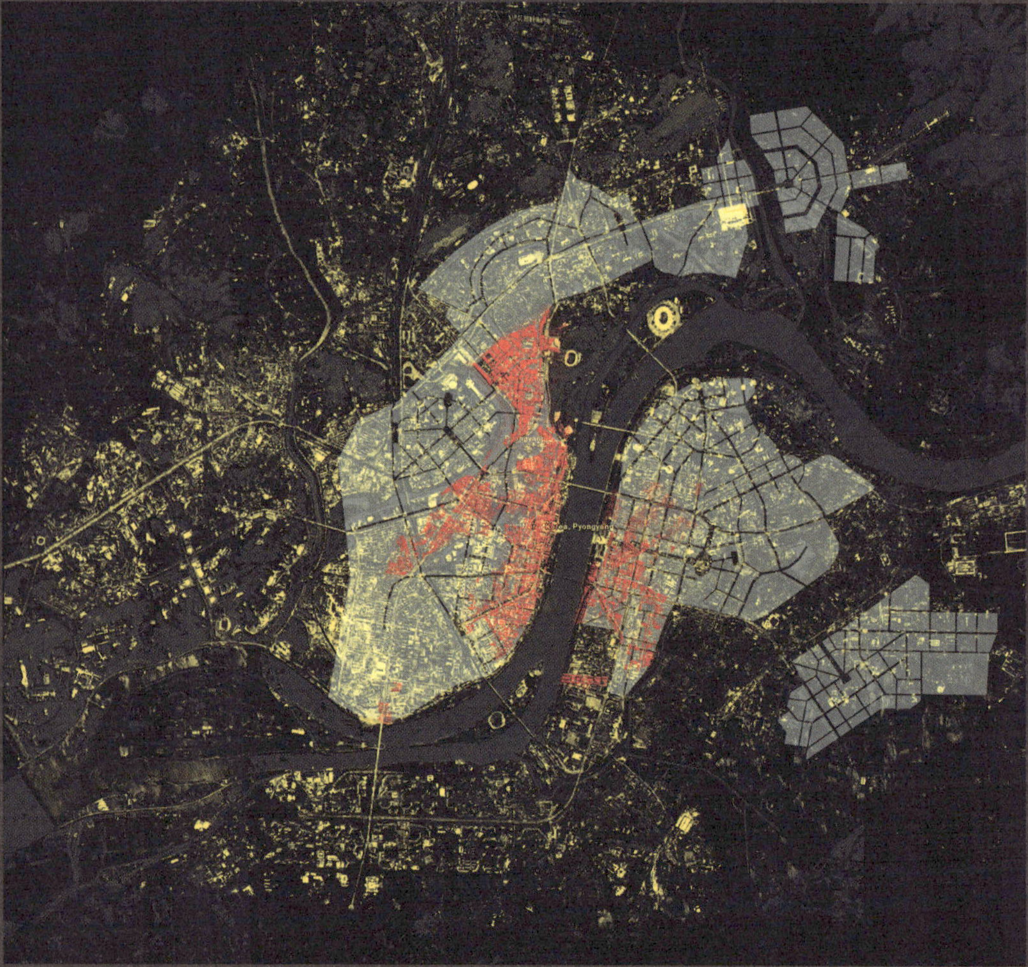

수도의 인구를 제한함으로써 도시와 농촌의 격차 해소는 물론 북한 내 다른 도시들과 균형을 꾀하고자 한 것이다. 이는 도시 규모의 제한이 중요함을 주장하는 내용의 김일성 교시로 설파된 바 있다. 김일성은 도시의 규모를 키우고 인구를 집중시키는 일이 낡은 자본주의적 방식이라 규정하고, 대도시는 교통난과 기반 시설 부족 등 많은 문제를 유발하므로 북한에서는 소도시를 여러 곳에 건설해야한다고 주장했다. 이러한 주장의 배경에 바로 사회주의 도시계획 이론이 있었다.

북한 건축의 아버지, 김정희

1945년 광복 직후 사회주의 세력 사이에서는 일제의 잔재를 청산하고 사회주의 이념을 바탕으로 새로운 국가와 도시를 건설해야 한다는 주장이 일었다. 남북한이 각각 정부를 수립하기 전인 1946년 평양에서는 민중에 의해 새로운 건축물이 세워지기 시작했는데, 여기에 투입된 자본은 이미 상당한 수준이었다.* 그러나 얼마 지나지 않아 한국전쟁이 발발했고, 일제의 잔재를 청산하고 그 위에 '이상적 사회주의 도시'를 세우겠다는 계획은 휴전 이후로 연기될 수밖에 없었다. 결국 선생으로 인해 거의 백지에 가까운 시가지를 맞닥뜨린 평양, 그 터전에 자신들이 꿈꾸던 '이상적 사회주의 도시'와 건축물을 건설할 수 있는 좋은 기회를 얻었다. 그 빈 도화지에 밑그림을 그려나간 사람이 바로 건축가 김정희였다.

  김정희(1921~1975)는 전후 복구 사업 이래, 평양이 현재의 물리적 형태

* 문공남, 《해방직후 평양을 혁명의 수도로 꾸리기 위한 투쟁》, 역사과학, 1993.

평양의 가로망

1940년대 가로망 | 1953년 마스터플랜 | 2000년대 가로망

를 갖추는 데 가장 큰 영향을 끼친 인물이다. 1947년부터 1953년까지 모스크바 건축대학Moscow Architectural Institute에서 건축을 공부한 그는, 당시 김일성에게서 평양 재건을 위한 마스터플랜을 작성해달라는 요청을 받았다. 김일성의 구상은 간단했다. 전쟁 이후 평양을 그동안 다른 사회주의 국가들에서 실현하지 못했던 '이상적 사회주의 도시'로 재건하겠다는 계획이었다. 김정희 또한 평양 마스터플랜에 사회주의 도시계획의 요소를 담아내고자 노력했다. 1951년 그가 초안으로 작성한 평양특별시 재건종합계획도는 비록 1930년대 일제에 의한 마스터플랜을 많이 닮아있었지만, 1952년 폴란드 바르샤바에서 열린 세계건축가회의에서 전시되면서 다른 사회주의 국가로부터 많은 관심을 받았다. 모스크바에 유학하던 그는 초기 마스터플랜이 완성되자, 한창 전쟁 중인 북한을 직접 방문해 김일성에게 보고했다. 이후로 김정희는 김일성이 가장 신뢰하는 건축가의 지위를 얻게 되었다. 휴전 후 북한으로 완전히 복귀한 김정희는 김일성의 두터운 신망을 바탕으로 북한 내 주요 도시의 재건 계획을 담당함은 물론, 본인이 작성한 평양의 도시계획뿐 아니라 평양의 주요 건축물에 대한 설계를 책임지게 되었다.*

　　김정희는 평양 도시계획국의 국장으로 일하면서 1960년대까지 많은 재건 사업에 참여했다. 평양은 물론 석천, 안주, 청진 등 다른 주요 도시도 그가 수립한 재건 계획을 바탕으로 복구되었다. 또한 건축양식 면에서 매우 정형적이고 높은 천장과 창문, 석조 등을 주로 사용했는데, 이는 그가 유학한 러시아 양식의 영향 때문이었다. 이 시기 그는 많은 학교와 교육 관련 시설을 설계했다. 이는 사회주의의 계몽사상과 무관하지 않은 활동이었다.

---

* 이왕기, 《북한건축 또 하나의 우리 모습》, 서울포럼, 2000.

인민에 대한 수준 높은 교육을 염두에 둔 북한은 평양의 전후 복구 사업에서 교육 시설의 확충을 최우선 과제로 두었고, 그 선봉에는 김정희가 있었다. 그는 1945년 북한에서 건축가동맹을 결성했다. 회원 수 300명으로 시작한 이 단체는 규모가 점점 커져 1950년대 중반에 회원 수가 1만 명에 육박했고, 이로써 북한은 1955년 세계건축가협회UIA, Union Internationale des Architectes 회원국이 되었다. 그는 북한 건축 교육체계에서도 매우 중요한 역할을 했다. 1953년 평양건축학교가 김책공업대학으로부터 독립했을 때 초대 학장을 지냈는데, 이곳은 북한 최고의 건축학교로 인정받으며 북한 건축의 요람으로 자리 잡았다. 김정희가 구성한 이 건축학교는 학부에 8개, 통신대학에 7개, 그리고 야간대학에 2개 등 총 17개의 전공 과정을 개설했다.

인류의 역사를 보면, 독재자는 으레 오른팔 역할을 하는 건축가를 데리고 있다. 자신이 꿈꾸는 이상 세계를 그 건축가를 통해 현실화하겠다는 의지 때문이다. 잘 알려진 대로, 아돌프 히틀러에게는 알베르트 슈피어Albert Speer라는 걸출한 건축가가 있었다. 독재자와 결탁한 건축가로 인류의 지탄을 받은 그였지만, 히틀러는 그의 건축적 재능과 열정을 높이 사 두터운 신망을 보냈다. 이 같은 일이 비단 독재자에게만 해당하는 것은 아니다. 종교가 세상을 지배할 때는 신앙의 공간을 만들기 위해, 왕권이 지배하던 시기에는 권력을 상징하는 건축물을 만들기 위해, 또 현대사회처럼 자본이 지배하는 사회에서는 더 큰 자본을 창출해내는 공간을 만들기 위해 권력은 언제나 건축가가 필요하다. 마찬가지로 김일성에게는 김정희라는 걸출한 건축가가 있었다. 서른 살 젊은 나이에 그는 김일성을 위해 '이상적 사회주의 도시'의 꿈을 실현시키려 했다. 김일성은 그런 김정희의 재능과 열정을 신뢰했고, '이상적 사회주의 도시' 실현이라는 거대한 야망을 그를 통해 이루고자 했다. 비록 1970년대에 좌천되었지만, 김정희는 평생 김일성의 가장 가까운 조력자이자 오른팔 역할을 했다. 1975년 김정희가 건설 현장에서 사고로 죽자, 김일성은 그의 삶을 담은 영화를 만들도록 지시했다.* 김정희에게 평양, 그리고 북한은 모스크바 유학 시절에 꿈꾼 '이상적 건축'과 '이상적 사회주의 도시'에 대한 상상을 실제로 펼쳐 보이는 거대한 도화지였다. 그리고 김일성이라는 절대 권력자는 그의 든든한 후견인이었다.

평양의 시기별 개발 전략

1950년대의 개발 전략

> 한국전쟁 이후, 조선노동당은 국가의 경제를 재건함과 동시에 사회주의의 기초를 세우기 위한 힘찬 노력을 해나아갔다. 당의 사회주의의 기초를 세우기 위한 과업은 소규모의 원자재 위주 경제와 자본주의 경제구조를 사회주의 체제로 바꾸어 나아가며 식민주의에 치우친 것들과 공업 기술의 퇴보를 제거하고 사회주의 공업화의 기초를 닦는 것이다.**

3년간의 한국전쟁 후 조선노동당은 1954년 시작된 3개년 계획을 통해 국가 경제의 회복과 함께 사회주의의 기초를 다지고자 했다. 이 3개년 계획이 종료된 뒤, 1956년에 열린 조선노동당 중앙위원회 전원회의에서는 천리

---

* 이왕기, 《북한건축 또 하나의 우리 모습》, 서울포럼, 2000.
** 김복록·손원봉·정길·한판조, 《Glorious 50 Years》, Korea Pictorial, 1995.

마운동으로 잘 알려진 5개년 계획이 수립되었다. 이 시기 평양은 도시 기반 시설을 우선 복구하는 한편, 국가 경제를 다시 일으킬 중공업 시설의 복구 사업에 초점을 두었다. 이에 따라 강선제철이나 김책철강 같은 평양의 중공업 시설이 서둘러 복구되었다. 이는 국가 기반 시설을 자립시킴으로써 중국과 소련으로부터의 정치·경제적 독립을 꾀한 북한 정권의 의도가 담긴 작업이었다.* 한편 이 시기에는 공업 시설 복구와 함께 토지 국유화 사업을 진행하여, 국토를 더욱 체계적으로 활용하고 모든 계획과 개발을 정부에서 관할하는 정책적 토대를 마련했다.

이 기간에 북한은 공업 시설의 복구뿐 아니라 평양을 '이상적 사회주의 도시'로 만들기 위한 노력을 기울였다. 주된 도시 기반 시설과 행정 시설이 복구되었는데, 이 작업은 평양의 옛 중심지가 있던 자리인 현재의 김일성광장을 중심으로 시작되었다. 당시 헝가리와 불가리아로부터 원조를 받은 평양은, 이들 국가로부터 영향 받은 건축양식으로 평양역사와 김일성광장을 계획하며 도시의 굵직한 공간들을 재건해나갔다. 특히 김일성광장을 형성하는 조선역사박물관과 조선미술박물관은 모두 당시 동유럽 건축양식의 영향을 받아 1950년대에 완공되었다. 이후 평양은 도로 확장을 통해 이 중심지에서 점점 더 개발의 영역을 확대해나갔다. 이 시기의 개발, 특히 평양 중심 지역의 개발은 김정희가 작성한 1953년 마스터플랜을 가장 잘 따르고 있다. 그런데 당시의 복구 작업이 사회주의 도시계획을 따른 1953년 마스터플랜을 기반으로 진행되었다고는 해도, 사실 이 시기 개발의 최우선 목표는 다름 아닌 전후 복구에 있었다. 실질적으로 평양에 사회주의 도시의 특징이 나타나기 시작한 때는 1960년대 이후다.

---

* 김복록·손원봉·정길·한판조, 《Glorious 50 Years》, Korea Pictorial, 1995.

1960년대의 개발 전략

1950년대를 거치며 도시 기반 시설과 행정 시설을 대부분 복구한 북한은, 이제 어떻게 사회주의를 실현해나갈 것인가 고민하기 시작한다. 특히 어떻게 해야 수도 평양이 '이상적 사회주의 도시'의 표본이 될 수 있을까 생각했다. 1961년 조선노동당 중앙위원회 전원회의에서 북한은 사회주의 사회 건설을 위한 1차 7개년계획(1961~1967)을 수립해 실행에 옮긴다. 이 계획의 주요 목표는 발전된 농업과 근대화된 공업을 통해 사회주의 공업 국가를 만들고 인민의 삶의 질을 향상시키는 것으로, 이에 따라 방대한 건설 계획을 세웠다. 이 목표를 실천하기 위해 보다 합리적인 건축 시스템과 건축 형식을 도입했고 새로운 시공 방식을 계속 모색했다. 특히 산업 건설에 있어서 표준화와 규격화 사업이 발달했고 조립식 시공의 비율이 월등히 높아졌다. 사회주의 국가에서는 이전부터 조립식 시공 방식을 매우 선호했다. 같

평양의 1960년대 주택 건설 현장

주요 가로망의 변화

1953년 마스터플랜

현실화된 가로망

마스터플랜과는 별도로 개발된 가로망

현재의 가로망

은 용도의 건물이 비슷한 디자인으로 다수 구성된 탓도 있지만, 더 큰 이유는 자재 운용의 효율성과 건설 노동의 산업화를 꾀하는 데 있었다.

"한 손에는 총을, 다른 한 손엔 망치를!"이라는 구호 아래 조선노동당은 경제와 국방을 강화하고자 했으며, 이는 대규모 중공업의 확장과 그로부터 가지를 치고 나오는 여타 공업의 발전을 통해 이룰 수 있다고 믿었다. 따라서 독립적인 경공업이 이 시기부터 발달하기 시작했고, 경공업 지역과 기존 중공업 지역을 잇는 도로망이 더불어 발달해갔다. 또한 평양 내 주요 거리, 즉 모란봉거리, 봉화거리, 붉은거리 등이 1960년대에 완공되면서 그 주변에 주요 살림집들이 배치되었다. 이 시기 김일성은 교시를 통해 1964년까지 모든 주요 도로를 포장해야 한다고 주장했고, 곧 평양의 모든 도로가 아스팔트나 콘크리트로 포장되었다. 한편 현재 평양의 가장 중요한 대중교통인 지하철과 무궤도전차가 이때 계획되고 시공되기 시작했다. 평양역에서 연못동까지의 무궤도전차는 이미 1960년대에 운행이 시작되었고, 1단계 지하철 공사인 천리마선은 1973년 개통되었다.

이 시기에 조선노동당이 해결하고자 한 또 하나의 선결 과제는 사회주의 농업 지역에 관한 것이었다. 1964년 김일성은 《우리 나라 사회주의 농촌문제에 관한 테제》라는 책을 통해 사회주의 체제하에서의 농업 정책에 관한 근본적인 성찰을 하고자 했다. 이 테제는 조선노동당 농업 정책의 근간이 되었고, 당은 이를 통해 농업 지역의 전반적인 모습을 성공적으로 바꿀 수 있다고 생각했다. 결국 평양을 비롯한 대부분의 도시에서는 근대화된 공업은 물론 발달된 농업을 함께 갖게 되었다.*

북한 도시를 개발하기 위한 전반적인 계획과 더불어, 수도 평양은 '이

---

* 김원, 《사회주의 도시계획》, 보성각, 1998.

상적 사회주의 도시'의 모습을 갖추기 위해 몇몇 개발 전략을 수립했다. 평양의 개발은 사회주의의 이념을 선전하고 실현해줄 다섯 가지 개발 전략하에 이루어지게 되었다. 첫째, 주요 도로의 확장. 둘째, 주요 도로를 따라 고층 주거 지역 건설. 셋째, 대규모 공공시설과 문화시설 건립. 넷째, 상징적인 광장과 기념비 건축. 다섯째, 외국인을 위한 레저 및 편의 시설 확충이다. 이러한 전략은 거시적 스케일의 1953년 마스터플랜과는 별개로, 사회주의 도시의 모습을 갖추려면 세부적으로 어떠한 개발이 이루어져야 하는지 고민한 끝에 나온 해결책이다. 따라서 평양의 1960년대는 도시의 근간을 이루는 마스터플랜을 넘어선 개발을 시작한 시기이자, '실질적 사회주의 도시'의 모습을 갖추기 위한 노력을 시작한 때라고 볼 수 있다.

이 시기 이미 평양은 사회주의 사상의 선전과 혁명의 역사를 기념하기 위해 기념비를 세우고 혁명사적지를 건설하는 작업에 본격적으로 착수했다.* 그 대표적인 예가 평양 중심 지역 가까이 있는 천리마동상과 만경대혁명사적지다. 천리마동상은 북한의 인민이 사회주의 승리를 향해 달리는 모습을 형상화한 동상으로, 높이가 무려 46m에 달한다. 평양의 중심인 김일성광장에서 1.5㎞, 김일성동상이 있는 만수대기념비광장으로부터는 불과 200m 북쪽으로 떨어진 중요한 지점에 위치한다. 한편 김일성의 생가로 알려진 만경대는 김일성광장으로부터 서남쪽으로 9㎞ 정도 떨어진 곳에 있는데, 이곳에 사회주의 혁명의 승리와 더불어 김일성의 항일운동을 선전하기 위한 사적지를 조성했다. 훗날 이곳에는 만경대유원지도 조성되어 평양의 주요 여가 공간 역할을 하게 되었다. 여기서 주요하게 볼 특징은 1953년 마스터플랜에서 시가지로 계획되지 않은 외곽 지역에 이러한 혁명사적지를 계획했다는 사실이

---

* 리화선, 《조선건축사》, 발언, 1993.

다. 이곳에 김일성 생가가 위치했다는 이유가 있었지만, 어찌되었든 후에 평양의 시가지가 이 영역까지 확장됨을 알 수 있다.

1970년대의 개발 전략

1970년대에 들어 북한은 마르크스-레닌주의를 김일성이 1950년대에 주창한 주체사상으로 대체하기 시작한다. 사실 주체사상은 마르크스-레닌주의를 근간으로 하지만, 소련으로부터 이념적·정치적 독립을 꾀한 북한은 이 시기 이후 모든 건설과 개발을 주체사상에 입각해 추진했다. 이는 건축양식에도 많은 영향을 미쳤는데, 당시 준공된 평양의 인민문화궁전이나 국제친선전람관 등은 민족전통주의에 따른 건축양식에 입각해 설계되었다. 북한은 1970년 11월 조선노동당 제5차 대회 때 사상혁명·기술혁명·문화혁명을 수립했으며, 이를 통해 사회주의 혁명을 완결하고자 했다. 1971년부터 시작된 6개년 계획은 이때 채택되었는데, 이 계획은 사회주의의 기술적 토대를 만드는 데 주목했다. 또한 1960년대에 이어 조립식 건설의 비중을 계속해서 높여갔다. 특히 산업시설뿐 아니라 살림집도 90% 이상 조립식 건설을 목표로 삼았다. 이에 따라 평양시 승호구역의 전원형 살림집들은 모두 조립식으로 건설되었는데, 이를 통해 노동력과 자재 투입량을 현격하게 줄일 수 있었다.

1970년대 평양 시가지 모습

상징 광장의 구상과 실제

1953년 마스터플랜에서 계획된 상징 공간 배치

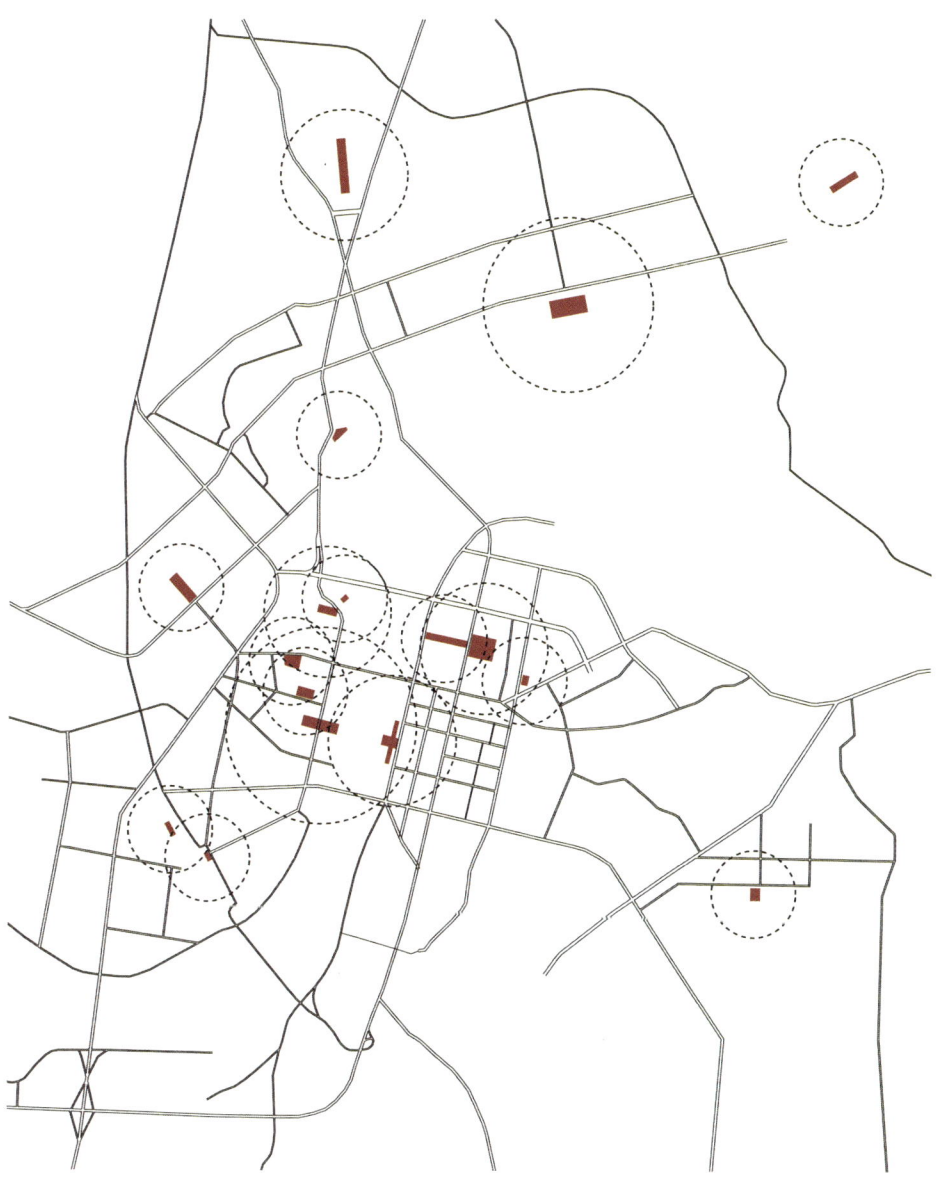

현재의 상징 공간 구성

주요 상징 공간과 주변 도시 조직의 구성

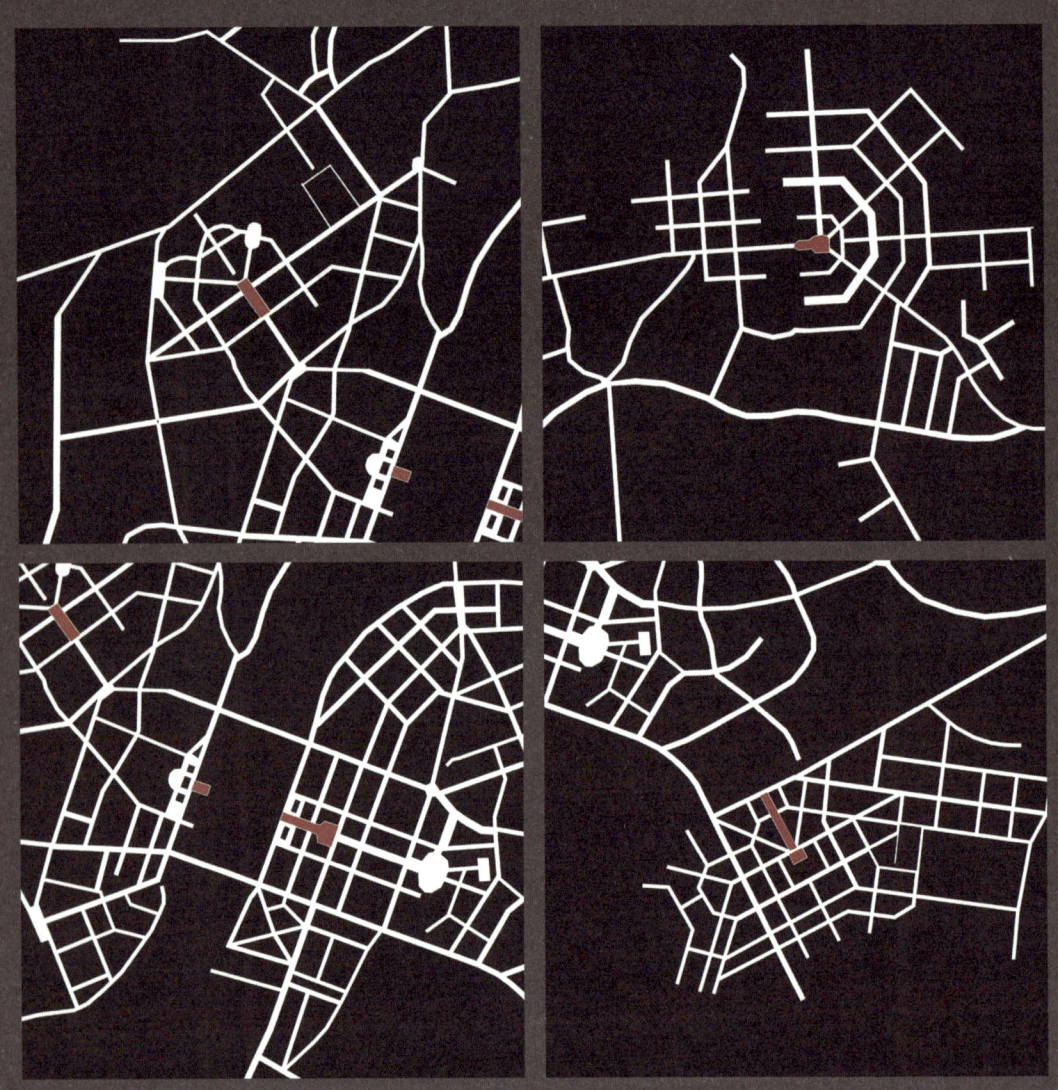

1953년 마스터플랜에서는 상징 공간을 중심으로 주변 지역이 체계적인 구조로 계획되어있음을 볼 수 있다.

반면, 현재 평양의 도시 구조에서는 상징 공간은 다수 계획되었으나, 주변 지역이 그 공간을 중심으로 개발되지는 않았음을 확인할 수 있다.

1970년대는 북한이 정치·경제적으로 가장 안정적인 시기였다. 따라서 이때 기념비적인 건물이 가장 많이 건축되었다.* 앞서 언급한 인민문화궁전을 비롯해 조선혁명박물관, 조국해방전쟁승리기념관, 평양체육관, 만수대예술극장, 4·25문화회관 등이 이 시기 준공되었다. 모두 연면적 5만㎡가 넘는 대형 건축물이었다. 김일성광장과 함께 주요 광장 역할을 하는 만수대광장의 만수대대기념비는 1972년 김일성의 회갑을 기념해 준공되었다. 이는 같은 시기 완공된 조선혁명박물관과 함께 만수대 지역을 평양의 또 다른 주요 상징 공간으로 만들게 된다. 한편 소련으로부터의 독립을 꾀한 주체사상에 입각해, 과거 소련에서 원조를 받아 건설한 주요 도로에 대한 재건과 확장을 진행했다. 천리마거리의 1단계공사는 당시의 대표적 거리 현대화 작업이었는 데, 이와 함께 거리 주변에는 중·고층 이상의 살림집이 함께 조성되었다.** 북한의 고층 살림집은 이때 처음 도입된 형식이었다. 당시 평양에 고층 살림집이 많이 도입된 이유는 평양으로의 인구 유입 때문만이 아니라, 고층 살림집이 주요 도로의 가로 경관을 향상시키는 데 매우 효과적이었기 때문이다. 이처럼 도로변을 따라 고층 살림집을 배치하고, 이면에 저층 살림집이나 작업장, 학교 등을 배치하는 형식은 평양뿐 아니라 다른 도시에서도 매우 전형적인 형식으로 자리 잡았다.

또한 주목할 만한 점은 이 시기에 대규모 유원지를 건설하기 시작했다는 사실이다. 평양 중심부에서 북동쪽으로 8.5㎞가량 떨어진 대성산은 1953년 마스터플랜상 가장 외곽에 구성된 위성 지역의 경계부를 형성하는 평양의 대표적인 산이다. 현재도 이곳까지는 시가지화가 미치지 않았을 정

---

* 김원, 《사회주의 도시계획》, 보성각, 1998.
** 리화선, 《조선건축사》, 발언, 1993.

도로 외곽에 속하는 이 지역에, 1977년 8만㎡ 정도의 부지에 대성산유희장을 건설했다. 이는 사회주의 이념에 입각해 인민에게 휴식의 공간을 제공하는 취지에서 건설된 북한의 첫 유희장이라는 데 의미가 있다. 그러나 한편으로는 불과 몇 해 전 동양 최대 규모로 개관한 서울 어린이대공원과의 경쟁 구도를 생각하지 않을 수 없다.

전후 복구 시기와 1960년대를 거치며 중공업 산업을 중점적으로 발전시켜온 북한은 1970년대 들어 경공업 시설을 확충해나가기 시작했다. 1970년대 중반까지 북한에는 연평균 200개가 넘는 공장이 건설되었는데, 이 중 적어도 10%가량은 평양에 건설되었다고 추정된다. 생산 시설 확충과 병행해나간 작업은 공장의 공원화다. 이 또한 노동자에게 최선의 노동 환경을 제공해야 한다는 사회주의 이념에 입각한 작업이다. 실제로 이를 위해 공장과 직장의 합리적 배치를 꾀하고, 그 사이에 녹지 공원을 조성하는 등 산업 시설의 노동 환경 개선 노력을 시작했다.

한편 평양의 주요 기반 시설인 지하철은 1970년대 들어 개통하기 시작했다. 1960년대 제1차 7개년계획 기간에 공사를 시작한 천리마선은, 1973년에 6개 역, 총연장 12㎞ 규모로 개통되었다. 1978년에는 9개 역, 총연장 20㎞의 혁신선이 완공되었으며, 3단계 공사인 만경대선은 1987년에 1차로 완성되었다. 이와 같은 대중교통의 다양화와 더불어 대규모 건축물의 확산 추세를 보면, 1970년대 이후 도시로서의 평양이 좀 더 확장되는 추세로 나아갔음을 알 수 있다. 이는 휴전 후 1970년 직전까지 지속적으로 증가한 평양의 인구와 무관하지 않다.

1980년대의 개발 전략

1980년 10월 제6차 조선노동당 회의에서는 주체사상을 조선혁명의 주된 과업으로 지정하며, 사회주의 혁명의 완성을 이룩하기 위해 노력했다.*

북한의 가장 안정적인 시기가 1970년대였다면, 1980년대는 북한 개발 계획의 전환점이자 발전의 속도가 매우 빨라진 시기였다. 1980년대 후반에 접어들면서 조선노동당은 제3차 7개년계획(1987~1993)을 수립, 평양에 대규모 건설 공사와 기념비적 건축물을 구축하는 데 초점을 맞추었다. 또한 이 계획은 경공업과 주거 시설 모두의 발전을 통해 인민의 삶의 질을 높이고자 했으며, 이 기간 동안 매년 15~20만 호 정도의 주택 공급을 목표를 삼았다.

1980년대 평양의 개발 목표와 양상은 크게 도시 확장과 국제도시화, 이 두 가지로 정리할 수 있다. 이 시기 들어 평양은 수평적 확장과 수직적 확장을 동시에 꾀했으며, 이러한 확장은 주로 늘어난 평양의 인구를 수용하기 위한 살림집 건설을 통해 이루어졌다. 무엇보다도 초고층 살림집의 등장이 가장 큰 변화였고, 이는 평양의 수직적 확장을 이끌었다. 이미 1970년대에 초고층 살림집이 등장하기는 했지만, 여전히 15층 내외의 중·고층 살림집이 주를 이루었다. 하지만 1980년대 들어 새로운 거리를 조성하고 재단장하면서 초고층 살림집 건설이 활성화되었다. 예를 들어 영광거리와 창광거리가 이 시기에 새로 건설되거나 재단장되었는데, 이들 거리에 초고층

---

* 김복록·손원봉·정길·한판조, 《Glorious 50 Years》, Korea Pictorial, 1995.
** 김현수, 〈남북한 도시계획의 비교와 전망〉, 《국토계획》, 제28권 2호, 1993.

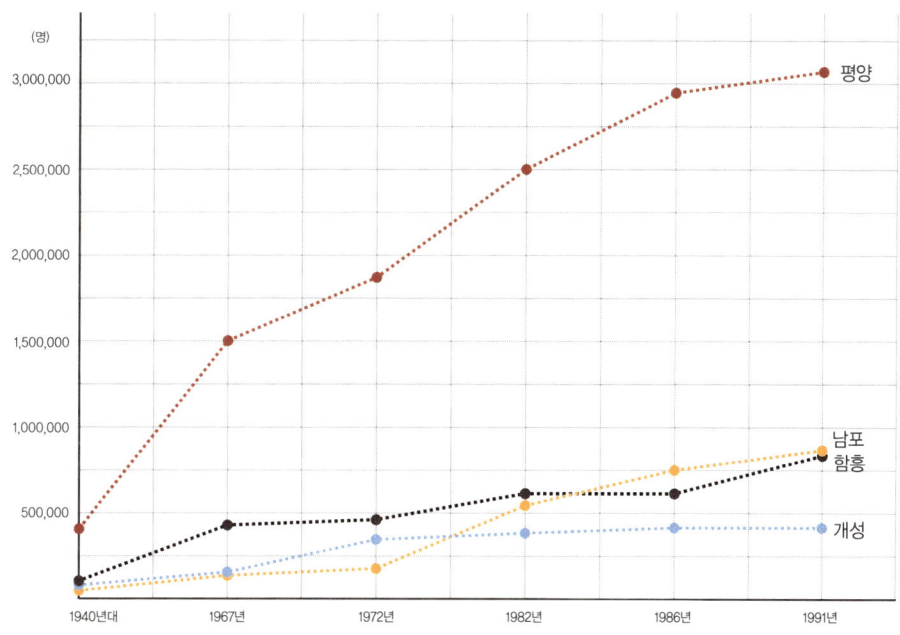

북한 주요 도시의 인구 변화

살림집을 선설함으로써 주택 수요를 해소함은 물론 거리 경관을 바꿔나갔다. 특히 창광거리의 경우 새로 거리를 조성하면서 기존 건물을 모두 들어내고 그 자리에 20~30층 규모의 초고층 살림집을 건설했다. 이는 기존의 일렬 배치를 회피하고 다양한 높이의 살림집으로 거리에 다양성을 확보하기 위한 노력이었는데, 이를 보면 북한이 도시 공간 및 경관 구성에 얼마나 큰 심혈을 기울였는지 알 수 있다.**

한편 새로 조성된 문수거리는 평양의 본격적인 수평적 확장이 시작됨을 대변한다. 이 거리는 만수대기념비광장에서부터 대동강 맞은편의 대동강구역에 해당하는 곳으로, 대동강구역은 노동당창건기념비를 중심으로 한 영역이다. 대동강구역의 남쪽 지역인 동대원구역은 1953년 마스터플랜에서도 평양의 중심 영역으로 계획되었고, 이미 1960년대에 주택소구역계획에 의거해 개발된 지역이다. 하지만 이 대동강구역을 초고층 살림집으로 개발하면서부터 평양은 본격적으로 대동강 동쪽 지역 및 기타 지역, 즉 1953년 마스터플랜에서 개발 지역으로 계획되지 않은 지역으로의 확장 가능성을 보여주기 시작한다. 이러한 수평적 확장은 1980년대 후반부터 1990년대 초반에 걸쳐 만경대구역 내 광복거리의 주거 지역 및 락랑구역 내 통일거리 주거 지역 개발 등으로 이어지면서, 현재 평양의 모습을 형성하는 데 큰 역할을 했다.

1980년대에 나타난 두 번째 개발 목표의 특징은 평양을 국제도시로 만들기 위한 노력이었다. 이를 위해 평양은 국제 수준에 맞는 문화 및 편의 시설 건설에 개발의 초점을 맞추었다. 또한 녹지 면적 확대와 위락 시설 확충을 통해 국제적으로 '살기 좋은 도시'라는 인식을 얻고자 하였다. 대표적인 외국인 대상의 대규모 호텔, 즉 류경호텔, 평양 고려호텔, 양각도 국제호텔 등이 모두 이때 계획되었다. 류경호텔은 1990년대 중반까지 공사를 이어오다 경제난으로 중단했으나, 고려호텔과 양각도호텔은 각각 1985년과 1995년에 완공되어 평양을 찾는 외국인을 상대로 영업을 해나갔다. 세 호텔 모두 프랑스 기업과의 합작으로 건설되었다는 점도 주목할 만하다.

또한 이 시기 평양에서는 국제 수준의 다양한 문화 및 레저 시설 확충 사업이 계획되었다. 여기에는 1980년대에 들어서면서 서울이 아시안게임과 올림픽을 유치하는 등 국제도시의 모습을 갖추기 시작한 데 대한 경쟁

심리가 작용한 면이 없지 않다. 평양은 만경대구역의 청춘거리에 30층 규모의 서산호텔을 조성함과 동시에 대규모 스포츠 콤플렉스를 조성함으로써 국제 대회를 유치할 수 있는 환경을 만들고자 했다. 1989년에는 15만 명을 수용할 수 있는 세계 최대 규모의 능라도 5·1경기장이 완공되었다. 북한의 3대 혁명, 즉 사상혁명·기술혁명·문화혁명의 성과를 전시하기 위해 8만㎡의 대지에 계획된 대규모 전시 시설(완공은 1990년대 초반)도 이 시기 국제도시를 목표로 계획된 사업이다.

한편 평양을 국제적인 도시로 만들기 위한 노력은 녹지 확충 사업과 연관 위락 시설의 확충으로 이어진다. 이 시기에 나온 구호가 "도시 속의 공원이 아닌, 공원 속의 도시를 만들자"이다. 도시 전반에 걸친 녹지 확충 사업을 통해 인구 당 녹지 면적을 높이는 한편, 위락 및 편의 시설 확충을 통해 평양 시민은 물론 외국인도 즐겨 찾는 국제도시를 만들고자 한 것이다. 이 시기 가장 많은 녹지 사업이 이루어진 곳이 대동강 양안과 주요 거리이다. 특히 대동강 동쪽 강변에는 주체탑을 건설하고 그 주변을 광장과 공원으로 조성했으며, 능라도 서쪽 모란봉구역의 모란봉 기슭에는 개선청년공원을 조성하는 등 대동강을 중심으로 한 녹지화·공원화 사업을 대대적으로 추진했다. 한편 기존에 혁명사적지로 조성된 만경대 지역에는 1980년대 초반 만경대유희장이 건설되었다.

당시 평양의 규모가 서울의 1/3도 채 되지 않았음을 고려할 때, 이 시기 평양에서 계획되고 추진된 사업은 다소 무리한 것이었다고도 볼 수 있다. 하지만 자본주의 도시와 달리 인민을 위한 문화 및 위락 시설을 많이 건설한다는 사회주의 도시의 기본 특징을 고려할 때, 이 시기 평양의 개발 양상은 그들의 이념상으로는 자연스러운 방향 설정이었다. 평양을 국제 수준의 도시로 만들겠다는 야심찬 계획은 이후 시작된 경제난 및 정치적 문제에 따라 실현되지 못했지만, 이는 오늘날 평양의 물리적인 도시 조직 형성에 큰 영향을 미쳤다.

1990년대 이후의 개발 전략

1990년대 들어 북한은 내부의 정치적 변화와 함께 공산권 몰락이라는 외부의 치명적 타격을 입게 된다. 이는 북한의 입지를 경제적으로나 정치적으로 더 좁게 만들었다. 이에 더해 대규모 자연재해까지 수년간 이어지자 평양의 도시 개발은 매우 위축되었다. 따라서 대규모 문화시설 및 기념비 건설 사업을 축소하고 주택 보급 사업에 초점을 맞추었다. 1980년대에 국제도시를 목표로 의욕적으로 추진한 류경호텔 건설 사업은 1990년대 중반 중단되었고, 3대혁명전시관 건설 사업도 공기가 계속 늘어나 1993년에야 겨우 완공되었다.

한편 북한은 이주, 특히 평양으로의 이주가 극도로 제한됨에도 평양의 인구는 계속 늘어났다. 이로 인해 경제난에도 평양의 주택 보급 사업은 계속 진행되어, 1990년대 초반 통일거리에 5만여 세대, 광복거리에 2만여 세대 건설이 계획되었다. 약 100m 폭에 길이 5.9㎞ 규모의 광복거리는 1980년대 후반 만경대구역에 계획된 주요 주거 단지이자, 평양교예극장과 만경대학생궁전 등 주요 문화시설이 있는 거리다. 창광거리나 천리마거리와 다르게 이 거리는 온전히 초고층 살림집으로만 주거 시설이 구성되었는데, 1990년대 들어 2만여 세대가 추가 건설됨으로써 통일거리와 함께 평양의 최신식 주거 단지로서의 모습을 갖추었다. 한편 통일거리는 1992년 대동강 남쪽 락랑구역에 조성된, 평양의 또 다른 주요 초고층 살림집 주거 지역이다. 평양은 이 지역에 5만여 세대를 계획함으로써 평양의 주택난을 해소하고자 했다.

하지만 이러한 개발도 1990년대 중반 이후 거의 멈춘 상태다. 이후에도 평양-남포 간 고속도로가 확장되고, 2000년대 들어 보통강 구역에 류경정주영체육관이 건립되기도 했으나, 이 사업들은 평양의 도시 조직에 큰 영향을 미치지 못했다. 현재 류경호텔 건설 공사가 재개되고 평양 곳곳에 산발적으로 공사가 진행되고는 있지만, 도시의 물리적인 형태를 바꾸기에는 아직 부족해 보인다. 따라서 현재 평양의 도시 조직은 전후 복구 시기 이후 1980년대 말, 또는 1990년대 초반까지 개발된 모습을 유지하고 있다고 볼 수 있다.

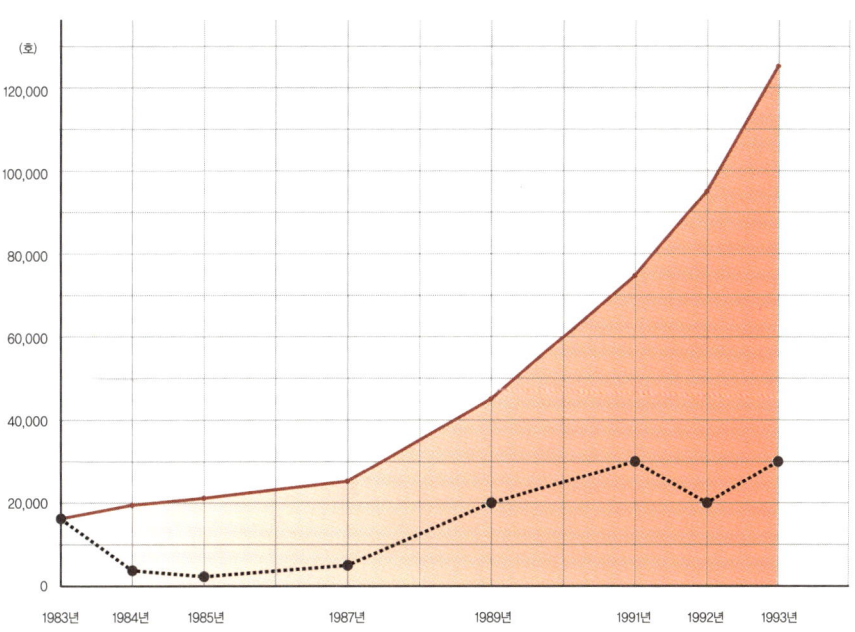

평양의 주요 주택 건설

1953년 마스터플랜과 시기별 개발 전략 비교

현재 평양의 도시 구조를 살펴보면, 1953년 마스터플랜에서 중심 영역으로 제시된 김일성광장 부근과 그 맞은편 지역을 제외하고는 마스터플랜에서 제안한 위성 지역이 뚜렷이 나타나는 영역은 드물다. 이는 평양의 급속한 성장 때문만이 아니라, 1960년대부터 김일성이 도입하고자 한 새로운 도시 개발 전략 때문에 나타난 현상이다. 앞서 설명한 대로, 새로운 세부 개발 전략은 거시적 차원에서 마스터플랜과 충돌하기도 했지만, 단기간에 가시적 성과를 낼 수 있었던 까닭에 적극적으로 채택되었다. 예를 들어, 마스터플랜에서는 각 위성 지역을 연결하는 주요 도로를 제외하고는 대부분 그 지역 내에서 비슷한 위계를 가지며 지역의 면面적인 개발을 유도한 반면, 세부 개발 전략은 주요 도로를 따라 선線적인 개발을 유도했다. 이로 인해 각 위성 지역의 확장을 제한하고자 했던 마스터플랜의 계획은 실현되지 못했다.

    시대를 거듭하며 계속 제시된 새로운 세부 개발 전략들은 1953년 마스터플랜에서 제안된 중심 지역을 한층 더 '중심'이 되게 했다. 본디 1953년 마스터플랜에서는 주요 상징 광장들이 도시 전체에 고르게 분포하도록 계획했다. 중심 지역뿐만 아니라 위성 지역에서도 구심점 역할을 하는 공간이 되도록 하려는 목적이었다. 중심 지역이 용도 면에서 다른 위성 지역과 차이를 지니는 게 불가피하지만, 공간의 구성에서는 그 차이를 최소화함으로써 지역 사이의 평등을 실현하고자 한 것이다. 하지만 김일성은 평양이 북한의 얼굴인 것처럼 이 중심 지역은 평양의 얼굴이 되어야 한다고 생각했고, 이에 따라 주요 상징 광장뿐 아니라 기념비적인 건축물 대부분이 이 지역에 집중 배치되었다. 사회주의 이념을 따른다면 이런 시설을 도시 내에 균등하게 배치해야 옳겠지만, 그보다는 이를 한 영역에 집중시킴으로써 평양 시민은 물론 평양을 방문하는 외국인에게 북한 체제를 최대한 효과적으로 선전하겠다는 현실적 선택을 했다고 볼 수 있다. 반면 평양의 다른 지역에는 비교적 조성하기 쉬운 기념비나 동상 등을 세워 상징적 광장과 기념비적 건축물을 대체했다.

또한 평양은 급속한 도시 성장에 따른 인구 증가에 대응하여 대규모 단지 조성 사업에 치중할 수밖에 없었다. 1940년경 평양의 인구는 28만 명에 불과했지만, 50년이 지난 1990년대에는 열 배가 넘는 330만 명으로 늘어났다. 특히 1960년대 말까지는 연평균 16% 이상의 인구 증가세를 보였다. 이주의 자유가 없는 북한의 상황을 고려하면 엄청난 수치다. 따라서 사회주의 도시계획에서 추구하는 주거와 생산 시설의 조화로운 비율과 발전은 실현할 수 없게 되었다. 소구역계획은 도보를 고려한 일정한 영역 안에 일정한 규모의 주거 시설을 마련하고 그에 맞춰 생산 시설과 교육 시설 등을 적절한 비율로 배치함을 전제로 한다. 이로써 각 소구역의 확대를 제한한다. 주거 시설이 늘어나면 그에 맞춰 기타 시설 영역도 늘어나야 하는데, 이는 도보를 기준으로 영역을 제한하는 요소와 충돌을 일으키기 때문에 소구역계획하에서는 구역의 밀도와 크기가 비슷한 수준으로 유지될 수 있는 것이다. 하지만 인구의 급속한 유입은 대규모 초고층 주거의 필요성을 불러왔고, 이는 주거와 생산 시설 비율의 균형을 깨뜨렸을 뿐 아니라 소구역계획에서 유지하고자 했던 단지의 크기 제한도 붕괴시켰다. 이러한 개발은 1980년대에 시작되어 1990년대 중반까지 계속되었다.

평양의 급속한 인구 증가는 비정형의 주거 형태도 양산했다. 당국은 새로 발생한 주거 시설 부족 문제를 해결하고자 주민이 단시간 내에 손수 지을 수 있는 새로운 살림집 모델을 보급했는데, 이는 결국 도시 내에 이러한 주거가 비정형으로 분포하는 결과를 낳았다. 이러한 비정형 패턴의 주거지 개발은 1953년 마스터플랜상 녹지 인프라로 계획된 지역에서 많이 나타났다. 이 영역이 정부 주도 개발의 사각지대였기 때문으로 보인다. 여기서도 물론 소구역계획이 추구한 주거와 생산 시설의 균형적인 비율은 무너졌다. 이후에도 평양은 거리 위주의 개발 사업을 계속 진행했고, 결국 각 위성 지역을 거점으로 도시 전역을 균형적으로 개발하고자 했던 마스터플랜과 충돌하는 상황이 지속되었다.

이처럼 세부 개발 전략은 계속해서 1953년 마스터플랜과 충돌을 일으키며 도시를 개발해나갔다. 하지만 경우에 따라서는 마스터플랜에 의거한 개발을 진행하기도 했다. 예를 들어 1960년대에 개발된 대동강 동쪽, 즉 김일성광장의 맞은편 영역은 마스터플랜상의 내용과 유사하게 개발되었다. 이는 강동 지역이 지닌 위치적 중요성에 따른 현상으로 해석된다. 이 영역은 마스터플랜에도 김일성광장 영역과 함께 평양의 중심 영역으로 설정되어있다. 1980년대 들어 이 지역에 주체탑을 건설하고 그 주변에 대규모 열린 공간과 상징적인 광장 등을 둠으로서 이곳이 김일성광장과 함께 도시의 강력한 축을 형성하게끔 했다. 또한 그 이면에는 소구역계획에 의거한 단지를 개발함으로써 마스터플랜에서 추구한 도시의 형태와 조직을 갖추게 된다. 이 지역에는 실제로 10~15층 규모의 주거 시설이 블록의 외곽 영역을 둘러싸고 있으며, 내부에는 작업장과 공공시설이 배치되어 전형적인 소구역계획의 배치 형태를 띠었다. 강동 지역의 개발로 평양은 1953년 마스터플랜에서 계획한 중심 영역의 조직을 완성할 수 있었고, 이로써 '세계적인 사회주의 도시 공간'으로 인정받게 되었다.

아울러 1980년대에 평양은 1953년 마스터플랜에서 계획된 녹지 공간을 실현하는 데 노력을 기울였다. 비록 마스터플랜에서 계획된 녹지 인프라가 구체적으로 실현된 지역은 드물었지만, 모란봉이나 대동강, 보통강 등 자연 지형을 이용해 구성했던 녹지 인프라는 계획대로 유지되었다. 또한 여러 공원화 사업을 통해 마스터플랜을 실현하고자 했다. 예를 들어 대동강 하류에 위치한 낮은 산에 마련된 만경대공원은, 5만 6,000㎡의 부지에 10만여 명을 수용할 수 있는 규모로 조성되었다. 또한 앞서 시기별 개발에서도 언급했듯, 대동강 양안의 녹지 개발을 통해 김일성광장-주체탑이 형성하는 도시 개발의 한 축과 교차하는 녹지 공원의 축을 형성했다.

현재 300만 명에 달하는 평양의 인구는, 1953년 마스터플랜에서 계획한 100만 명을 훌쩍 넘는다. 하지만 1990년을 전후해 계획된 통일거리와 광복거리의 초고층 살림집 주거 단지를 제외하면, 현재 평양의 시가지 영역은 마스터플랜에서 규정한 영역과 크게 다르지 않다. 아울러 도시와 농촌 간 구분을 없애고자 마스터플랜에서 설정한 평양의 시가지와 농업 지역 간의 모호한 경계는 오늘의 평양에서도 찾아볼 수 있다. 이러한 도시 조직 상의 특징을 보고, 혹자는 평양을 '덜 개발된' 도시라고 잘못 읽어내기도 한다. 비록 평양의 기반 시설이나 건물이 자본주의 도시만큼 세련되지는 않았지만, 도시 구성은 나름의 질서를 갖추고, 어떤 면에서는 비슷한 규모인 부산보다 정돈된 환경이라고 볼 수 있다.

다른 도시의 경우와 마찬가지로, 평양은 60여 년 전에 계획된 마스터플랜을 그대로 살려 개발되지는 않았다. 전쟁 직후 재건된 김일성광장 주변, 즉 마스터플랜상 중심 지역의 서쪽 영역은 계획대로 많이 개발되었으나, 이후 평양의 급속한 성장과 함께 시기별로 계속해서 새로 도입된 개발 전략들은 평양의 물리적 형태를 마스터플랜과는 다른 방향으로 끌고 갔다. 사회주의 도시 건설이라는 동일한 신념을 두고 서로 다른 방법론을 택했던 1953년 마스터플랜과 시기별 세부 개발 전략. 전자가 거시적이고 이상적이

평양의 시가지 확장

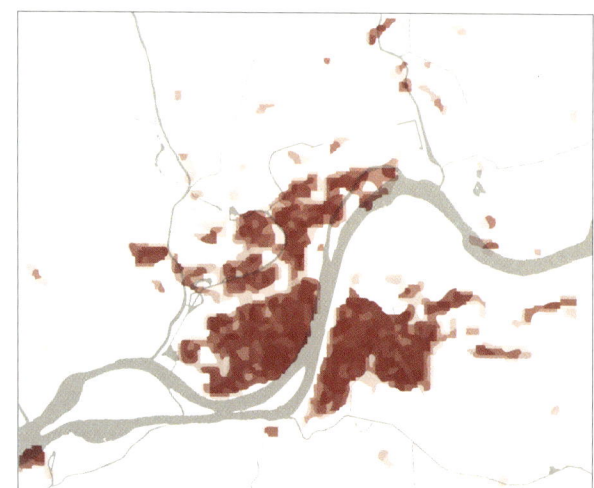

1962년의 시가지

1985년의 시가지

2004년의 시가지

었던 반면, 후자는 세부적이고 즉각적인 현실 대안이었다는 차이를 보인다. 하지만 초기 이후에 들어서도 일부 개발 계획은 1953년 마스터플랜을 따르는 모습을 보였다. 비록 평양의 여러 개발 계획이 서로 방향을 달리했지만, 1953년 마스터플랜은 평양 도시 조직의 가장 근저根底에 깔린 레이어, 곧 평양의 DNA라 볼 수 있다.

녹지 영역의 변화

1953년 마스터플랜

다른 용도로 개발된 영역

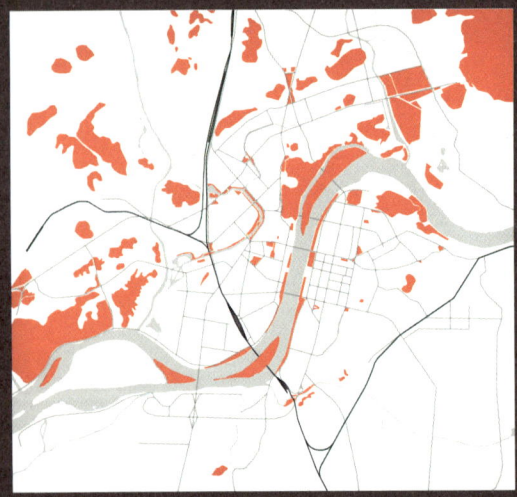

현재의 녹지 공간

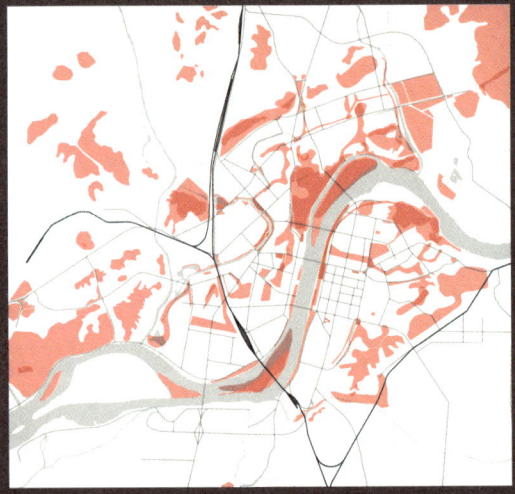

1953년 마스터플랜과 현재의 중첩

1953년 마스터플랜에서 녹지로 계획된 영역 중 상당 부분은 이후 다른 용도로 개발되어 변화했다. 특히 이러한 영역 중 대부분은 잘 계획된 중·고층의 주거보다는 비계획적으로 발달한 저층형 주거지역에 잠식당했다.

4개 주요 지역의 도시 구조

A : 1953년 마스터플랜 실현 지역
B : 1953년 마스터플랜상 녹지 영역
C : 1953년 마스터플랜상 개발 지역으로 계획되었으나 다른 방식으로 개발
D : 1953년 마스터플랜 범위에 속하지 않은 지역

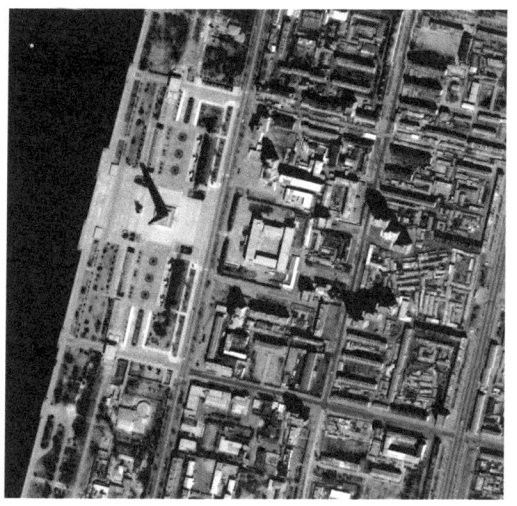

A

B

C

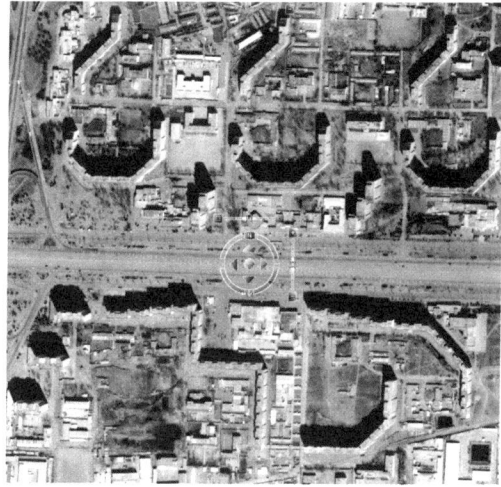

D

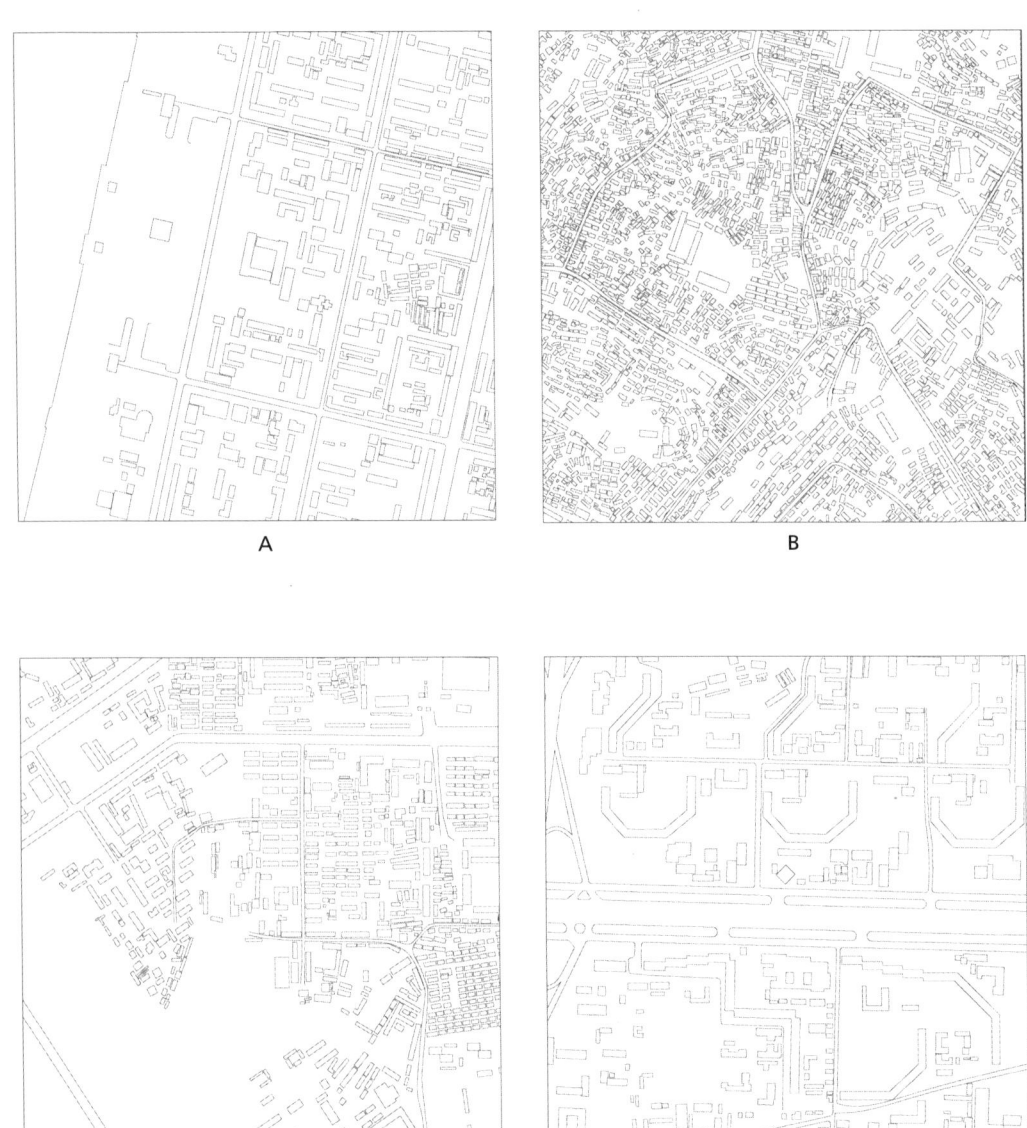

A

B

C

D

4개 지역의 주요 용도 구성

구조 녹지

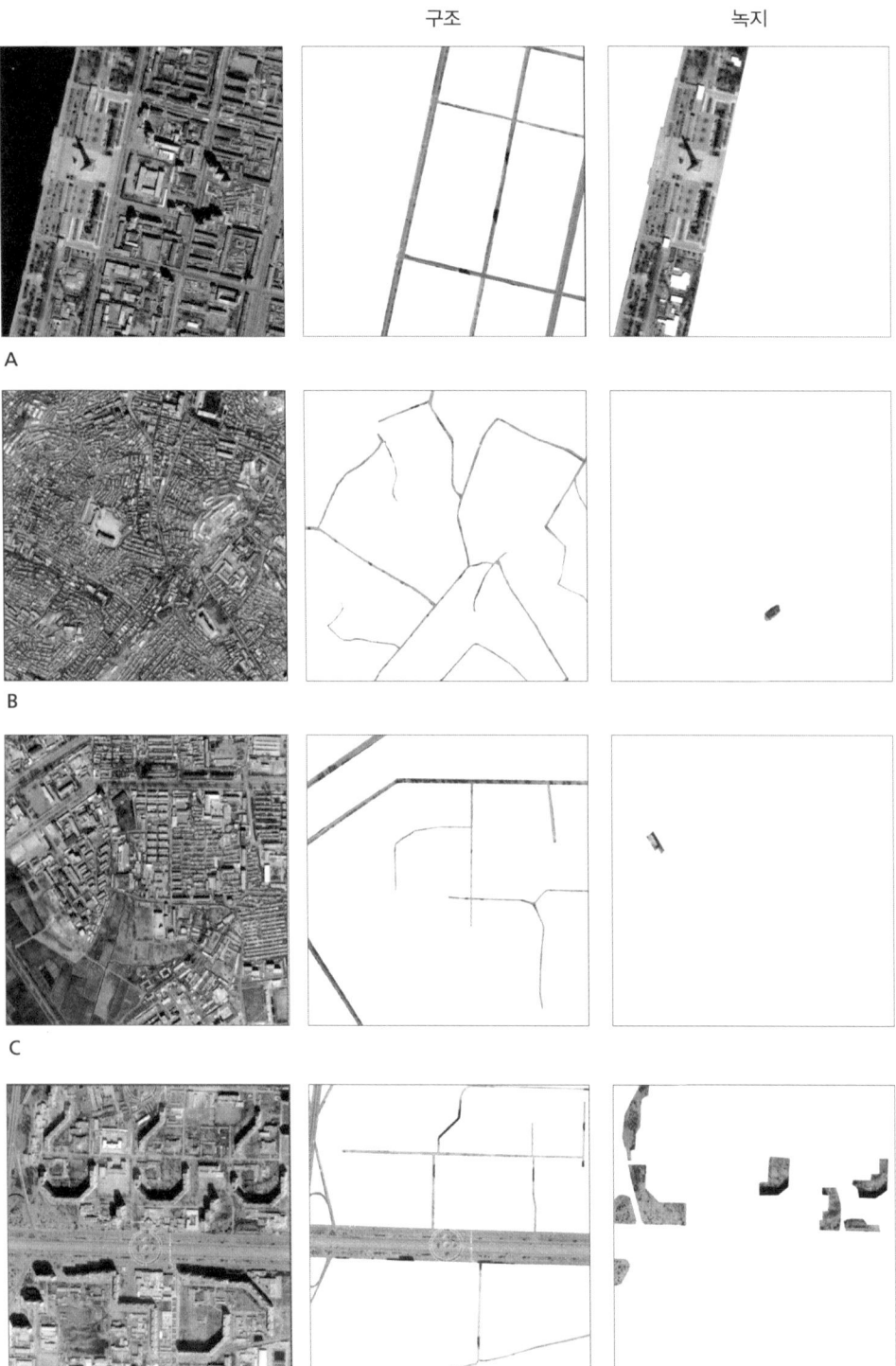

평양 중심부

평양 중심부 구성

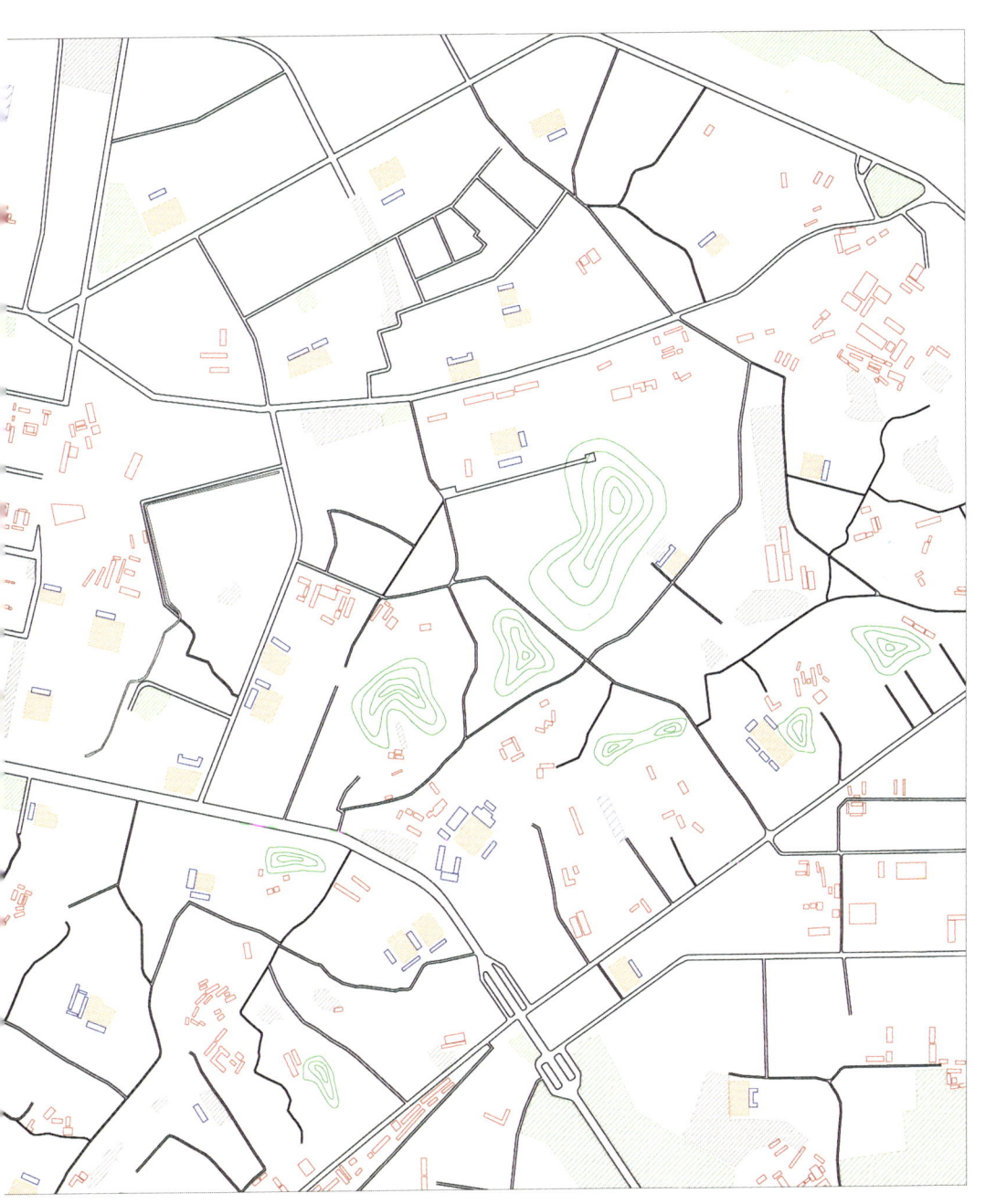

평양 중심부 구성

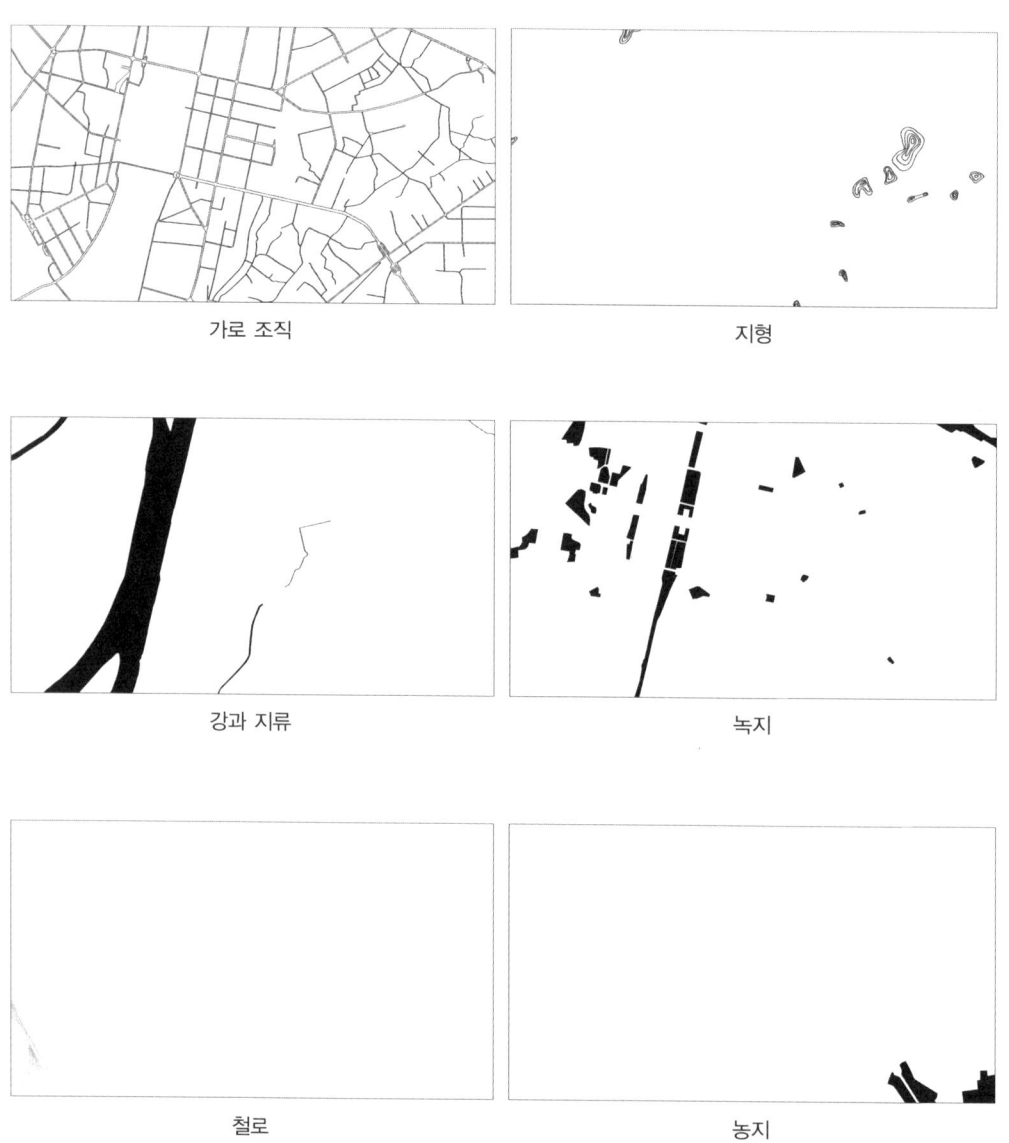

가로 조직 · 지형

강과 지류 · 녹지

철로 · 농지

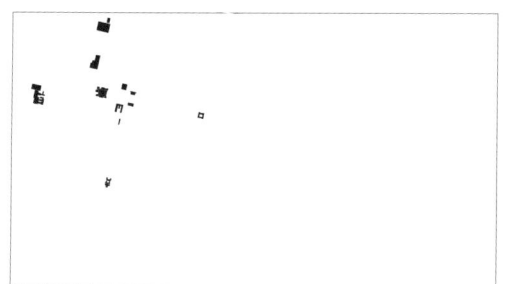

행정 시설

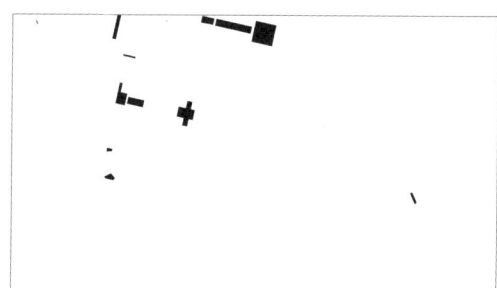

상징 광장

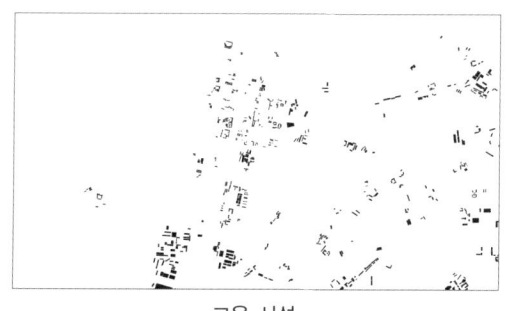

교육 시설

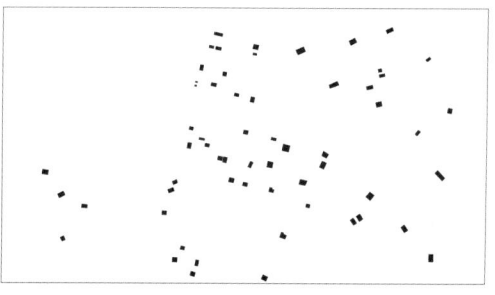

운동장

생산 시설

나대지

평양의 도시적 잠재성

URBAN POTENTIALS IN PYONGYANG

현재 진행되는 정치·경제적, 그리고 사회의 변화의 과정이 포스트 사회주의 도시들의 공간 조직 재편에 새로운 활력소와 개념을 불어넣는다는 것은 명백해 보인다. 이들의 앞으로의 도시 개발에 있어서 가장 큰 과제 중 하나는 이러한 역동적인 변화를 그들의 장점으로 승화시킬 수 있도록 단기능적이고 미개발된 지역들을 활기차고 매력적인 곳으로 '바꾸는 것이다.

It is clear that the processes of political, economic, and social transformation currently underway possess the potential of infusing new energy and ideas for the restructuring of the spatial fabric of the post-socialist cities. One of the great challenges in their future urban development is to create out of the mono-functional, underdeveloped settlements lively and attractive cities.

인티그럴 어바니즘

20세기 초반 모더니즘을 바탕으로 한 근대건축이 시작하면서 '도시'에 대한 이론과 논의는 건축 분야에서 매우 중요하고 흥미로운 주제가 되었다. 산업혁명을 근간으로 하는 '근대'라는 새로운 시대는 새로운 기술과 새로운 삶의 방식, 새로운 사회의 패러다임을 가져왔고, 이를 반영하고 수용할 수 있는 새로운 도시에 대한 요구가 대두되었다. 시대의 문화와 기술, 대중의 욕구, 다양한 사회적 현상을 반영하여 물리적 환경으로 치환하는 것이 본성인 건축가들은 새로운 도시의 패러다임을 구축하는 작업을 시작했다. 어바니즘urbanism, 즉 도시에 관한 논의와 그에 대한 관점, 도시를 읽어나가는 방식이 많은 건축가에 의해 제안되었다. 그들이 제안한 수많은 어바니즘은 무엇이 옳고 무엇이 그른가 하는 문제가 아니라, 어떠한 관점에서 도시를 분석하고 이를 바탕으로 어떠한 밑그림을 그릴 것인가에 대한 매우 주관적인 해석의 작업이다. 따라서 정답은 없겠지만, 도시를 바라보는 각기 다른 시각은 결국 각기 다른 물리적 결과물을 낳게 된다. 구축된 건축 환경으로서의 평양 도시의 미래에 대해 밑그림을 그려볼 때에도, 어떠한 관점으로 이 도시를 이해하고 분석할 것인가에 대한 판단을 선행해야 한다.

어바니즘에 대해 논의하기에 앞서, 정작 중요한 것은 건축가의 역할이다. 건축가가 도시에 대해 논할 때 그의 역할은 도시의 기반 시설을 합리적으로 계획하는 것인가? 아니면 논리적으로 도시 내에 용도 지정을 하는 것인가? 객관적인 자료와 분석을 기반으로 많은 전문가와 분석가들이 합리적이고 논리적인 '해결책'을 도출하고자 하는 도시계획urban planning과 달리, 도시 설계urban design는 건축가의 영역으로서 좀 더 주관적 관점에서

'좋은' 도시 공간과 물리적 환경을 만들기 위한 작업이라 해석할 수 있다. 다시 말해, 도시에 관한 주관적 관점을 설명하는 수많은 '어바니즘'은 객관적 해결책을 찾고자 하는 도시계획보다는, 도시 스케일의 구축 환경에 관심을 둔 건축가의 주관적인 입장이라고 볼 수 있다. 건축가는 도시 설계를 진행할 때 건축, 조경landscape, 기반 구조infrastructure, 이 세 가지의 조합에 관심을 둔다. 여기서 기반 구조란 도시계획에서 정의하는 도로, 다리, 철도 등 기반 시설뿐 아니라, 도시를 형성하는 기존의 도시 조직도 포함된다. 다른 기반 시설과 마찬가지로, 기존의 도시 조직은 건축이나 도시 프로젝트를 진행할 때 쉽게 움직이거나 무시할 수 있는 대상이 아니기 때문이다. 스탠 앨런Stan Allen은 도시 기반 시설의 중요성을 역설하면서 그것이 도시의 미래 개발 방향에 매우 중요한 역할을 한다고 이야기했는데, 여기서 말한 기반 시설이 바로 도로나 철도뿐 아니라 기존 도시를 형성하는 도시 조직을 포함한 개념이었다. 결국 건축가가 언급하는 어바니즘이란 건축과 조경, 도시 조직을 포함한 도시 기반 시설에 대한 주관적 관점을 설명하는 것이라 할 수 있다.

이제껏 수많은 어바니즘이 제시되었고, 현재도 새로운 어바니즘이나 기존 어바니즘을 새롭게 해석한 견해들이 제시되고 있다. 켈빈 린치Kelvin Lynch의 인식론에 근거한 도시에 대한 해석이나 렘 콜하스Rem Koolhaas의 매우 합리적인 도시에 대한 분석, 르코르뷔지에Le Corbusier의 건축적 스케치를 통한 도시에 대한 제안, 에비니저 하워드Ebenezer Howard의 새로운 도시를 위한 다이어그램 제안 등 수많은 어바니즘이 각기 다른 형태로 제시되었다. 이들은 도시를 바라보고 분석하는 관점뿐 아니라 그것을 표현하는 방식 또한 다양하다. '도시를 어떻게 보는가', '어떻게 이해할 것인가', '어떻게 형성할 것인가' 등등.

이 수많은 어바니즘의 공통점은, 모두 기존 도시 조직에 대한 관점을 기록하고 있다는 점이다. 도시 조직을 중요하게 인식하고 유지하고자 하는 관점이 있는가 하면, 기존의 도시 조직에는 잠재적 가능성이 없다고 보기도 하고, 그것을 떠나 도시 조직 자체를 이해하려는 입장도 있다. 결국 각 어바니즘은 도시 조직에 대한 관점의 차이로부터 그 갈래가 나뉜다고 볼 수 있다. 기존 도시 조직에는 새로운 시대의 환경을 담을 수 없다고 생각한 르코르뷔지에는 백지 상태의 부지에 그가 구상한 이상적인 도시를 계획한 반면, 렘 콜하스는 기존 도시 조직을 분석함으로써 새로운 환경이 어떻게 기존 조직과 맞물릴 수 있는가를 고민했다.

결국 어바니즘은 크게 보면 두 가지 방향으로 구분해볼 수 있을 것이다. 하나는 기존 도시 조직을 유지해야 한다는 관점이고, 다른 하나는 그 조직을 무시해야 한다는 관점이다. 전자는 현재 도시 조직이 그곳 나름의 사회적·물리적 배경에서 형성된 만큼, 새로운 도시는 그 가치를 존중하여 기존 조직을 염두에 두고 개발되어야 한다고 본다. 반면 후자는 도시에 생겨나는 새로운 요구를 수용하기 위해, 또는 도시에서 발생하는 문제를 해결하기 위해 기존 도시 조직에서 벗어나 전혀 새로운 조직을 만들어야 한다고 본다. 이를 위해 기존 도시 조직을 제거한 부지 위에 새로운 조직을 형성하거나, 전혀 새로운 지역에 새로운 패러다임의 도시를 건설해야 한다고 주장한다.

근대에 들어서면서 농업 중심의 산업 구조에서 벗어나 산업화된 도시가 발달하면서 새로운 도시와 도시적 삶에 대한 요구가 높아졌고, 이에 발맞춰 건축가들은 새로운 도시의 패러다임을 제안했다. 르코르뷔지에의 '부아쟁 계획Plan Voisin'이나 토니 가르니에Tony Garnier의 '공업도시Industrial City', 에비니저 하워드의 '전원도시Garden City' 같은 개념은 모두 기존 도시 조직과는 별개의, 완전한 백지 상태의 환경을 가정한 채 제안된 어바니즘이었다. 당시는 인류 역사상 가장 급격한 변화를 겪었던 시기였던 만큼, 새로운 도시에 대한 요구는 단순히 몇 가지 문제를 해결하는 데 그치지 않았다. 사람들은 전혀 새로운 패러다임을 원했고, 그 급격한 요구를 충족시키기 위해서는 기존 도시 조직을 포기할 수밖에 없었다. 새로운 기술과 철학, 새로운 사회와 계층의 성장은, 급속도로 진행되는 도시화 과정에서 대중으로 하여금 새로운 패러다임이 물리적 환경으로 치환된 도시를 요구하도록 했다. 그러므로 건축가에게조차 기존의 도시 조직은 새로운 패러다임을 반영하는 이상적인 도시를 만드는 데 걸림돌이 될 뿐이었다. 이들은 기존의 도시 조직을 반영하지 않고 완전한 백지 상태를 상정해 새 도시를 계획함으로써, '이론적'으로는 그들이 생각하는 새로운 도시의 모습을 더 완벽하게 구현해낼 수 있었다. 이는 사회주의 도시계획에서도 마찬가지였다. 사회주의의 이념을 물리적 환경으로 치환함으로써 사회주의 혁명을 완성하고 이상적 사회주의 도시를 갖고자 했던 사회주의자들도, 기존 도시 조직을 반영하기보다는 완전히 새로운 가상의 환경에 새로운 도시 구조의 개념을 그려나가기 시작했다.

이와 반대로, 새로운 환경이라도 기존 도시 조직을 인정하고 이를 반영해야 한다고 보는 어바니즘은 포스트모더니즘 시기에 제시되었다. 20세기 초반을 휩쓴 모더니즘의 물결이 잦아들고, 20세기 중반에 접어들면서 학술, 문화, 예술 분야를 중심으로 합리성과 객관성을 바탕으로 한 모더니즘에 대한 근본적인 비판이 일기 시작했다. 좀 더 주관적인 가치에 주목하기

---

* Ihab Hassan, 《The Postmodern Turn, Essays in Postmodern Theory and Culture》, Ohio University Press, 1987.

시작한 것이다.* 이러한 현상은 어바니즘에도 영향을 끼쳤다. 합리성과 객관성을 내세워 완전한 백지 위에 새로운 도시를 만들고자 했던 모더니즘 시기의 어바니즘은, 기존 도시 조직의 가치를 도외시했다는 점에서 비판의 대상이 되었다. 이에 따라 포스트모더니즘 시기에 접어들면서 많은 어바니즘은 기존 도시 조직의 가치에 주목, 그 조직이 형성된 문화·사회적 환경을 이해하고자 노력하기 시작한다. 프란시스코 페레즈Francisco Perez는 카라카스Caracas 도시의 난개발에 가까운 비정형적 개발 형태를 설명하며, 이렇게 형성된 도시가 건축가 한 사람의 마스터플랜에 따라 백지 위에 작위적으로 지어진 도시보다 훨씬 유연성이 높은 장점을 지닌다고 주장했다.* 이러한 도시 조직은 합리성을 근간으로 하는 어바니즘의 관점에서 본다면 사라져야 할 '도시악'의 요소다. 그러나 페레즈는 이 조직을, 여러 시기에 걸쳐 시민의 요구에 즉각적으로 반응하며 이를 충족시켜온 결과물로 보았다. 따라서 도시가 새로 개발되거나 변형이 발생하더라도 그 과정에서 기존의 도시 조직이 무시되어서는 안 된다고 주장한다.

 1960년대 제인 제이콥스Jane Jacobs는 포스트모더니즘 조류에 힘입어, 오늘날의 어바니즘에 많은 영향을 미친 '상대적 가치'에 주목했다. 제이콥스는 도시를 생체生體에 비유하여, 도시의 각 조직이 생체의 각 기관처럼 유기적 관계를 맺어야 도시가 제대로 유지될 수 있다고 판단했다. 생체의 어느 기관에 문제가 생겼다고 함부로 잘라낼 수 없듯, 기존의 도시 조직도

---

* Alfredo Brillembourg, Kristin Feireiss and Hubert Klumpner, 〈Informal City: Carcas case〉, Prestel, 2005.
** Jane Jacobs, 〈The Death and Life of Great American Cities〉, Random House, 1961.
⁑ Peter Cook, 〈Archigram〉, Princeton Architectural Press, 1999.
⁑⁑ Nan Ellin, 〈Integral Urbanism〉, Routledge, 2006.

적절히 보존하고 개발하면서 새로운 환경에 적응시켜나가야 한다고 역설했다.** 물론 이 시기에도 슈퍼스튜디오Superstudio나 아키그램Archigram의 경우처럼 모더니즘을 근간으로 한 어바니즘이 계속 제안되었고, 건축과 도시 분야를 놓고 모더니즘 진영과 포스트모더니즘 진영 간에 많은 논쟁이 벌어졌다. 그러나 제이콥스처럼 기존 도시 조직을 인정하고 이해해야 한다는 포스트모더니즘적 시각은, 이후 등장한 많은 어바니즘에 큰 영향을 주었다. 한 가지 인상적인 점은, 아키그램 측도 제이콥스와 마찬가지로 도시를 하나의 생명체에 비유했다는 사실이다. 그러나 이들이 말한 생명체는 제이콥스의 '도시=유기체'와는 전혀 다른 개념이었다. 모더니즘에 입각한 그들은, 기계 문명의 발달로 창조된 생명체와 같은 새로운 개념의 도시가 기존 도시와 별개로 존재할 수 있다고 제안했다.**

제이콥스의 이야기로 돌아가자. 기존 도시 조직을 보존하고 반영해야 한다는 그녀의 주장은 이후 소프트 어바니즘Soft Urbanism, 포스트 어바니즘Post Urbanism, 에브리데이 어바니즘Everyday Urbanism 등 다양한 이름의 어바니즘으로 재해석되며 많은 건축가에게 영향을 미쳤다. 인티그럴 어바니즘Integral Urbanism 또한 이를 바탕으로 하고 있다. 낸 엘린Nan Ellin이 정립한 인티그럴 어바니즘은, 도시의 발전과 변형은 새로운 도시 조직이 기존의 도시 조직을 대체하기보다는 그 위에 새로운 레이어를 까는 과정으로 진행되어야 한다는 주장을 담고 있다.**

인티그럴 어바니즘이라는 명칭은 말 그대로 새로운 요소가 하나하나 더해져서 전체 도시의 모습과 형태를 바꾼다는 뜻을 지닌다. 따라서 기존 도시 조직을 최대한 유지하면서 새로운 요구 사항을 반영해 도시를 변형시키려면 다른 변화를 야기할 '촉진제'가 필요하다. 이처럼 도시의 변형에 영향을 미치는 촉진 프로젝트로는 두 가지가 있는데, 하나는 상징적iconic 프로젝트이고, 다른 하나는 새로운 타이폴로지typology의 도입이다. 우선 상징적 프로젝트는 도시 내의 비물리적 요소, 즉 마켓 트렌드나 유동 인구 또는 문화적 요소의 변화에 많은 영향을 끼친다. 반면 타이폴로지는 새로운 형태의 구축 환경과 비구축 환경의 관계를 정립함으로써 도시의 물리적 환경에 큰 영향을 끼친다. 촉진 프로젝트의 대표적 사례로 자주 언급되는 스페인 빌바오의 구겐하임미술관은 문화·경제적 영향력을 볼 때 상징적 프로젝트의 전형으로 볼 수 있다. 조안 부스케츠Joan Busquets는 이를 주요 건축물key building로 묘사하면서, 이 상징적 프로젝트가 그 주변 조직과 유기적 관계를 맺음으로써 문화적 영향력뿐 아니라 거시적인 스케일에서 도시 조직을 바꾸게 만드는 촉진 프로젝트가 될 수 있음을 설명했다.*

　타이폴로지의 도입은 도시의 물리적 형태를 바꾸는 또 다른 촉진 프로젝트다. 각각의 건축물은 상징적 프로젝트만큼 도시에 많은 영향을 미치지 못하지만, 이들이 모여 하나의 타이폴로지를 형성하면 도시의 물리적 형태를 바꾸어나갈 만큼의 힘을 얻게 된다. 타이폴로지 건축은 하나가 아니라 여럿이 모였을 때 그들이 나타내는 공통성에 주목하는데, 건축과 도시 설계에서 타이폴로지는 솔리드와 보이드, 즉 건축과 환경, 또는 구축 영역과 비구축 영역 간의 관계를 규정한다. 이는 개별 건축물에 대한 디자인이라기보다는 공공 공간과 조경 등이 삼차원상에서 어떤 식으로 관계 맺기를 하는가에 대한 유형적 접근이다. 따라서 이들은 같은 관계를 유지하며 다른 3차원 형태로 반복적으로 나타날 수 있는데, 이런 반복성을 통해 타이폴로지 프로젝트는 도시의 물리적 환경 변화를 가능케 한다. 그 대표적인 예가 뉴욕 맨해튼의 록펠러센터다. 면적 약 5만㎡의 부지에 9개 건물로 구성

* Joan Busquets, 《Cities X-Lines》, Harvard University, 2006.

된 록펠러센터는 전례 없는 새로운 형태의 열린 공간과 건물, 그리고 도시 조직과의 관계를 제시하며 들어섰다. 기본적으로 격자 구조를 취하던 당시 뉴욕 시가지에서는 단연 새로운 모습이었다. 록펠러센터의 9개 건축물 중 건축적으로 대단한 건물은 없지만, 이 프로젝트는 맨해튼에 새로운 타이폴로지를 제시하며 상징적인 랜드마크로 자리 잡았다. 이 새로운 외부 공간의 관계에 대한 정의는 이후 맨해튼의 공공 공간 구성에 많은 영향을 끼쳤다.

요약하자면, 인티그럴 어바니즘은 기존 도시 조직을 작위적으로 바꾸지 않으면서도 새로운 요구를 수용하기 위해 촉진 프로젝트를 도입함으로써 도시 조직이 점차 새로운 시스템을 반영하며 바뀌어나가는 것을 목적으로 한다. 두 가지 이유에서, 평양의 경우 또한 이러한 접근이 필요하지 않을까 생각해본다.

첫째, 현재 평양의 도시적 형태가 지닌 가치 때문이다. 앞서 살펴본 바와 같이 평양은 '이상적 사회주의 도시'를 건설하기 위해 마스터플랜을 세우고, 이를 기반으로 도시를 건설했다. 이후 많은 개발을 거치며 처음의 마스터플랜과는 다소 다른 모습을 띠게 됐지만, 그럼에도 여전히 사회주의 도시의 모습을 잘 유지하고 있다. 이는 북한 사회를 방증하는 물리적 결과물이기도 하다. 이러한 평양에 새로운 경제 시스템이 도입되고 그에 따라 사회가 변화한다면, 당연히 이를 반영할 새로운 도시 조직이 필요하게 될 것이다. 하지만 평양의 변화가 점진적으로 일어나듯 도시 또한 점진적으로 바뀔 것이며, 이때 기존 사회주의 도시 조직을 바탕에 깔고 있다면 향후 평양 도시 변형 과정에서 큰 도움이 될 것이다.

점진적 개발과 촉진 프로젝트에 초점을 맞추는 인티그럴 어바니즘이 필요한 둘째 이유는, 평양의 빈약한 경제 규모에 있다. 북한의 수도인 평양의 경제 규모는 중국의 도시들과 비교해볼 때 턱없이 작다. 따라서 평양이 앞으로 시장을 훨씬 더 개방하더라도 현재 중국의 도시들처럼 엄청난 규모의 자본을 불러 모으기는 힘들 게 자명하다. 중국은 개방 후, 기존 도시 조직은 한쪽에 그대로 두고 주변부에 완전히 새로운 도시를 건설하는 전략을 흔히 활용했다. 여기에는 막대한 자본이 필요하다. 대규모 자본 유입을 기대하기 힘든 평양으로서는, 중국 모델보다는 동유럽 중규모 도시의 모델을 채택하는 편이 나으리라 생각된다. 이 도시들은 개방 후 도시 전체를 한꺼번에 변화시킬 만큼 큰 자본이 유입되지는 않았지만, 지금도 계속해서 도시의 모습을 변화시키고 있다. 이러한 변화의 중심에는 앞서 언급한 상징적 프로젝트와 타이폴로지 개발이 있다. 경제 규모가 빈약한 평양은 이러한 방식의 도시 성장 모델을 참고할 필요가 있다.

　새 시대에 평양은 물론 새로운 형태의 도시를 이루어갈 것이다. 하지만 혹 시장경제를 도입한다고 해도 완전한 자본주의 도시로 변모하지는 못할 것이다. 과거의 사회주의 도시, 특히 평양과 규모가 비슷한 동유럽 도시의 경우, 완전한 사회주의 도시도, 완전한 자본주의 도시도 아닌 다양한 모습이 혼재된 새로운 형태의 도시로 발전해가고 있다. 평양 역시 그러한 변화를 겪게 될 것이 자명하다. 그렇다면 과연 평양 어느 지역에 어떤 촉진 프로젝트가 도입될 것인가? 왜 하필 그곳이 그런 가능성을 지닐까? 평양 내 주요 지역을 예로 들어, 예상되는 변화 양상을 진단해보겠다.

변화하는 평양

공산권 붕괴 이후 사회주의 도시의 변화

거대한 포스트커뮤니스트 시기의 변화가 중앙 유럽 도시들의 물리적 조직에 반영되고 있다. 어디에 가든 '불법적인' 건물들이 보이고, 버려진 공장이 주거로 탈바꿈하고 있으며, 주거지였던 공간은 상업 공간으로 이용되고, 새로운 고층 건물과 업무 시설이 서브어반 주거들과 함께 반#도심 지역에 제대로 된 도시 기반 시설 없이 마구 등장하고 있다. (…중략…) 이러한 포스트커뮤니스트 시기의 도시경관 변화는 전통적인 도시의 개념, 특히 공적 영역과 사적 영역의 개념, 부동산의 개념, 또한 현재의 도시계획 방향에 굉장한 영향을 미치는 것이 사실이다.*

1991년 베를린장벽이 무너짐을 시작으로 동구권이 붕괴된 후 기존 사회주의 도시들은 시장을 개방하기 시작했고, 시장경제 체제를 적극적으로 도입하기 시작했다. 이로써 경제·정치·사회·문화가 변화되었음은 물론, 도시의 물리적인 형태 또한 변화를 겪게 되었다. 이는 기본적으로 사회주의 도시와 자본주의 도시가 토지에 대해 갖는 개념의 차이 때문이다. 토지의 개인 소유가 가능한 자본주의 도시는 기본적으로 수요-공급 이론을 배경으로 한 경제 시스템을 취하는데, 이는 토지에 대해서도 마찬가지다. 즉 한 토지에 대해서 더 많은 수요가 생기면 가치는 올라갈 수밖에 없다. 반면에 개

---

* Eve Blau, 《Project Zagreb》, Actar, 2007.

인의 토지 소유를 제한하는 사회주의 도시에서는 어차피 소유할 수 있는 것이 아니기 때문에 토지에 대한 수요 경쟁이 생길 수가 없고, 따라서 토지의 가치라는 개념이 존재하지 않는다. 한편 이론상 모든 토지는 정부가 소유하고 있으므로 사회주의 도시에서 토지에 대한 개발과 계획 모두 정부 주도하에 나올 수밖에 없는 구조다. 따라서 사회주의 도시에서 토지의 용도 결정은 자본주의 도시에서처럼 자본의 흐름이나 수요-공급의 논리에 의한 것이 아니라 온전히 정부의 계획에 따른다. 예를 들어, 자본주의 도시였다면 그 토지에 대한 경쟁이 매우 치열할 수밖에 없는 지역에서조차도(대부분 자본주의 도시에서 이러한 지역은 자본의 경쟁에서 경쟁력이 있는 업무 시설 또는 상업 시설이 차지한다) 정부의 계획에 따라 행정이나 교육 시설을 배치하기도 하며, 심지어는 거대한 규모의 공간을 광장이라는 이름으로 남겨놓기도 한다.

하지만 사회주의 도시의 이러한 '비경제적인' 토지 이용은 시장경제가 도입되면 바뀔 수밖에 없다. 시장경제의 도입으로 자본의 흐름이 제일 중요한 논리가 되며 대규모의 투자와 함께 토지의 개인 소유가 가능하게 된다. 이러한 사회의 변화는 도시의 물리적인 형태를 변화시키는 데 직접적인 영향을 끼친다. 이러한 변화들이 도시 개발 프로젝트의 규모와 성격, 또는 성사 여부를 결정짓는 데까지 막대한 영향을 끼치고, 이러한 도시 개발이 궁극적으로 도시의 물리적 변화를 가져오기 때문이다.* 또한 이러한 자본의 흐름과 경쟁은 토지 이용의 차등을 가져온다. 예를 들어 공산권이 무너진 후 구 동독 지역에서는 성장 잠재성을 가진 지역이나 경제활동이 활

---

* Fulong Wu, Jiang Xu, and Anthony Gar-On Yeh, 《Urban Development in Post-Reform China, State, Market and Space》, Routledge, 2006.

** Gregory Andrusz, Michael Harloe, Ivan Szelenyi, 《Cities after Socialism》, Chapter "Cities in Transition," Blackwell Publisher, 1996.

발한 지역을 중심으로 도시의 변화가 일어났으며 여타 지역은 기존 사회주의 도시 조직에서 크게 벗어나지 못했다.** 결과적으로 현재의 구 동독 지역, 특히 동베를린 지역은 계획경제하의 마스터플랜에 의한 도시 조직과 시장경제 체제하에서의 도시 조직이 뒤섞인 새로운 모습을 띄게 되었다. 그렇다면 구 동독의 경우처럼 '성장 잠재성'을 지닌 영역은 과연 어디를 말하는가?

사회주의 도시계획은 사회주의의 이념을 물리적인 형태로 실현시키는 것이 제1의 목표다. 따라서 우리가 '사회주의 도시적'인 공간이라고 부르는 곳은 당연히 사회주의 이념을 바탕으로 한 공간으로, 자본주의 도시에서는 보기 힘든 공간을 의미할 것이다. 다시 말하면, '사회주의 도시적'인 공간은 자본주의 도시에서는 어떠한 이유에서든 나타나기 힘들다는 말이 되고, 이는 그만큼 이 공간이 두 사회 시스템의 차이를 극명하게 담고 있음을 의미한다. 따라서 기존 사회주의 도시에 시장경제 시스템이 도입되고 자본의 자유로운 경쟁이 생기기 시작하면 이러한 공간, 즉 자본주의 도시에서는 용납되기 힘든 '사회주의 도시적'인 공간은 가장 먼저 '자본의 공격'을 받게 된다. 평양 역시 이 '공격'의 영향에서 자유롭지 못하리라고 예상해볼 수 있다. 그렇다면 평양의 도시 공간은 앞으로 어떤 변화를 겪게 될까. 그러한 변화의 기점이 될 평양 도시 속 '잠재성'을 지닌 공간으로는 어떤 곳이 있을까. 이에 대해, 앞서 규정한 사회주의 도시의 형태적 특징인 상징의 도시, 생산의 도시, 녹지의 도시를 기준으로 뒤에서 자세히 살펴보겠다.

북한 경제 시스템의 변화

냉전 시대가 끝나고 북한은 모스크바와 베이징으로부터의 원조를 잃었다. 외부 원조와 여타 공산권 국가와의 무역은 북한 경제의 버팀목이었으나 이러한 원조를 잃으면서 북한의 경제는 붕괴하기 시작했고, 200만 명이 아사한 것으로 알려진 1990년대의 기아 사태를 초래했다. 부도에 가까운 상태에서 평양은 2002년 7월 봉급 인상과 가격 자율화를 내세운 실험적인 시장경제 시스템을 도입하기 시작했다.*

불모의 사막을 첨단 도시로 바꾼 '두바이 신화'의 주인공 알리 라시드 알라바르(51) 아랍에미리트연합 에마르부동산 회장이 지난 5일 북한을 전격적으로 방북했다. (…중략…) 그는 앞서 오전 11시 김포공항을 떠나 서해직항로로 평양에 도착했다. 외국인이 자가용 비행기로 서해직항로를 이용해 북한을 방문한 것 역시 처음이다. 그는 리종혁 조선아시아태평양위원회 부위원장의 안내를 받아 평양 곳곳을 둘러봤다. (…중략…) 그는 "북한의 어마어마한 군사 퍼레이드를 비디오로 본 적이 있는데 그 현장을 보고 싶다"며 북한 쪽에 특별히 요청해 김일성광장을 찾기도 했다고 방북에 동행한 박상권 평화자동차그룹 사장이 8일 전했다.**

북한이 평양을 중심으로 이미 경제 시스템을 조금씩 변화시키기 시작했다는 점은 여러 경로를 통해서 알 수 있다. 물론 그 변화가 아직은 미미

---

* Anthony Faiola, "A Capitalist Sprout In N. Korea's Dust", 〈Washington Post〉, 2004. 3.
** 유강문, "평양으로 날아간 '두바이 신화'", 〈한겨레신문〉, 2007년 9월 10일.

하고, 불안한 정치 상황 때문에 꾸준히 지속될지도 알 수 없다. 하지만 지금의 변화가 언젠가는 가시적인 변화로 이어질 수 있음을 다른 사회주의 국가의 변화 과정을 통해 조심스레 예측할 수 있다. 실제로 많은 경제학자나 정치학자들이 북한의 변화에 대한 모델을 제시하고 있는데, 거기서 공통된 의견은 북한이 지금의 경제난과 경제적 고립을 해결하기 위해 어떤 식으로든 변화를 모색하리라는 점이다. 현재 평양에 유입되는 외국 자본은 그 변화의 시작으로 볼 수 있다. 현재 평양에는 수많은 중국 기업인이 방문하는데, 그들은 평양을 비롯한 북한의 산업에 대한 투자를 목적으로 그 가능성을 점쳐보고 있다. 북한이 2002년 7·1 경제관리 개선조치를 도입하면서 평양을 비롯한 북한의 지역에는 새로운 변화가 일기 시작했다. 남한과의 공조로 이루어진 개성공단도 이 조치를 기반으로 생긴 경제 산업 구조의 변화다.

아직 논쟁이 있지만, 북한의 7·1 경제관리 개선조치가 북한 경제가 시장경제 체제에 눈을 돌리는 전환점이었다는 데에는 대체로 공감한다. 이 경제 개선 조치에서는 네 가지 특징적 변화를 주목할 만하다. 첫째, 노동의 강도와 효율에 따른 급여의 차등 지급을 인정했고, 이로써 무조건적인 '평등'으로 야기되는 근로의 비효율성을 줄이고자 했다. 둘째, 시장에서의 가격 통제를 제한했다. 시장에서 자유경제 제세의 근간인 수요-공급의 논리에 따라 가격이 유동적으로 변할 수 있게끔 여유를 준 것이다. 셋째, 기업에 더 큰 자유와 독립권을 주어 그들이 더 효율적으로 생산에 임할 수 있게 했다. 비록 전반적인 경제는 여전히 국가의 통제하에 있지만, 개인의 기업 운영을 어느 정도 허가해주며 자체적인 경제활동을 할 가능성을 열어놓았다. 마지막으로, 정부의 계획된 배급 시스템이 아닌 직접 매매를 인정하기 시작했고, 이로 인해 주민은 필요한 물품에 대한 배급을 기다리지

않고 직접 상점에 가서 살 수 있게 되었다.*

7·1 경제관리 개선조치는 작은 규모의 상거래에도 영향을 끼쳤다. 급여의 차등 지급과 직거래의 허용은 평양에 새로운 형태의 경제활동을 촉진했다. 현재 평양에는 많은 노점상이 주요 광장과 거리를 중심으로 생겨나고 있다고 알려지는데, 이러한 노점상은 악세노프Konstantin Axenov가 주장하듯 계획경제에서 시장경제 체제로 전환되는 초기 단계에 들어섰음을 알려주는 지표가 된다. 이러한 노점상은 수요의 변화에 따라서 가장 즉각적으로 반응할 수 있는 유연한 상거래의 모습이고, 이로 인해 계획적으로 배급되는 공급과 수요의 변화에서 생기는 차이를 쉽게 메워줄 수 있기 때문이다. 또한 몇몇 기자들의 보도에 따르면, 현재 평양에는 이러한 노점상뿐만 아니라 완전한 자유거래가 이루어지는 대규모 시장이 존재한다고 한다.

7·1 경제관리 개선조치와는 별개로 김정일이 내세운 '2012년 강성대국' 계획 또한 북한 경제 성장을 촉진하고자 하는 또 하나의 계획이다.** 2012년은 김일성이 태어난 1912년으로부터 100년이 되는 해로, 이를 맞이하여 북한을 부국강병의 국가로 만들겠다는 것이 이 계획의 기본 목표다. 물론 이 계획은 주체사상을 선전하기 위한 매우 정치적인 목적하에 세워졌으나, 실제 이 계획을 바탕으로 1990년대부터 본격화된 경제난과 식량난를 극복하기 위해 공업과 농업 분야 모두에서 2012년까지 생산성과 효율성을 높이고자 많은 계획과 전략이 세워졌다. 예를 들어, 1990년대 중반 공사가 중단되어 10년 이상 방치되었던 류경호텔은 외국의 개발회사에 의해 공사

---

* 조명철 외, 《7·1 경제관리 개선조치 현황평가와 과제》, 대외경제정책연구원, 2003.
** 정광민, 〈데일리NK〉, 2009년 12월.

가 재기되어 2012년 완공을 목표로 공사가 진행 중이다. 류경호텔이 완공되면 세계에서 가장 높은 호텔 중의 하나가 되는데, 이는 북한의 외국 자본에 대한 변화된 입장을 반영한다고 볼 수 있다.

한편 정부의 통제가 느슨해진 틈을 타 민간 차원에서도 많은 변화가 일어나고 있다. 북한의 경제가 붕괴 직전까지 치닫고 정치적 고립이 계속되면서 북한 정부의 계획경제는 내부적으로도 그 통제력을 잃기 시작했다. 이에 따라 정부는 민간에서 불법적으로 행해지는 시장경제를 기반으로 한 매매를 묵인할 수밖에 없었다. 자유 거래가 가능한 대규모 시장의 존재는 이제 평양에서 공공연한 비밀이 되었고, 심지어 최근에는 부동산의 민간 거래까지 나타나고 있다. 이러한 거래는 아직 불법으로 간주되지만 정부는 이를 통제하지 못하는 상황이다. 이처럼 현재 북한에서는 정부 차원에서 변화를 위한 점진적 정책이 나오는 한편, 민간 차원에서도 시장경제를 향한 꾸준한 움직임이 벌어진다. 이는 북한의 새로운 경제 시스템 도입 가능성을 보여주며, 궁극적으로 이로 인한 도시 조직의 변화의 가능성을 생각해볼 수 있다.

평양의 도시 공간이 갖는 잠재성

현재 진행되는 정치·경제·사회적 변화의 과정이 포스트 사회주의 도시들의 공간 조직 재편에 새로운 활력소와 개념을 불어넣는다는 것은 명백해 보인다. 앞으로 이들 도시의 개발에 있어서 가장 큰 과제 중 하나는, 이러한 역동적 변화를 그들의 장점으로 승화시킬 수 있도록 단기능적이고 미개발된 지역을 활기차고 매력적인 곳으로 바꾸는 일이다. 의

심할 여지없이 공공 공간의 변화는 도시 재건을 위한 중추적인 역할을
할 것이 분명하다.*

    도시가 성장 잠재성을 갖고 있다는 말은 그 도시가 물리적 형태에 있어서 변화할 가능성이 있음을 의미하는데, 이는 두 가지 사실을 시사한다. 하나는 그 도시에 사회·경제적 변화가 일어나고 있거나 일어날 가능성을 내포한다는 것이고, 다른 하나는 아직까지 개발이 미비한 지역이 많다는 것이다. 예를 들어, 항상 변화가 일어나는 런던이나 뉴욕을 '잠재성 있는 도시'라고 생각하지 않는다. 그런 도시는 이미 개발이 정점에 다다랐기 때문이다. 한편 개발되지 않았다는 이유만으로 잠재성이 있다고 판단하기에는 무리가 따른다. 개발을 불러일으킬 만한 동력을 지녔는지 알 수 없기 때문이다. 즉 이 두 요소를 모두 갖추어야 변화의 잠재성을 지닌 도시라고 할 수 있으며, 이러한 면에서 평양은 그 도시적 잠재성이 충분하다고 판단된다.

    앞서 언급하였듯, 평양의 사회·경제적 변화는 여러 경로를 통해 관측되고 있다. 물론 아직까지 국내의 주요 언론이나 정치인 들은 이러한 변화보다는 북한의 정치·군사적인 이슈에 더 집중하고 있지만, 북한이 군사적 도발을 했다는 사실이 경제적으로 변화하는 북한의 현실을 부인하는 근거는 되지 못한다. 그리고 북한의 이러한 변화는 평양으로부터 시작하여, 평양을 중심으로 이루어지고 있다. 한편 평양은 쉽게 예상할 수 있듯 개발이 정점에 다다른 도시가 아니다. 이는 북한의 경제 상황 때문일 수도 있고, 도시를 무한정 팽창시키지 않는 사회주의 도시계획에 의한 것일 수도 있

---

* Barbara Engel, "Public Space in the "Blue Cities" of Russia", Kiril Stanilov(ed.), 《The Post-Socialist City》, Springer, 2007.

다. 그 요인이 무엇이든, 중요한 사실은 평양은 분명 개발 가능성을 지닌 도시라는 점이다. 특히 평양의 잘 구성된 도시 기반 시설은 그 개발 잠재성을 극대화하는 요소로 작용하리라 예상된다. 그렇다면 평양의 도시적 잠재성은 어느 곳에서, 어떠한 방식으로 표출될 것인가.

평양의 점진적 변화와 성장, 그리고 인티그럴 어바니즘을 모델로 한 도시 조직의 변화를 가정했을 때, 도시의 모습을 변화시킬 촉진 프로젝트들이 어느 곳에 어떠한 방식으로 도입될 수 있을지 생각해보지 않을 수 없다. 시장경제 도입 이후 도시 조직이 변화한 다른 사회주의 도시의 사례를 기반으로, 평양의 도시 조직 중에서 어느 곳이 잠재적 변화의 가능성을 지닐까 예측해볼 수 있다. 앞서 언급한 대로, 이 변화의 과정에서는 다른 도시 조직보다 사회주의 도시계획의 성격이 명확하게 드러나는 도시 조직이 더 큰 잠재성을 지닌다고 볼 수 있다. 두 가지 이유로 설명이 가능하다. 첫째, 사회주의 도시만의 특징이 두드러지게 나타나는 공간일수록 자본주의 논리와의 충돌이 크기 때문이다. 자본주의 시스템을 도입하기 시작하면 이러한 사회주의 도시 공간은 상당한 변화의 압력을 받을 수밖에 없다. 둘째, 이들 공간이 지닌 사회주의 도시로서의 중요성 때문에 그곳의 기반 시설이 잘 발달해있을 가능성이 높기 때문이다. 사회주의 도시는 철저하게 국가 차원의 계획에 의한 개발만이 허락되므로 기반 시설의 사각지대를 찾아보기 힘들다. 특히 사회주의 도시를 특징적으로 나타내주는 공간은 중요한 선전의 장으로 쓰였기 때문에 기본적으로 잘 발달된 기반 시설을 갖추고 있다. 다만 토지 가치에 대한 개념이 없었던 까닭에 이들 공간이 '덜' 개발된 경우가 많다. 따라서 이러한 도시 조직 또는 도시 공간에 앞으로 다양한 방식의 개발이 이루어지리라 예상된다. 예를 들어, 주변 지역에 도시 기반 시설이 잘 갖추어져있고 토지 가치 또한 높은 지역에서는 대규모 투자와 개발이 예상되는 반면, 위치적 장점은 있으나 그 기반 시설이 대규모 개발을 감당하기 힘든 지역에서는 작은 규모의 개발이나 프로그램의 치환을 통해 변화하리라 예상된다. 이러한 도시 조직의 공간적 변화는 평양 내에서 '상징의 도시', '생산의 도시', 그리고 '녹지의 도시'의 특징을 가진 도시 공간에서 일어날 것이다.

상징 공간의 변형

> 도심부는 도시의 심장이며 시민에게는 정치적 중심이다. 가장 중요한 정치, 행정, 그리고 문화시설은 도심에 있다. 중앙 광장에는 정치 집회와 행진, 축제가 휴일마다 열릴 것이다. 광장과 주도로와 거대한 건축물이 있는 도심은 도시의 건축적 실루엣을 결정하며 광장은 도시 개발의 구조적 기반이 될 것이다.*

사회주의 도시의 상징적 공간은 가장 쉽게 변화를 예측할 수 있는 부분이다. 이들 공간은 자본주의 도시와 극명하게 대비되는 동시에 잘 발달한 도시 기반 시설을 갖추고 있기 때문이다. 특히 대부분의 사회주의 도시에서 중심 영역으로 규정되는 도심 지역은 시장경제 체제가 도입되면서 변화의 압박을 가장 많이 받으리라고 쉽게 예측할 수 있다. 사회주의 도시에서 도심은 사회주의 이념을 선전하기 위한 상징적인 광장과 기념비적인 건축물의 전시장이다. 그리고 그 도시가 시장경제 체제를 도입할 때 가장 먼저 변화를 겪는 지역이기도 하다. 비록 중심업무지구라는 개념이 사회주의 도시

---

* ⟨Sixteen Principals of Urban Development⟩, German Democratic Republic, 1950.

에는 존재하지 않지만, 대신 행정 시설을 중심으로 상징적인 광장과 기념비적인 문화시설이 몰려있는 중심 지역이 존재한다. 이 지역은 도시의 중심에 위치할 뿐 아니라 그 영역의 중요성 때문에 도시 기반 시설이 매우 잘 갖추어져있고, 광장과 대규모 건축물을 배치하기 위해 도시 조직도 매우 잘 정비되어있다. 이러한 물리적 특성과 위치상의 장점을 볼 때, 이 영역이 토지의 가치를 인정하는 시장경제 체제하에서 매우 높은 개발 가능성을 지니리라고 쉽게 예상할 수 있다. 사회의 변화가 있을 때 가장 먼저 반응하는 물리적 공간인 이 지역의 변화 가능성은 세 가지로 요약할 수 있다. 첫째는 중심 지역의 프로그램상의 변화, 둘째는 광장을 비롯한 열린 공간의 재구성, 셋째는 기념비적인 건축물과 주변 지역의 재개발이다.

김일성광장이 있는 평양의 중심부는 1950년대 전후 복구가 시작된 이래 평양 상징화 작업의 핵심 공간이었다. 1953년 마스터플랜은 이 영역에 가장 큰 상징 광장을 계획했으며, 실제로 이는 김일성광장으로 실현되었다. 또한 이 공간을 구성하기 위해 주변에 기념비적인 건축물을 배치했다. 비록 1953년 마스터플랜이 모든 면에서 다 실현되지는 않았지만, 주요 위치의 상징적인 공간에 대한 계획은 많이 현실화된 편이다. 대동강 동쪽 지역의 중심부 역시 마스터플랜대로 실행되었고, 현재 류경호텔이 있는 영역 또한 마스터플랜에서 한 위성 지역의 중심부로 계획된 곳이었다. 이들 지역은 평양에서도 기반 시설이 가장 잘 발달했을 뿐 아니라 그 위치적 잠재성도 뛰어나다.

인민대학습당: 프로그램 치환
기존 건물의 프로그램 치환 또는 재구성은 새로운 시대의 요구에 부응하기 위한 가장 쉬운 대응방안 중 하나다. 따라서 사회주의 도시에서 시장경제

체제의 도시로 변화하게 되면 여러 부분에서 이러한 프로그램 상의 변화가 나타날 것이다. 이는 두 도시의 상이한 프로그램의 배치 때문이다. 사회주의 도시계획에서는 지역 간의 균형을 맞추기 위해 많은 프로그램이 균등하게 분포되고, 이로 인해 자본주의 도시에서는 찾아보기 힘든 프로그램들, 즉 교육 시설이나 주거 시설, 심지어는 생산 시설까지 도시 중심부에 배치되곤 한다. 이는 자본주의 도시에서, 특히 자본의 경쟁이 제일 심한 도심에서는 거의 찾아보기 힘든 모습이다. 이는 서울 을지로의 롯데백화점 본점 대신 초등학교가 있는 것만큼 어색한 풍경이다. 자본주의 도시에서 이처럼 토지의 가치가 높고 그만큼 자본의 경쟁이 치열한 곳에는 경쟁에서 승산이 있는, 다시 말해 토지에 대한 투자보다 더 많은 수익을 낼 프로그램, 즉 업무 시설이나 상업 시설 등이 주를 이룰 수밖에 없다. 따라서 도시계획상 특정한 용도를 지정하지 않는 한, 이러한 지역에 교육 시설이나 주거 시설 등이 배치되는 경우는 자본주의 도시에서는 찾아보기 힘들다. 한마디로, 이런 시설은 시장경제 체제의 도입과 함께 가장 먼저 자리를 비우게 될 것이다.*

평양의 인민대학습당이 이러한 경우에 속한다고 본다. 많은 사람이 김일성이나 김정일의 집무실쯤으로 오해하는 이 건물은 사실 평양 시민을 위한 도서관이다. 이 건물이 학습당이라 불리는 이유는 도서관 기능뿐만 아니라 인민을 위한 많은 교육이 이루어지기 때문이다. 인민대학습당은 김일성의 70번째 생일을 기념하여 1982년 준공되었으며, 같은 해에 건설된 대동강 맞은편의 주체탑과 함께 평양의 도시 축을 형성한다. 이는 외교부 청

---

* Fulong Wu, Jiang Xu, and Anthony Gar-On Yeh, 〈Urban Development in Post-Reform China, State, Market and Space〉, Routledge, 2006.

평양에 시장경제 체제가 도입된다면 평양의 인민대학습당은 어떻게 변화할까?

사와 농림부 청사, 조선역사박물관, 그리고 조선예술박물관과 함께 김일성광장을 형성하는 주요 건물이다.

 이는 인민들이 노동과 함께 학습을 해야 한다는 김일성의 주체사상을 바탕으로 계획된 건물로, 용도는 물론 도시 내에서 자리한 위치를 보면 사회주의 이념에서 계몽의 프로그램이 얼마나 중요한 위치를 차지하는지 방증해준다. 인민대학습당은 3,000만 권의 도서를 소장하고 있으며, 10만㎡ 규모에 높이 63.56m로 건축되었다. 소장 자료와 장비가 낙후되었으리라

평양의 도시적 잠재성 203

김일성광장과 주변의 주요 광장 및 기념 시설

짐작되는 만큼 학습당이 효율적으로 기능하는지는 의문이지만, 소프트웨어를 제외하고 하드웨어만을 본다면 굉장히 많은 가능성을 지녔다고 볼 수 있다.

인민대학습당이 건축적으로나 위치적으로 가지는 의미를 볼 때, 아무리 시장경제 체제가 도입된다고 해도 이 건물이 철거된다는 것은 쉽게 상상할 수 없다. 하지만 대신 새로운 사회적 요구에 따라 새로운 용도로 변경될 가능성은 충분하다고 보인다. 앞서 언급했듯이 인민대학습당이 있는 지역은 평양의 중심부로서의 위치적 특성과 기반 시설의 장점을 지니고 있다. 이런 지역에 자리 잡은 대규모 공간을 이익 창출과는 거리가 먼 시민을 위한 학습 공간으로 남겨놓는다는 것은 시장경제의 논리와 맞지 않는다. 결국, 물리적 공간은 유지하면서 시장의 논리를 도입할 수 있는 방법은 프로그램의 치환이다. 프로그램 치환 또는 용도의 변경은 사회주의 도시에서는 쉽게 찾아볼 수 없는 현상이지만, 자본주의 도시에서는 흔한 현상이다. 어제는 김밥을 팔던 곳이 오늘은 옷가게가 되어있고, 지난달에는 학원이었던 곳이 이번 달에는 사무실로 바뀌는 현상이 자본주의 도시의 특징이다. 이 변화의 중심에는 시장의 논리가 있다. 물론 이러한 규모의 변화와 인민학습당의 프로그램 치환이 쉽게 연관되지는 않을지 모르지만, 기본적으로 용도의 변화에는 자본의 논리가 숨어있다는 뜻이다.

이러한 가정하에서 가장 쉽게 예상되는 프로그램의 치환 형태는 호텔 또는 박물관이다. 언뜻 생각하면 박물관 같은 문화시설은 시장경제 체제하의 도시에서 이렇게 중요한 위치에 존재하기 힘들 것 같아 보인다. 그러나 사실 박물관만큼 확실한 관광 수익을 보장해주는 프로그램도 많지 않다. 북한 사회가 개방되면 될수록 더욱 많은 관광객이 평양을 찾을 것이고, 이들은 곧 평양의 새로운 수입원이다. 실제로 통일 이후 평양을 관광도시로 발전시켜야 한다는 주장이 나올 정도로 평양은 훌륭한 관광자원을 갖춘 도시다.* 따라서 자본의 논리로 보았을 때, 인민대학습당을 평양 시민을 위한 교육 시설로 남기기보다는 호텔이나 박물관같이 관광객을 유치할 수 있는 프로그램으로 치환하는 것이 쉽게 예상되는 방향이다. 이미 평양의 랜드마크 역할을 하고 있는 인민대학습당은 그만큼 관광객에게도 친숙한 공간으로 재편될 가능성을 보여준다.

인민대학습당의 프로그램 치환은 하나의 예에 불과하다. 인민대학습당의 용도 변화는 그 주변 건물에서도 비슷한 변화를 이끌어낼 것으로 보인다. 이곳 주변은 현재 박물관과 행정 시설 들이 배치되어있고, 이는 모두 대규모 건축물이다. 이들 건물 역시 시장경제 체제에서 자본력이 강한 상업이나 업무 용도로 치환될 가능성이 없지 않다. 용도 변경이 가장 발빠르게 시장의 새로운 흐름과 경향을 반영할 수 있기 때문에, 인민대학습당을 필두로 평양의 무수히 많은 기념비적 건축물, 특히 도심 지역에 가까이 있는 건축물은 많은 경우 이러한 프로그램의 치환이 발생할 것이다. 평양의 곳곳에 분포하는 이들 기념비적 건축물은 비록 스스로 물리적 환경을 변화시키지는 않지만, 주변 지역의 변화를 이끌어냄으로써 평양의 도시 조직을 새로운 시장경제 체제에 반응하도록 하는 촉진제 역할을 할 것이다.

---

* 이상기, 〈통일 후 평양의 도시 건축에 대하여〉, 《이상건축》, 1997. 9.
** Daniel Libeskind.
** Augustin Ioan, "The peculiar history of (post) communist public places and spaces: Bucharest as a case study", Kiril Stanilov(ed.), 《The Post-Socialist City》, Springer, 2007.

김일성광장: 공간의 재구성

빈 공간이 있고 그것을 채웠을 때, 그것은 그 빈 공간의 보이드void를 제거했다는 의미는 아니다. 그 공간을 채우면서도, 그 공간에 아무것도 짓지 않았을 때보다 더 큰 보이드를 구성할 수 있다.**

(…전략…) 지방선거는 루마니아 수도의 엄청난 공공 공간을 어떻게 사용할지에 대한 무수한 아이디어를 샘솟게 했다. (…중략…) 법원에 충분한 공원 면적을 제공해주는 빈 영역인 거대한 컨스티튜션 스퀘어Constitution Square는 다양한 소비의 장으로 활용되었다. 맥주 축제가 가장 인기 있었고, 자동차 전시회 또한 빈번히 개최되었다. 행정기관과 법원 건물은 각종 행사의 배경이 되어준다.**

   도시의 중심 영역에 위치한 광장은 언제나 변화의 중심에 있을 수밖에 없다. 이는 입지 때문만이 아니라 광장이 도시 및 시민에게 의미하는 바가 여타 건축물과는 다르기 때문이다. 광장은 때로는 권력의 상징이 되고 때로는 시민이 욕구를 분출하는 공간이기도 하다. 사회의 변화를 가장 먼저 이끌어내고 이를 반영하는 곳이 되기도 한다. 수많은 광장의 동상이 사회 변화에 따라 철거되거나 다시 등장하기도 하며, 광장 자체가 없었던 곳에 새로이 생기기도 한다. 광장이라는 도시 조직은 변화에 민감하게 반응한다. 사회주의 시기에 형성된 광장도 마찬가지다.
   상징의 도시를 지향하는 사회주의 도시에서는 체제 선전과 군중집회가 가능한 대규모 열린 광장을 도시계획의 중요한 요소로 인식했다. 그리고 이들 광장은 그 목적에 맞게 많은 사람이 쉽게 모일 수 있는 도시 내 가장 중요한 공간이 되었다. 이러한 공간적 성격은 도시가 사회주의 도시에서 시장경제 체제하의 도시로 환경이 바뀐 뒤에도 마찬가지다. 여전히 시민에게는 이 광장이 중요한 심리적 공간으로 자리 잡고 있는데, 시장경제가 시작되면서 여기에 노점상이 몰려드는 현상이 나타난다. 사회주의 도시에서 시장경제의 시작을 알려주는 지표인 노점상은 그 특성상 한곳에 자리 잡은 채 사람들을 끌어들이는 것이 아니라 사람들의 발걸음이 잦은 곳에 자연적으로 발생한다.* 이러한 노점상이 체제 선전과 군중집회를 위해 건설된 광장 주변에 발생하는 것을 보면, 이들 광장이 사회주의 도시의 목적과 무관하게 시민들이 가장 많이 찾는 도시 내 공간이라는 사실을 입증해준다.

평양에서 이러한 가능성을 지닌 곳은 바로 김일성광장이다. 이 광장은 1953년 마스터플랜에 따라 1954년 평양에서 가장 먼저 건설된 도시 공간이다. 주체탑의 맞은편인 대동강 서쪽에 위치해 평양에서 공간적 중심일 뿐 아니라 사회적 의미에서도 중심이었다. 대중매체를 통해 본, 군사퍼레이드를 내려다보며 박수를 치는 김일성 또는 김정일의 모습 역시 이곳에서 연출되었다. 김일성광장은 평양의 기념비적 건물들에 둘러싸여있으며 7만 5,000㎡에 10만여 명을 수용할 수 있는 세계에서 16번째로 큰 광장이다(대규모 광장 대부분이 사회주의 도시에 있다는 점이 흥미롭다). 인민대학습당과 마찬가지로 김일성광장은 입지 조건이 굉장히 뛰어나고, 지하철을 비롯한 주변의 도시 기반 시설 또한 매우 잘 갖춰져있다. 이러한 특징은 새로운 시장경제 사회에서 이 광장이 새롭게 이용되고 규정될 수 있는 가능

---

* Konstantin Axenov, Isolde Brade and Evgenij Bondarchuk, "The Transformation of Urban Space in Post-Soviet Russia", Kiril Stanilov(ed.), 《The Post-Socialist City》, Springer, 2007.

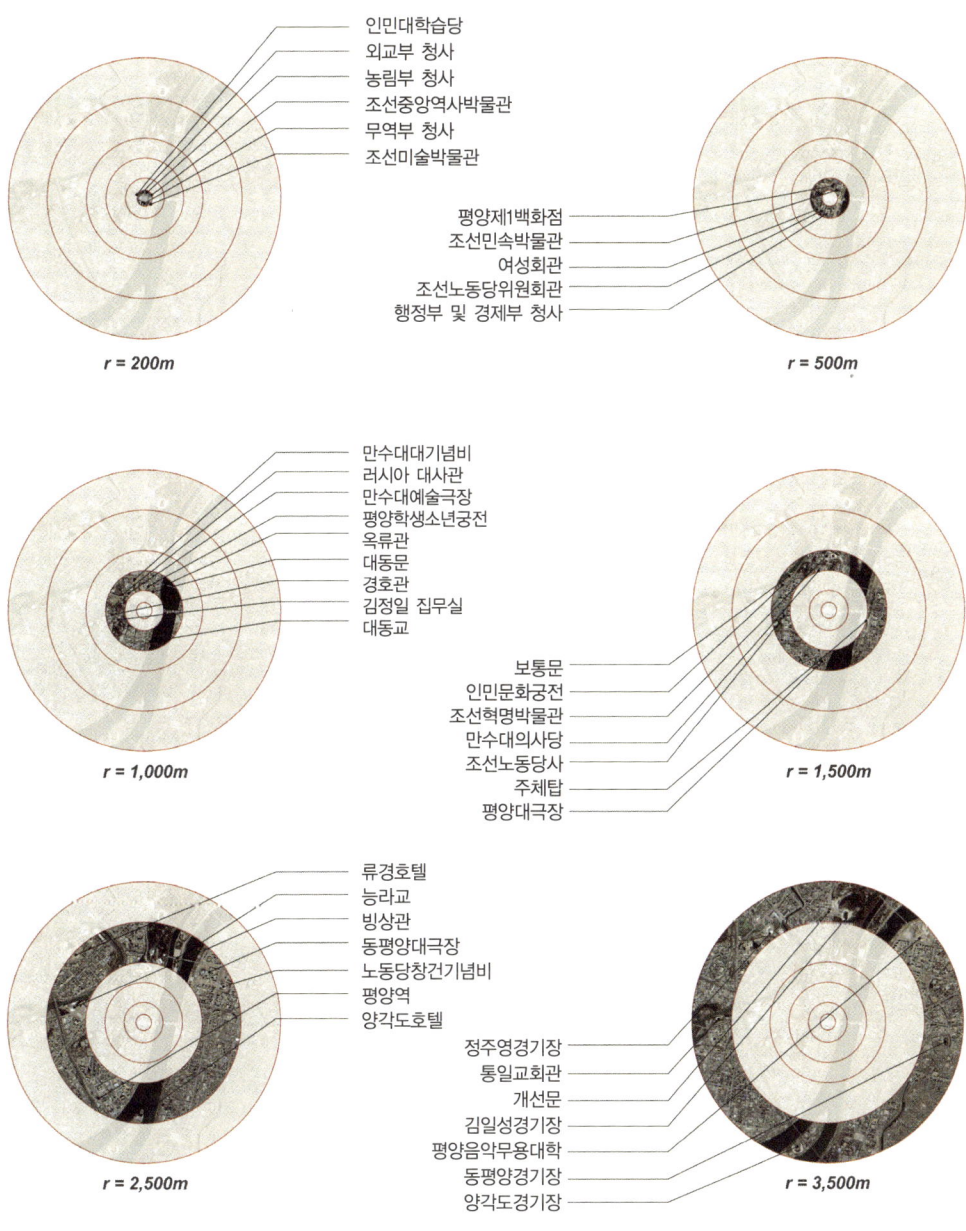

평양의 도시적 잠재성

전 세계 주요 광장의 규모

성을 보여준다.

　사회주의 도시에서는 보기 힘든 자본주의 도시의 공간적 특성 중 하나는 멀티레이어multilayer, 즉, 공간이 하나의 용도로 사용되는 것이 아니라 몇 단계의 레이어를 통해 복합적인 용도로 쓰이는 것이다. 기본적으로 투자 및 개발의 가치가 있고 기반 시설이 잘 갖추어진 곳은 도시 내에서 한정되기 때문에, 그곳에 다양한 용도를 배치함으로써 효율을 극대화할 수 있다. 또한 기반 시설과 다양한 용도를 겹치게 배치함으로써 공간 이용의 시너지 효과를 기대할 수도 있다. 예를 들어, 파리의 포럼데알Forum des halles 지구는 노천 시장이었던 지역을 레이어의 중첩을 통해 교통, 상업, 그리고 공원의 새로운 공간으로 구성함으로써 시너지 효과를 얻게 되었다. 상업 시설은 잘 발달된 교통 시설을 통해 많은 사람을 끌어들일 수 있었고, 공원은 상업 시설로 인해 공동화 현상을 막을 수 있었다.

　평양의 김일성광장에는 그동안 단 하나의 레이어만 존재했다. 비록 지하상가가 계획된 바 있지만 현재는 운영되지 않는다. 광장은 대규모 퍼레이드나 군중집회에 사용되었고 다른 레이어는 존재하지 않았다. 하지만 시장경제와 자본의 논리가 도입되면 김일성광장 같이 기반 시설이 잘 발달한 공간은 멀티레이어를 갖는 공간으로 재편될 가능성이 높다. 가장 쉽게 생각할 수 있는 것은 지상 광장 영역의 재구성과 지하 공간의 활용이다.

　먼저 지상의 광장은 루마니아 부쿠레슈티의 컨스티튜션 스퀘어Constitution square 경우처럼 다양한 형태의 소비가 일어나는 장이 될 수 있다. 루마니아가 시장경제를 도입하면서 이 광장에는 많은 축제와 행사가 유치되었고, 현재는 주로 소비의 장으로 쓰인다. 자본주의 도시의 가장 큰 특징은 이러한 빈 공간을 절대로 그냥 내버려두지 않는다는 점이다. 2002년 월드컵 이전까지는 물리적으로 존재하지도 않았던 서울광장은 이제 행사가 끊이지 않는 공간이 되었다. 광장이 광장으로서 시민에게 제공되는 것이 아니라 이벤트를 통해 시민의 욕구를 충족시키는 곳으로 쓰이는 것이다. 평양에 자본의 논리가 도입되면, 김일성광장에서도 이런 현상이 발생하지 않을까 싶다.

    그다음은 김일성광장 지하 공간의 활용이다. 이미 언급하였듯이 지하상가가 계획되어있지만 현재는 이용되지 않고 있다. 이는 사회주의 체제에서는 멀티레이어 시스템이 그다지 유용하지 않다는 사실을 대변한다. 어차피 사회주의 체제하에서는 지정된 곳에서 배급이 되고 소비가 이루어지기 때문에 위치적 장점을 가진 곳에 여러 용도를 집중시킬 필요가 없다. 하지만 새로운 시장경제 체제는 김일성광장의 멀티레이어화를 촉진할 것이다. 서울 삼성동의 코엑스몰이 사례가 될 수 있겠다. 이곳의 지하철, 지하상가, 전시장, 호텔, 백화점 등 멀티레이어의 결합은 공간의 효율성뿐만 아니라 최대한의 시너지 효과를 내고 있다. 김일성광장의 주변에 현재 제1백화점

평양의 도시적 잠재성

이 위치해있고, 지하철이 깔려있으며, 박물관도 위치해있다. 이처럼 김일성광장의 주변 인프라는 그곳의 지하 공간을 코엑스몰과 같이 소비의 공간으로서 거듭나게 만들 가능성을 지녔다. 김일성광장의 멀티레이어화는 지상 광장의 효용성을 높여줄 뿐 아니라, 평양 곳곳에 분포한 여타 상징 공간의 적극적 활용을 촉진하는 역할까지 수행할 것으로 기대된다.

김일성광장의 지상과 지하 공간은 어떻게 활용될 수 있을까?

류경호텔과 주변 지역: 도시 재개발

아이콘적인 프로젝트, 특히 단순한 '로고' 건축의 수준을 넘어선 프로젝트들은 도시를 재구성하는 데 새로운 역할을 한다. 계획만 올바로 되어있다면, 이들은 거시적인 스케일에서 도시성을 결정하는 데 지대한 역할을 하는 새로운 공간을 창출해낼 것이다.*

인민대학습당의 프로그램 치환과 김일성광장의 공간 재구성을 예로 들어 상징적 도시 공간의 변화를 살펴보았다. 이와 함께 살펴보아야 할 또 하나의 방향은, 이미 존재하는 상징 공간 또는 기념비적 건축물을 중심으로 한 도시 변화의 가능성이다. 조안 부스케츠가 주장하듯 아이콘 건축은 하나의 건축에 그치는 것이 아니라 작게는 그 주변, 크게는 도시의 전반적인 조직을 재구성하는 촉진제 역할을 한다. 아이콘 프로젝트가 이러한 잠재성을 지니는 이유는 시장의 자율성 때문이다. 사회주의 도시에서는 많은 기념비적 건축물, 즉 아이콘 프로젝트가 계획되었지만, 그 주변 지역이 철저히 국가의 통제하에 개발되었기 때문에 아이콘 프로젝트에 의해 촉진된 개발은 불가능했다. 하지만 시장경제가 도입되고 개발의 고삐가 풀리기 시작하면 이러한 아이콘 프로젝트와 그 주변 지역에 대한 개발이 비로소 촉진되기 시작한다. 베를린의 알렉산더광장Alexanderplatz은 구 동독 시절에는 사회주의 건축의 전시장과 다름없었다. 이 시기에는 몇몇 기념비적 사회주의 건축물이 상징 광장을 둘러싸고 있었지만, 통일이 되고 시장

---

* Joan Busquets, 《Cities X-Lines》, Harvard University, 2006.

심각한 경제난으로 1992년 공사가 중단되었던 류경호텔은 2012년 완공을 목표로 공사를 진행하고 있다.

경제가 유입되면서 1993년에는 이곳에 초고층 복합 시설이 제안되기도 했다. 사회주의의 상징이었던 이 광장은 지금 베를린 지역에서 상업과 업무의 중심지가 되었는데, 이는 이 광장과 그 주변 영역이 갖는 기반 시설과 위치적 장점이 대규모 투자 자본을 매료시켰기 때문이다. 평양에서 이처럼 중심업무지구가 될 수 있는 가능성이 가장 커 보이는 곳은 바로 류경호텔 주변이다.

류경호텔은 본래 2,300억 달러 규모의 외국 자본 유치를 목표로 외국인 투자자를 끌어오고 평양을 국제적인 도시로 만들고자 계획된 프로젝트다.* 105층, 총 36만m^2 면적에 3,000여 개의 객실로 구성될 류경호텔은 1987년에 착공되었다. 높이는 330m로, 당시 세계에서 가장 높은 호텔로 계획되었고, 현재도 준공을 가정했을 때 세계에서 28번째 높은 건물이다. 하지만 1990년대 본격화된 북한의 경제난을 이기지 못하고 1992년 공사가 중단되었다. 이 호텔은 흔히 북한 독재 정권의 야욕을 상징하는 건물로 언급되는데, 그보다는 이면에 숨은 목적에 더욱 주목할 필요가 있다. 모든 초고층 건물은 나름의 야욕을 형상화한다. 그것은 독재자의 야욕일 수도, 자본가의 야욕일 수도 있다. 현재 두바이에 세워지고 있는 많은 초고층 건물 역시 그곳 유력자의 부와 권위를 압도적인 규모로 표출한다. 하지만 그 이면에는 두바이가 이러한 프로젝트를 통해서 더 많은 외국의 자본을 유치하고자 하는 목적이 분명히 존재한다.

류경호텔은 김일성광장으로부터 북서쪽으로 2.4km 정도 떨어진 곳에 위치한다. 보통강으로 둘러싸여있는 류경호텔과 주변 지역은 1953년 마

---

* Ngor, Oh Kwee, "Western Decadence hits N.Korea", 《the Japan Economic Journal (12)》, 1990.

류경호텔 및 주변부 계획

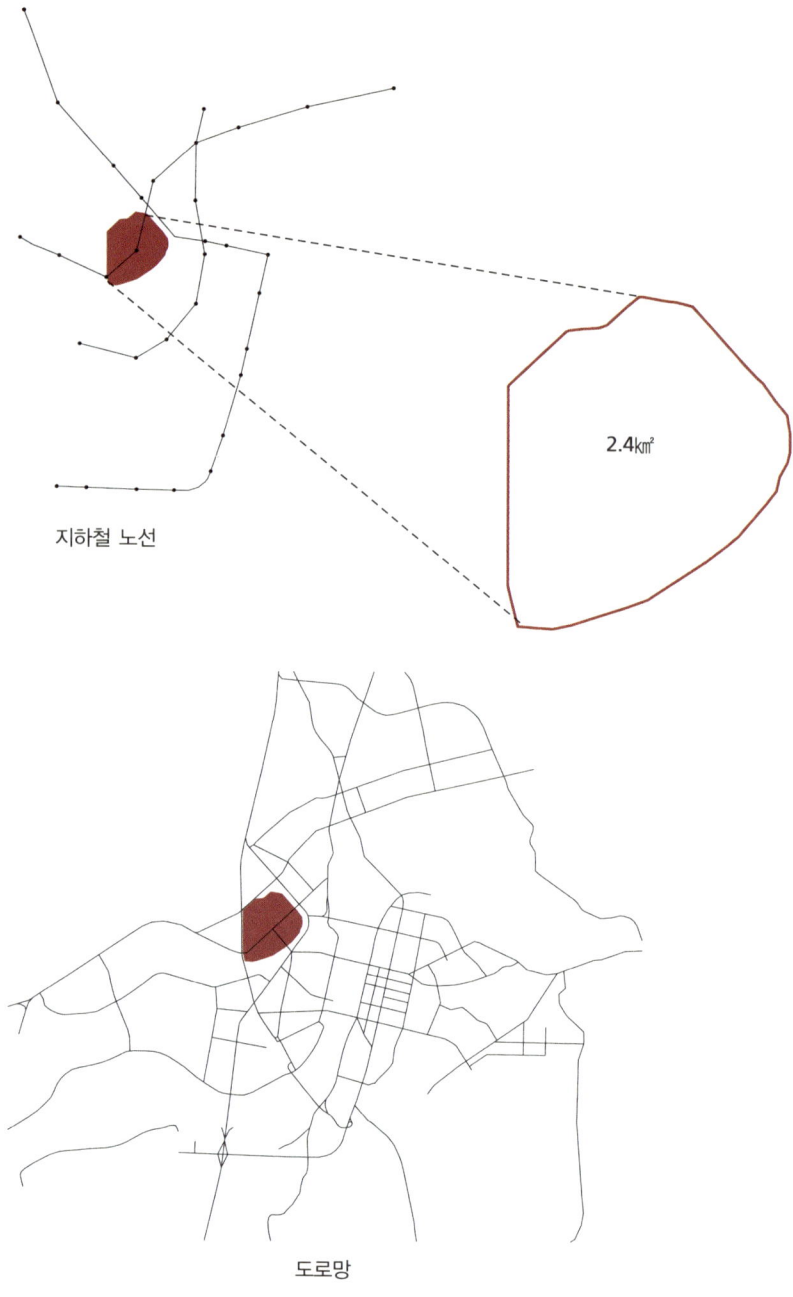

지하철 노선

2.4km²

도로망

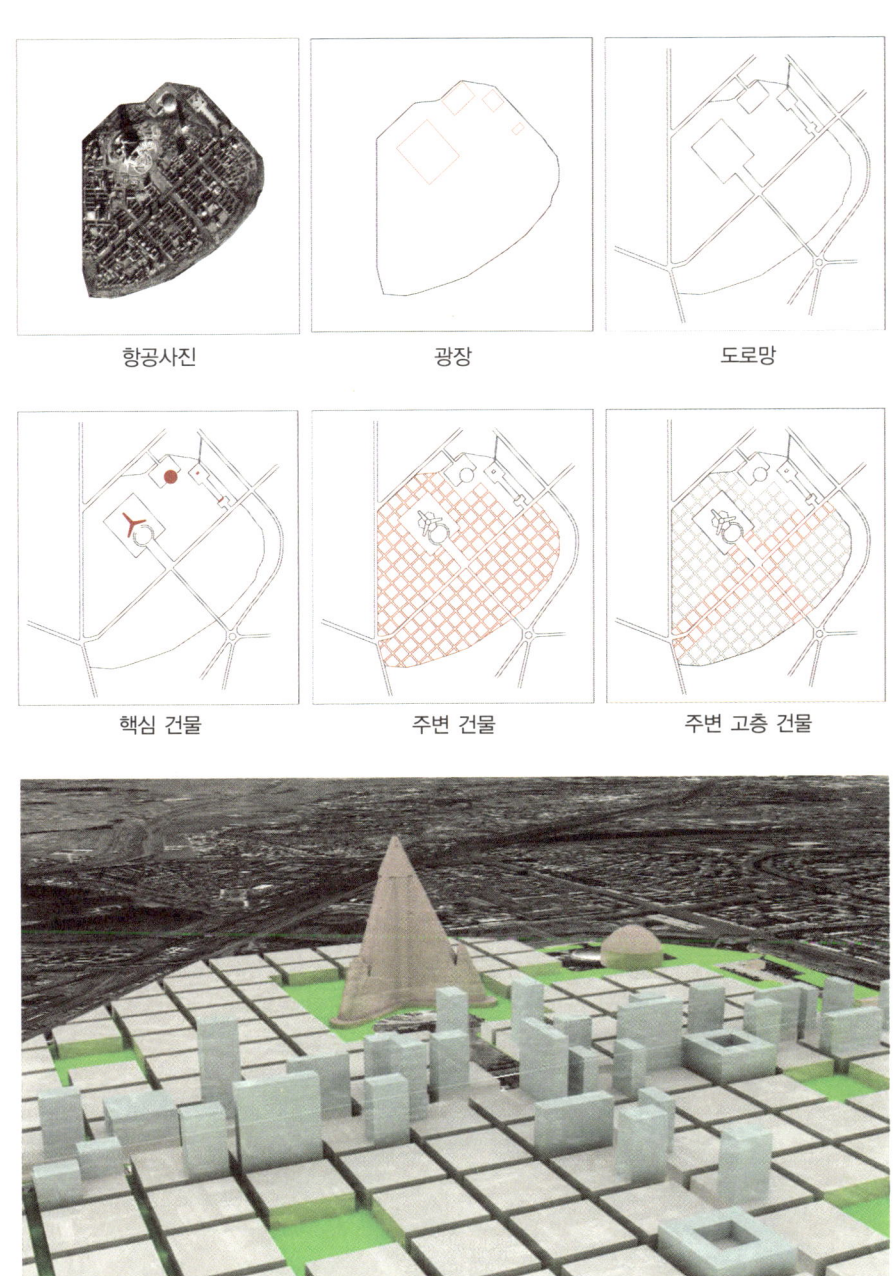

| 항공사진 | 광장 | 도로망 |

| 핵심 건물 | 주변 건물 | 주변 고층 건물 |

평양의 도시적 잠재성

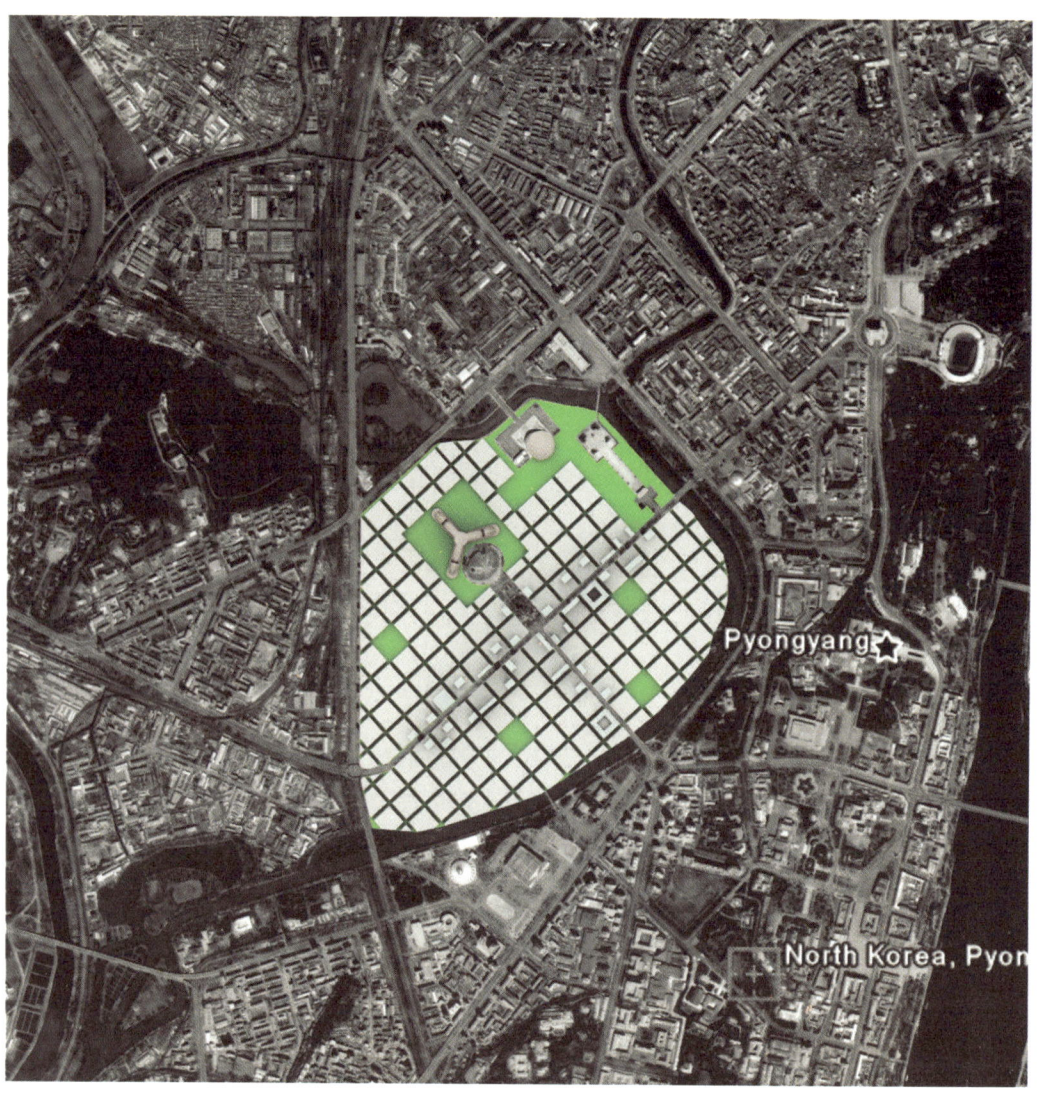

스터플랜에서 위성 지역으로 계획된 곳이기도 하다. 현재 류경호텔의 자리는 그 위성 지역의 중심 광장으로 계획되었다. 그 주변으로는 격자형 조직의 주거 시설이 고르게 분포한다. 류경호텔과 그 주변 지역은 도시 조직 형태로만 보면 1953년 마스터플랜과 매우 흡사하다고 할 수 있다. 이 지역은 평양 중심부와 가까워서 비교적 빠른 시기에 개발이 이루어졌다. 류경호텔이 들어서기 전인 1970년대에 이미 이 지역은 주거 시설 중심으로 개발되었다. 1980년대 말에 계획된 류경호텔은 6세기에 평양성의 문으로 최초 건립되고 1473년에 재건된 보통문과 함께, 김일성광장으로 향하는 강한 축을 형성한다. 이 축과 수직을 이루는 또 다른 축은 평양의 개선문에서 뻗어나와 지하철 혁신선의 황금벌역까지 이어진다.

현재 류경호텔은 2008년 외국의 개발업체에 의해서 공사가 재개되어 2012년 완공을 목표로 건설을 진행하고 있다.* 이는 크게 두 가지 중요한 점을 시사해준다. 하나는 북한이 외국의 자본가에게 시장을 개방했다는 사실이고, 다른 하나는 류경호텔의 준공과 함께 더 많은 외국 투자자를 끌어오겠다는 의지를 보여주었다는 사실이다. 이러한 북한의 태도 변화와 함께, 류경호텔의 준공은 주변 지역의 물리적 환경을 변화시키는 데 큰 영향을 미치리라 예상된다. 대규모 호텔, 특히 비즈니스를 위한 호텔의 개발은 주변 지역에 많은 부대시설 확충을 필요로 한다. 업무 시설을 비롯하여 컨퍼런스 센터, 문화 및 소비 시설 등. 일본의 롯폰기 힐스나 한국의 코엑스 몰 지구를 보면 이 복합 관계가 잘 나타난다. 실제 이 프로젝트들은 복합시설 프로젝트로서 성공을 거두었을 뿐만 아니라, 주변 지역의 개발도 촉

---

* Barbara Demick, "North Korea in the midst of mysterious building boom", 〈L.A Times〉, 2008.9.

발하는 촉진 프로젝트의 역할까지 수행했다. 류경호텔과 그 주변 지역의 개발 가능성에 관해 시사하는 바가 크다.

　류경호텔은 그 규모와 의미상 조안 부스케츠가 언급한 것처럼 평양의 도시 변화에 큰 영향력을 미칠 수 있는 '키빌딩key-building'이다. 이는 호텔 주변 영역의 변화에서부터 시작될 것이다. 이 지역은 김일성광장에서 불과 2.4km 밖에 떨어져있지 않고 주변의 기반 시설 또한 잘 갖추어져있다. 위치적 장점과 기반 시설 등 많은 부분에서 김일성광장 주변의 중심 영역과 닮은 점이 있다. 하지만 김일성광장이나 그 주변부 건물은 상징적 의미 때문에 실제로 철거되고 새로운 건물이 들어서기 힘든 반면, 류경호텔 주변은 낮은 밀도의 주거 위주 프로그램으로 구성되어 차이를 보인다. 이들 주거 시설은 교육 시설과 마찬가지로 자본의 경쟁력이 다른 상업 시설이나 업무 시설에 비해 상대적으로 약하다. 따라서 새로운 개발이 이루어질 때 가장 먼저 다른 장소로 옮겨가게 되는 프로그램이기도 하다. 앞서 잠시 언급한 대로, 평양이 류경호텔 건설 공사를 재개한 것은 더욱 많은 관광객 또는 경제인을 유치하겠다는 의지의 표출로 해석된다. 중요한 것은, 류경호텔은 단지 그 변화의 시작을 알리는 촉발제이고 향후 지속적인 부대시설 개발이 진행되리라는 사실이다. 그 개발은 류경호텔 주변에 많은 업무 및 상업 시설을 확충함으로써 충족해나갈 수 있다. 결국 보통강으로 둘러싸인 류경호텔 주변 영역은 새로운 자본이 중점적으로 공략할 것이고, 이로써 이 영역이 평양의 중심업무지구로 변모할 가능성은 더욱 높아진다.

　모든 아이콘 프로젝트 또는 기념비적 건축물이 도시의 조직을 변화시키는 키빌딩이 되지는 않는다. 바르셀로나에 위치한 장 누벨Jean Nouvel의 아그바 타워Torre Agbar는 분명히 도시의 새로운 아이콘이지만, 단지 그 이유만으로 도시의 물리적 조직을 변화시키는 힘을 지녔다고 판단할 수는 없다. 하지만 그런 힘을 지닌 키빌딩은 곧 도시의 아이콘이라는 포함관계는 성립된다. 류경호텔은 아직까지 평양의 아이콘에 불과하다. 류경호텔이 아이콘 프로젝트에 머물지, 아니면 도시를 변화시키는 촉진제 역할을 할지는 두고 볼 문제다. 하지만 다른 요소를 제외하고 도시 건축적으로만 본다면 류경호텔이 키빌딩으로 진화할 가능성은 충분해 보인다.

생산 공간의 변형

> 새로운 경제 변화의 시기에 주택과 토지의 수요를 맞추기 위해 개발되는 주거는 공업 지역에서 떨어진 좋은 곳에 위치하는 경향이 있다. 흔히 대규모 주거 단지 프로젝트는 도시의 외곽 지역, 특히 도시 외곽의 서브 중심 지역에 개발되었다.*

사회주의 도시계획에 관한 가장 초기의 제안 당시부터 공업지역, 즉 생산 시설을 어디에 배치하는가 하는 문제는 도시의 물리적인 형태를 결정짓는 데 가장 중요한 고민거리였다. 이는 사회주의 도시계획이 나올 당시 산업화의 물결이 거셌기 때문만이 아니라, 사회수의 도시계획에서는 도시가 생산의 기능을 수행해야만 도농 간의 차이를 줄일 수 있다고 믿었기 때문이기도 하다. 그리하여 시대를 거듭하면서 사회주의 도시에서는 중공업 시설뿐 아니라 경공업 시설이나 작업장 같은 작은 규모의 생산 시설을 어

---

* Fulong Wu, Jiang Xu, and Anthony Gar-On Yeh, 《Urban Development in Post-Reform China, State, Market and Space》, Routledge, 2006.

떻게 배치할지 많은 고민을 했다. 특히 경공업과 작업장처럼 대규모 부지가 필요하지 않은 생산시설의 경우 주거 시설과 근접하게 배치함으로써 집합 주거 단위가 하나의 자생적 단위로서 독립할 수 있게끔 했다.

물론 자본주의 도시에도 생산 시설이 다수 들어서있지만, 이들은 도시화에 따라 대부분 다른 용도로 변경된다. 19세기 산업혁명 초기의 도시화가 산업화 또는 생산 시설의 확장과 그에 따른 노동인구의 증가를 의미한다면, 지금의 도시화는 생산 시설의 확장이라기보다 소비 시설의 확대로 보는 편이 더 정확하다. 따라서 생산시설이 자리 잡고 있던 자본주의 도시에서 도시화가 진행되면 기존 생산 시설은 유통 시설 또는 복합 시설로 대체되는 경우가 많다. 서울의 구로공단이 대표적인 예다. 물론 조성 당시인 1960년대에는 서울이라 부르기도 힘들 만큼 외곽에 자리 잡았지만, 아무튼 자본주의 도시 내의 거대한 생산 단지였다. 하지만 서울이 팽창하고 도시화가 진행되면서 이 지역 내 공장 대부분은 다른 시설로 바뀌었고, 현재는 일부만이 아파트형 공장 같은 새로운 형태로 남아있을 뿐이다. 이는 역시 생산 시설의 자본 경쟁력 부족 때문인데, 사회주의 도시는 자본주의 도시보다 훨씬 체계적으로 도시 내 생산 시설을 배치해둔 탓에 이러한 변화가 더욱 두드러지게 나타날 수밖에 없다.

마이크로 디스트릭트

1978년부터 시작된 시장경제 체제로의 변화는 마이크로 디스트릭트 계획에 새로운 기회를 가져왔다. 주거의 상품화를 목적으로 하는 많은 개선 작업과 함께 주거 개발은 점진적으로 정부 주도에서 민간 주도로 이전되었다.*

앞서 설명했듯이, 마이크로 디스트릭트는 사회주의 도시계획에서 근린주구 단위를 하나의 자생적 독립체로 만들기 위해 주거는 물론 생산·소비·교육·부대시설을 모두 함께 두는 주거 단위를 의미한다. 도보 가능 거리를 넘지 않는 규모와 대중교통을 권장한다는 점 때문에 최근에는 친환경적 계획으로 다시 주목받고 있다. 마이크로 디스트릭트는 용도의 관점으로 보면, 요즈음 말로 복합 용도 단지나 마찬가지다. 이러한 개념은 자본주의 도시에서도 활용되는데, 이때 생산 시설은 업무 시설로 대체된다. 자본주의 도시에서는 주거 환경을 고려해 주거 시설과 생산 시설을 함께 두는 것을 대체로 지양하기 때문인데, 이를 뒤집어 생각하면 마이크로 디스트릭트의 생산 시설은 시장경제하에서는 사라지거나 다른 용도로 대체될 가능성이 아주 높음을 알 수 있다.

평양의 마이크로 디스트릭트, 즉 소구역이 집중 분포한 지역은 김일성광장의 동쪽, 대동강 건너편에 아주 잘 발달해있다. 이 지역은 1953년 마스터플랜에서 김일성광장 주변 지역과 함께 평양의 중심 영역으로서 규정된 후, 1960년대에 계획에 따라 개발되었다. 새살림거리, 탑제거리, 삼원거리, 그리고 대동강으로 둘러싸인 이 영역은 마스터플랜에서 제시한 크기와 유사한 맥시그리드(250m×250m)로 구성되었다. 탑제거리와 새살림거리는 대동강의 동과 서를 연결하는 가장 중요한 두 다리로 연장되는데, 이는 평양 도시 개발의 축인 김일성광장-주체탑의 선과 평행하게 뻗어있다. 또한 이들과 수직으로 놓인 청년거리는 이 소구역 지역의 중심을 관통하고, 지하철과 전차 또한 이 거리와 함께 놓여있다. 이러한 주요 기반 시설

---

* Duanfang Lu, 《Remaking Chinese Urban Form Modernity, Scarcity and Space, 1945-2005》, Routledge, 2006.

마이크로 디스트릭트 개발 단계도

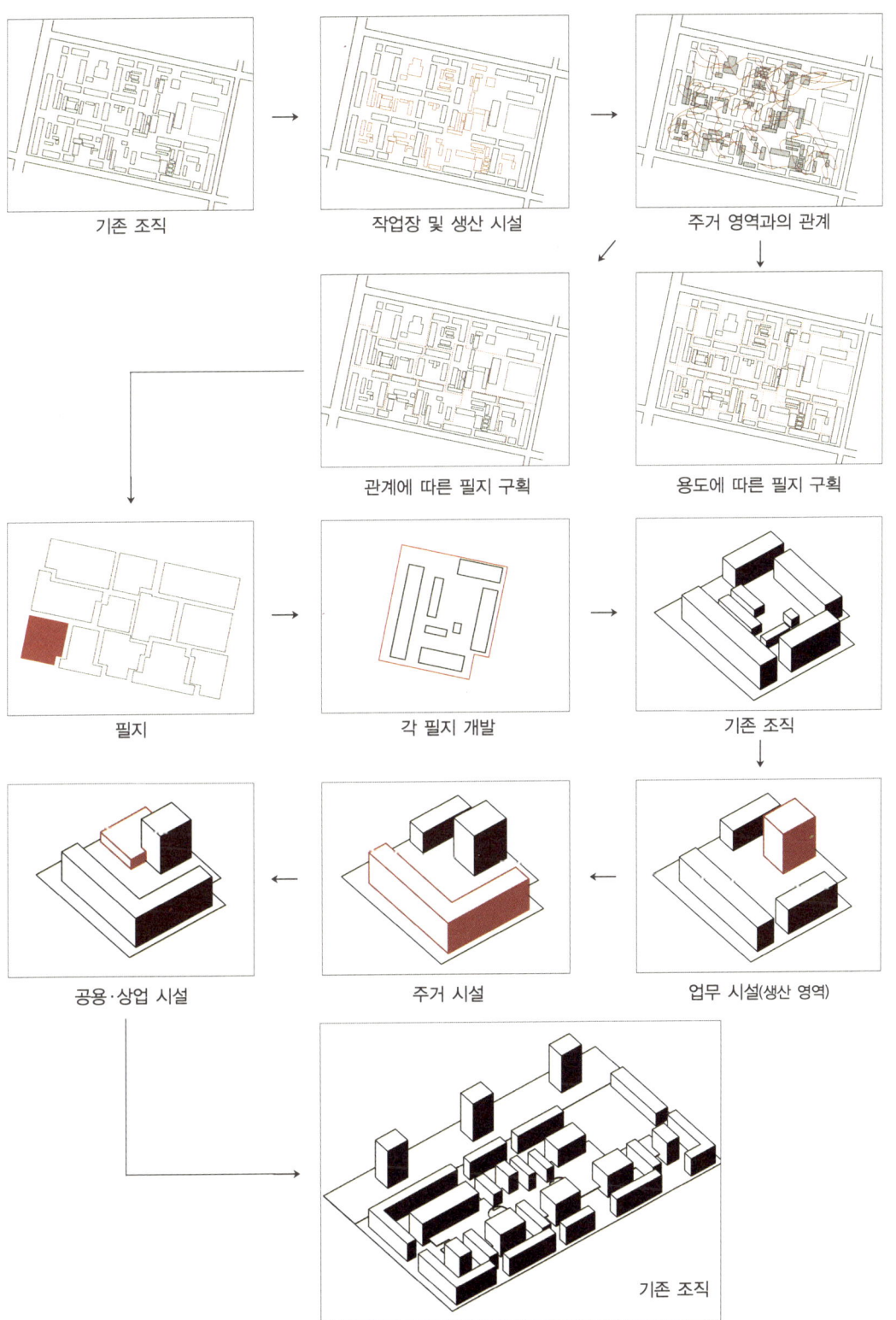

과 더불어 격자형의 도시 조직 구조는 이 지역이 지닌 가장 큰 장점이라 할 수 있다.

격자에 의해 규정된 블록의 외곽에는 대부분 10층 이상의 중·고층형 아파트가 배치되어있는데, 100m가 넘는 긴 선형을 이룬 경우도 있다. 이는 주요 도로에서 보았을 때 연속되는 선형의 아파트로 인해 가로 경관이 더욱 강력하게 소실점을 향해 뻗어나가는 선적 이미지를 심어주기 위함이다. 아울러 블록 내부의 공간을 외부로부터 시각적·공간적으로 차단하려는 의도도 있다. 1층은 대부분 상업 시설로 쓰이며, 생산 시설이나 작업장은 외부에서 접근하기 힘든 블록 내부에 배치되어있다. 또한 자가용의 사용보다는 대중교통과 도보 이용을 적극 권장하는 계획이었기 때문에 블록의 내부 도로는 잘 발달하지 않았다.

이러한 마이크로 디스트릭트의 특성은 시장경제가 도입되면 어떻게 달라질까. 자본주의 도시의 특징 중 하나는 주거 환경에 대한 인식이다. 물론 사회주의 도시에서도 주거 환경에 대한 인식이 있었지만, 이는 어떠한 주거 환경이 이념을 반영할 수 있는가에 대한 고민이었다. 반면 자본주의 도시에서 주거는 주변의 교육, 환경, 부대시설, 기반 시설 같은 변수에 따라 환경에 대한 평가가 이루어지고, 그 결과에 따라 가치가 달라진다. 이때 대체로 생산 시설은 주거 환경을 저해하는 요소로 인식된다. 따라서 시장경제하에서는 생산 시설과 주거 시설이 공존하는 경우가 드물다. 특히 마이크로 디스트릭트처럼 한 블록 안에 두 가지 용도가 공존하는 모습을 자본주의 도시에서는 찾아보기 힘들다. 결국 마이크로 디스트릭트는 시장경제 하에서는 용도 변경이 불가피하다고 볼 수 있다.

시장경제는 계층의 구분을 가져오고, 이는 계층 간 주거 시설의 차이를 불러온다. 소득이 높은 계층은 더 좋은 주거 환경에서 살고자 하고, 시장은 이에 반응해 더 나은 환경의 주거를 제공하는 시스템이다. 이를 고려할 때, 평양의 소구역 지역은 두 가지 변화 가능성을 지닌다고 볼 수 있다. 하나는 생산 시설로 인한 취약한 주거 환경 때문에 저소득층의 주거지가 될 가능성이고, 다른 하나는 생산 시설을 제거하고 주거 환경을 개선함으로써 중산층 이상의 주거지로 바뀔 가능성이다. 하지만 평양의 소구역 지역의 입지나 기반 시설을 고려하면 후자의 가능성이 더 높아 보인다. 서울 도심과 가깝고 도로망과 지하철이 잘 갖춰진 강남 지역이 중산층 이상의 주거지로 각광 받는 현상이 이를 뒷받침한다. 잘 갖춰진 기반 시설, 도시 조직이 김일성광장을 중심으로 하는 도시의 중심부 바로 건너편에 있다는 위치적 장점, 그리고 강변에 조성된 공원 등으로 인한 환경적 장점은 이 지역의 주거 지역으로서의 가치를 더욱 높이리라 생각된다.

　이런 예측 가능한 변화에서 가장 주목해야 할 점은 이 소구역에 대한 토지 소유권이다. 사회주의 국가는 개인의 토지 소유를 금하고, 이는 소구역에서도 마찬가지다. 배치도를 보면 용도별로 잘 구분되어있어서 블록 안에 필지가 계획된 듯하지만, 사실 소구역의 한 블록은 필지 구분 없는 덩어리로 존재한다. 이 때문에 투자 자본이 유입되고 새로운 개발이 시도될 때 가장 실현 가능성 높은 방식은 블록 전체를 하나의 개발 사업으로 진행하는 것이다. 이는 자본주의 도시에서 쉽게 볼 수 있는 개발방식이며, 가장 빠르게 도시의 물리적 환경을 변화시키는 방식이기도 하다. 이는 중국의 개발 사례에서 쉽게 찾아볼 수 있다. 중국을 처음 방문한 사람이 가장 먼저 놀라워하는 것은 바로 도시 개발의 규모다. 중국도 평양과 마찬가지로 사회주의 시절 하나의 블록이 여러 개의 토지로 분할되어있지 않았고(현재도 공간의 소유는 가능하나 토지의 개인 소유는 불가능하다), 따라서 100m도 넘는 하나의 블록을 통째로 개발하는 것이 일상적인 개발 방식이 되었다.

새로운 개념의 마이크로 디스트릭트

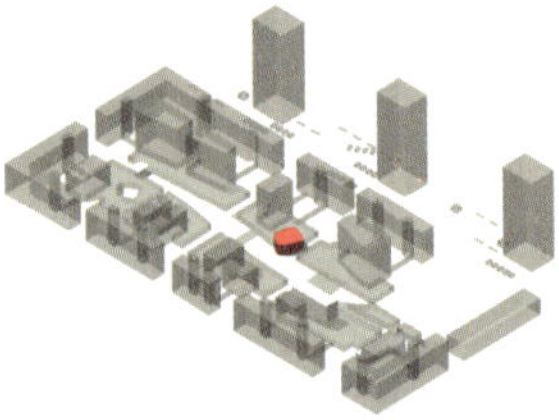

커뮤니티 공간

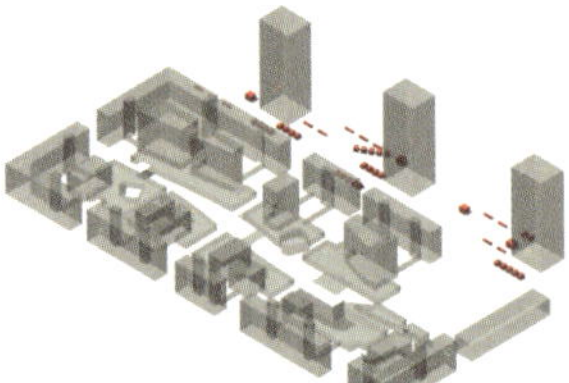

어반 폴리

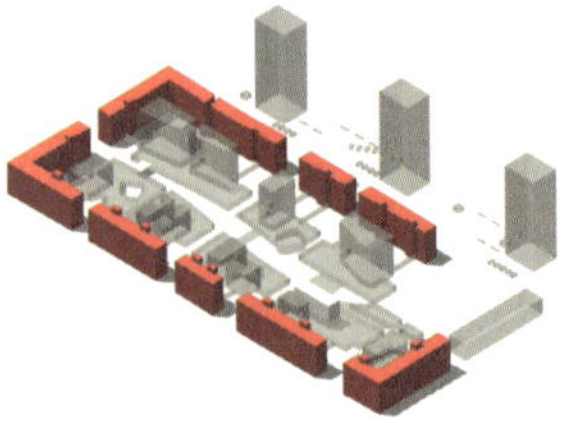

주거 시설

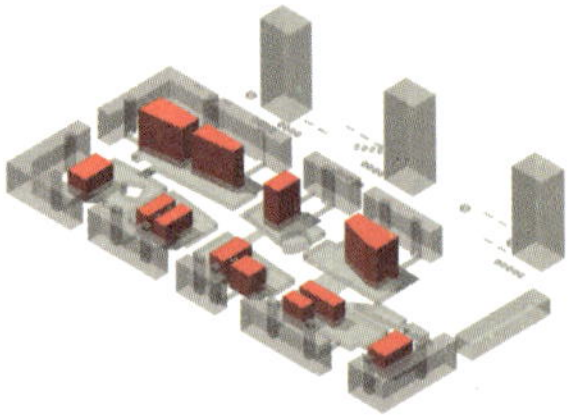

업무 시설

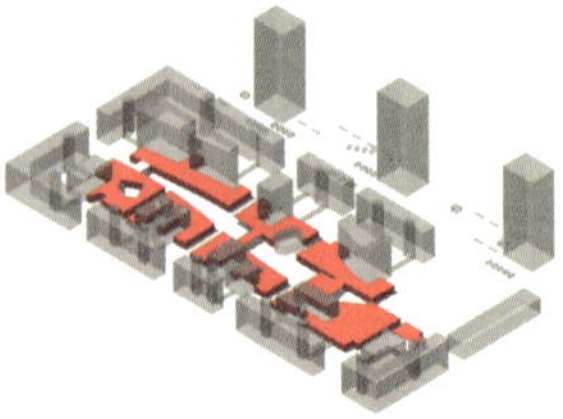

공공·상업 시설

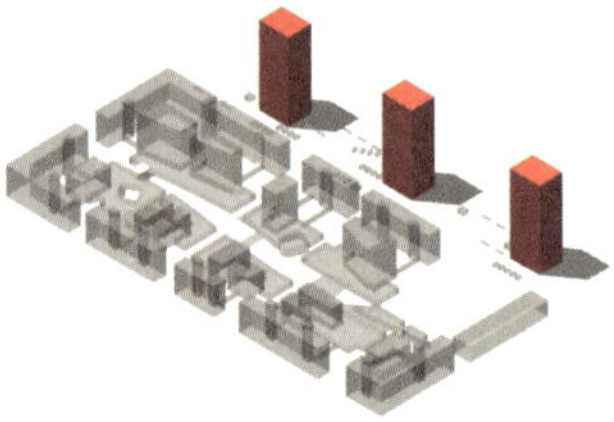

주상 복합 시설

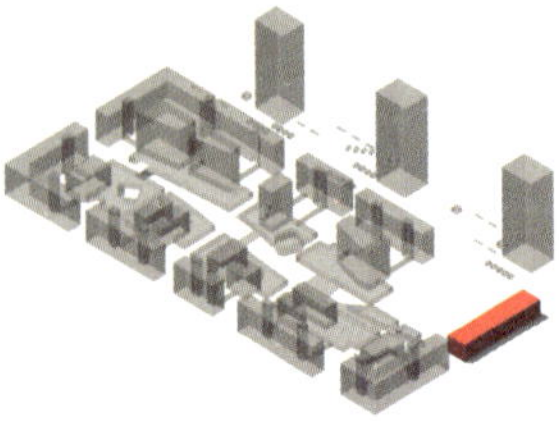

교육 시설

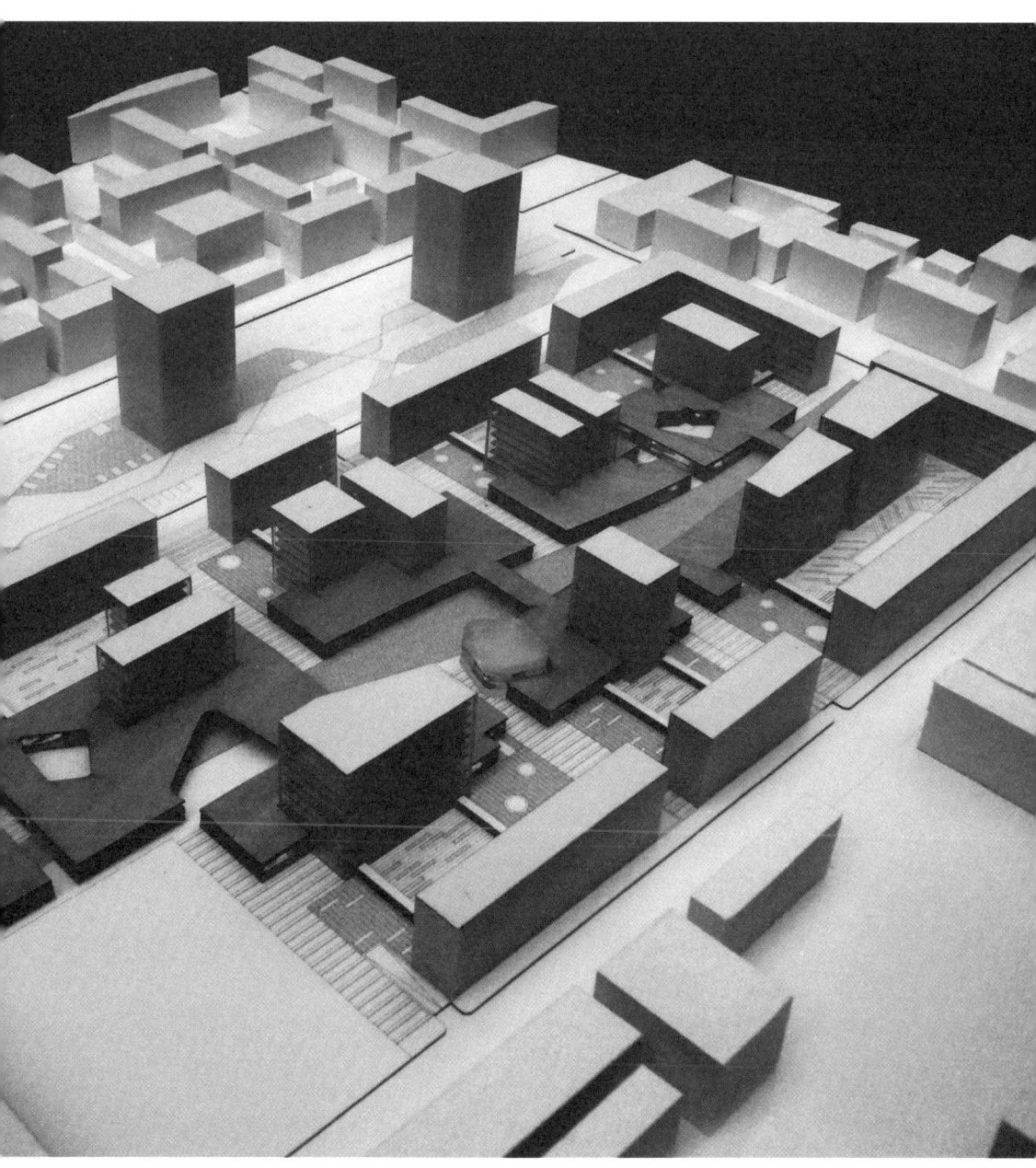

토지의 미분할로 인한 과도한 재개발 사례는 사실 한국에서도 쉽게 찾아볼 수 있다. 얼마 전 재개발된 잠실 지역의 모습을 보면 이러한 재개발이 아직도 가능할까 싶을 정도다. 물론 건설회사는 더 많은 수익을 남겼을 텐데, 우리나라 아파트 단지는 필지 세분화 작업이 이루어지지 않는 한 주기적으로 잠실 단지 재개발과 같은 과정을 겪어야 할 것이다. 어쩌면 잠실의 경우에는 행복한 축에 들 수 있다. 여러 변수 등으로 인해 단지 전체의 재개발이 불가능해지면 그 단지에 사는 주민은 평생 낡은 아파트에서 사는 방법 이외에는 대안이 없어진다. 개별 동만 재건축할 방법이 현재로서는 존재하지 않기 때문이다. 이런 비재생적이고 비합리적인 개발을 점진적인 변화로 방향 전환할 수 있는 방법이 바로 필지 세분화다.

앞서 언급했듯이 북한에는 대규모의 자본이 한번에 들어와서 개발이 이루어지기보다는 소규모 자본 위주로 투자될 가능성이 더 높다. 이에 따라 소구역 지역도 대규모 재개발보다는 점진적으로 한 부분씩 재건축될 가능성이 높아 보인다. 이때 필요한 것이 필지의 개념이다. 사회주의 국가에서는 토지의 소유권을 인정하지 않지만, 중국의 예에서도 볼 수 있듯이 공간의 소유권은 인정한다. 즉, 소구역에 거주하는 주민은 자신이 사는 공간과 그에 부속된 작업장, 부대시설 등의 공간을 소유하는 권리를 갖는다는 뜻이다. 여기서, 하나의 덩어리로 필지 구분이 없는 소구역 블록을 여러 필지로 분할하는 방식을 주목해볼 수 있다. 주거 영역, 생산 영역, 교육 영역, 부대시설 영역 등으로 구성된 소구역 블록 내 공간을 다수의 필지로 분할할 수 있고, 또는 현재 주민이 소유하는 공간의 개념에 따라 일부 주거와 생산 시설을 묶어 하나의 복합 영역의 필지로 나눌 수도 있다. 필지 구분 방식이 어떠하든, 하나의 소구역 블록을 여러 개 필지로 나눔으로써 개발이 필지 단위로 발생할 수 있게 하는 계획적 뒷받침이 필요하다고 볼 수 있다. 이러한 필지의 구획은 필히 재개발보다 선행되어야 할 과제다. 그러지 않으면 대규모 1블록 1필지 재개발의 악순환은 계속될 수밖에 없다. 이는 지금 설명하고 있는 김일성광장 맞은편 대동강 동쪽의 소구역에만 한정되는 논리는 아니다. 1980년대부터 평양 시가지 외곽 지역을 중심으로 발달한 초고층 주거 단지 또한 점진적인 필지의 구획과 세분화 작업이 필요하리라 생각된다.

마이크로 디스트릭트, 즉 평양의 소구역 지역에 대한 개발 방식이 어떠하든, 이미 존재하는 생산 시설은 업무 시설이나 상업 시설로 대체될 가능성이 농후하다. 생산 시설은 사회주의 체제에서는 그 의미가 지대하여 주거 시설과 함께 두었지만 시장경제 체제하의 주거 시설과는 충돌할 수밖에 없으므로 새로운 용도로 대체 또는 개발되어야 할 것이다. 단순히 생각한다면, 사회주의 시절 생산 업무를 담당하던 공간을 아예 지워버리고 주거 영역으로 만들 수도 있을 것이다. 하지만 사회주의 도시에서 왜 생산 시설을 주거 시설과 같이 두고자 했는지 잠시 생각해볼 필요가 있다.

사회주의 도시계획 이론가들은 마이크로 디스트릭트가 자생적인 단위가 되어야 한다고 생각했고, 이를 바탕으로 생산 기능을 추가했다. 여기서 재미있는 점은, 이러한 자생적sustainable 단위가 현재 전 세계적인 화두로 떠올랐다는 사실이다. 그런데 여선히 생산 시설은 주거 시설과 상충하는 현실이다. 따라서 많은 도시가 생산 시설보다는 업무나 상업 시설을 적절히 배치하고 공공시설을 확보함으로써 '자생'의 개념을 실천하려 한다. 이는 마이크로 디스트릭트 내의 생산 시설이 자본주의 사회에서 '생산 시설'로 여겨지는 업무 시설로 대체됨으로써, 마이크로 디스트릭트가 갖는 주거와 생산의 조화를 통한 자생적 주구 단위의 개념이 시장경제하에서도 어느 정도 유지될 가능성을 제시해준다. 또한 현재 소구역 블록에는 자본주의

새로운 개념의 마이크로 디스트릭트

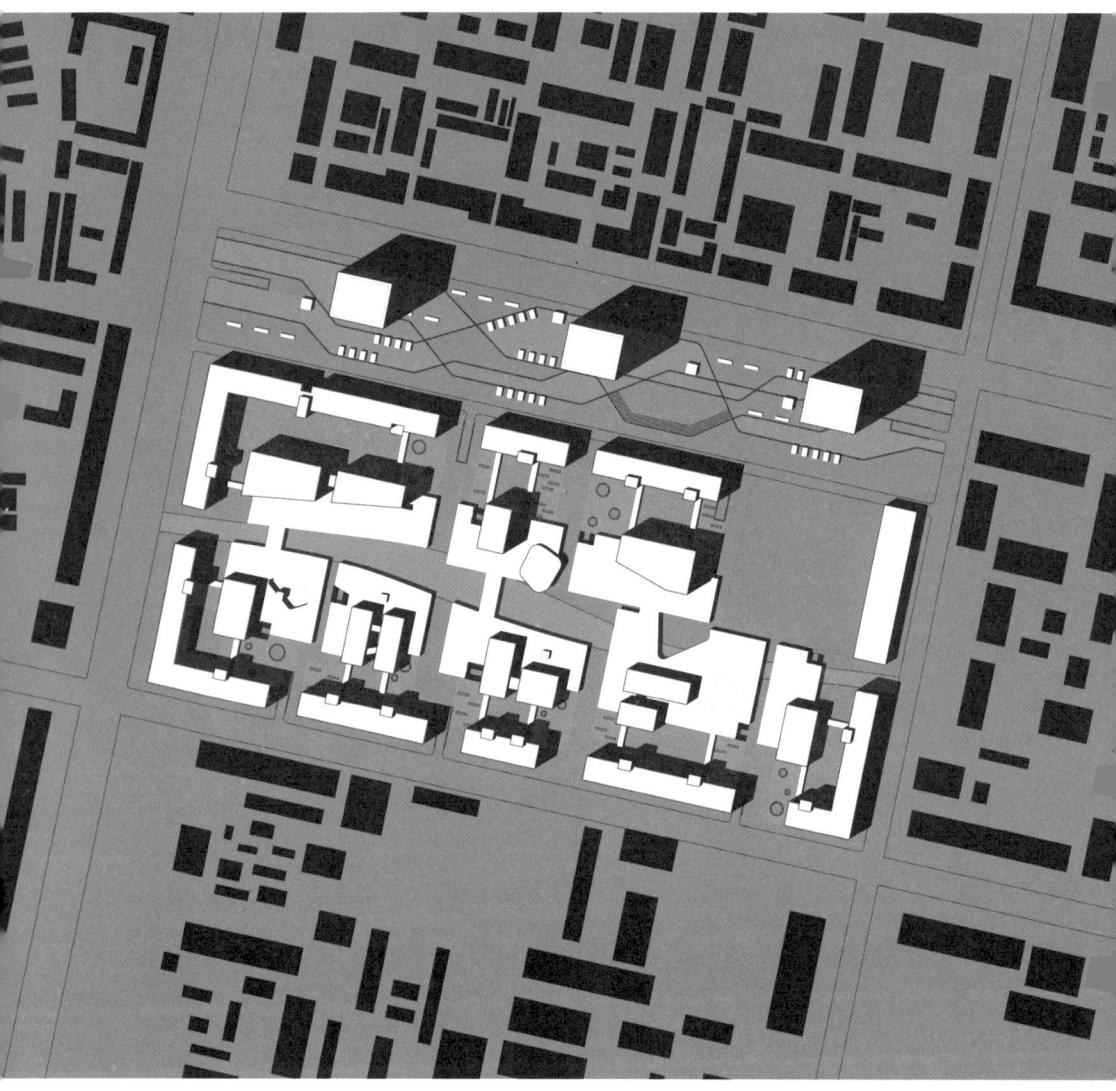

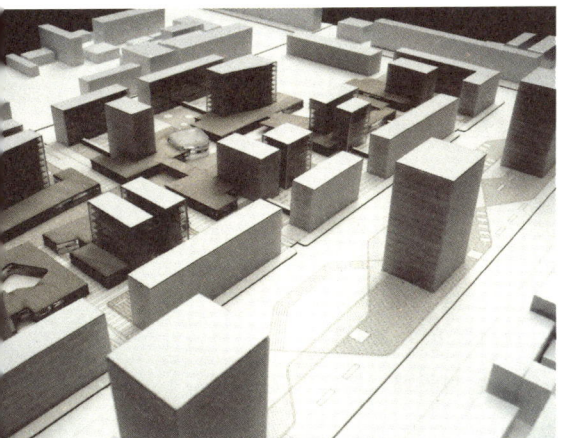

평양의 도시적 잠재성

도시와 비교했을 때 현저히 적은 수의 상업 시설만이 있는데, 이는 개인의 경제활동이 자유로워지고 개인 간 소득과 소비의 차이가 생김에 따라 소비 시설 확충 요구로 이어질 것이다. 현재 소구역 블록에는 외곽을 둘러싼 주거 시설의 1층이 간간이 상업 용도로 사용되는데, 이는 한 블록 전체를 따졌을 때에도 5~6개에 불과하다. 이처럼 소구역 내 상업 용지 비율은 시장 경제하 주거 지역에서의 비율에 비해 현저히 떨어지므로, 이러한 상업 용도상의 재개발 또는 주거 개선 사업은 발생 가능성이 높다.

주거는 도시 내에서 반복적으로 나타나기 때문에 건축적으로나 도시 공간적으로 타이폴로지화하기 쉽다. 그런 만큼 주거의 타이폴로지를 제시하는 일에는 신중을 기할 수밖에 없다. 사회주의 도시계획 이론에서 나온 마이크로 디스트릭트가 각각의 사회주의 도시에 타이폴로지화되어 적용되었듯, 또 그것이 경우에 따라 변화의 과정을 통해 새로이 적용되었듯, 새로운 시대의 요구를 수용한 주거 타이폴로지는 평양의 향후 도시 조직을 결정하는 중대한 역할을 할 것이다. 1970년대부터 본격화된 서울 강남의 주거 지역 개발과 그 믿기 힘든 성공은 40년 넘게 같은 방식의 개발을 가능케 한 정치권과 건설업체의 긴밀한 협력 관계 속에서 탄생했다. 40년 전 반포에서 시작된 아파트 단지는 타이폴로지화하여, 결국 서울 도시 조직의 대부분을 형성하는 형태가 되었다. 평양 소구역 영역에 대한 개발도 단지 현재의 새로운 요구를 충족시켜주는 차원에서 생각할 문제가 아니다. 이것이 타이폴로지가 되어 향후 평양의 도시 조직을 규정하게 될 수도 있음을 염두에 두어야만 한다.

공업지구

(…전략…) 대형 마트는 도시 곳곳에 산재한 낡은 공장 시설의 재개발 지역에 들어서는 경향을 보인다. 가장 활동적인 지역은 교통의 중심이면서 도심에 가까운 공업 지역이다.*

사회주의 도시에서 시장경제 중심의 도시로 변화하면서 일어나는 생산 시설 영역의 변화는 마이크로 디스트릭트의 경공업 위주 작업장뿐 아니라 주요 공업 지역과 시설에서도 다양하게 이루어진다. 도시 내에 생산의 성격을 부여하는 것을 중요시한 사회주의 도시계획에 따라 많은 공업 시설이 도시 곳곳에 배치되었다. 물론 공장 시설은 자본주의 도시에서도 쉽게 발견된다. 산업화 시대를 거치면서 도시는 산업 시설의 발달에 의해 성장할 수 있었고, 도시화는 곧 산업화를 의미했기 때문이다.

하지만 산업화를 이룬 자본주의 국가의 대도시 대부분이 그 기능을 다른 중소도시 또는 개발도상국으로 넘겨주었다. 결과적으로 공업도시를 제외한 대부분의 자본주의 도시에는 최소한의 기능을 제외하면 도시 내 생산 기능이 거의 사라졌다. 한편 사회주의 도시에서는 산업화 시대가 지난 이후에도 지속적으로 생산 기능을 유지했다. 도시를 생산이 가능한 공간으로 만들어야 한다는 것도 이유였지만, 그 기능을 다른 지역으로 돌릴 이유가 없었기 때문이기도 하다. 생산 시설을 밀어내고 새로운 용도로 대체

---

* Konstantin Axenov, Isolde Brade and Evgenij Bondarchuk, "The Transformation of Urban Space in Post-Soviet Russia", Kiril Stanilov(ed.), 《The Post-Socialist City》, Springer, 2007.

되게끔 하는 '경쟁'이 없었던 것이다. 하지만 시장경제 체제에서는 상황이 다르다. 산업화를 이룬 도시에서 생산 시설은 매우 경쟁력 낮은 시설이 되어버린다. 도시화가 진행되면서 생산 시설은 지역의 인플레 현상을 견디지 못한다. 도시화는 땅값 상승과 노동비 증가를 수반하기 때문이다. 또한 자본 경쟁력을 지닌 용도에 의해서 밀려나게 된다. 결국 그들은 다른 지역을 찾아 떠나거나 아예 산업을 포기해버릴 수밖에 없고, 남아있는 하드웨어는 새로운 소프트웨어로 채워진다.

이를 가능하게 해주는 요소는 생산 시설 주변에 잘 발달된 도시 기반 시설이다. 생산 시설은 항로, 철로, 도로 등 발달된 운송 시설을 필연적으로 수반하는데, 이러한 기반 시설은 생산 기능이 사라진 뒤에도 그대로 유지되며, 따라서 이 지역의 개발은 다른 외곽 지역보다 훨씬 적은 사회간접자본SOC 비용으로 가능하다. 보스턴의 경우를 사례로 들 수 있다. 불과 10여 년 전까지만 해도 이곳 항구 주변의 공장 건물은 관련 산업이 몰락한 이후 계속 방치된 채 도시 내 불량 시설로 전락해있었다. 하지만 최근 들어 리노베이션을 통해 고급 아파트와 업무 용도로 개선하면서 주변 환경이 개선되었고, 보스턴 시는 더 많은 세금 수입을 확보하는 기회를 얻었다. 이는 전 세계 거의 모든 산업화 도시에서 쉽게 찾아볼 수 있는 예다.

이처럼 공업 시설은 다양한 잠재적 가능성을 갖고 있는데, 평양에는 중심으로부터 반경 5km 안에 6~7개의 주요 공업 지역이 자리 잡고 있다. 따라서 이들 지역이 도시 내에서 갖는 잠재성은 매우 크다고 볼 수 있다. 평양비단공장, 3·26공장, 평양방직공장, 보통신발공장 등 평양 도심에 있는 주요 공장은 대부분 일제강점기에 군수공장이나 중공업 공장으로 건설되었으며, 평양의 주요 도로 및 철도와 잘 연계되어있다. 이 시설들은 전쟁 이후 평양의 도시화 과정에서도 공업 용도를 그대로 유지하였는

데, 이는 사회주의 도시계획 이론상 도시 내 주요 생산 시설 배치가 중요한 개념이었기 때문이다. 하지만 자본주의 도시에서는 소비와 주거 중심의 도시화를 저해하는 요소로 인식되므로, 평양의 주요 공업 시설은 시장경제 체제가 도입되면서 많은 변화를 겪을 것으로 예상된다.

> 1989년 혁명과 함께, 급작스레 이 나라에 새로운 색과 소리와 생활이 침투했다. 시장과 슈퍼마켓, 그리고 대형마트는 이 새로운 생활의 전달자였고, 이 시설들은 자유와 번영의 상징으로 인식되며 서부에서 생각할 수 있는 것 이상으로 환영을 받았다.*

시장경제 체제하에서의 변화 양상 중 하나는 이러한 공업 시설이 대형 쇼핑몰이나 할인 매장 같은 상업 시설로 치환되는 것이다. 이는 크게 두 가지 이유에서 가능성이 있어 보인다. 하나는 사회주의 체제하에서 상업 시설의 부족을 이유로 들 수 있다. 계획경제는 기본적으로 배급을 통해 수요를 충족시키기 때문에 상업 시설 간 경쟁이 필요 없고 최소한의 배급 역할을 하는 상업 시설이면 되었다. 하지만 시장에 자유경쟁이 생겨나고 개인의 자유로운 경제활동이 가능해지면 더욱 다양한 소비계층이 형성될 테고, 이들의 수요를 맞추기 위한 상업 시설 간의 경쟁도 치열해질 것이다. 동시에 새로운 형태의 소비 시설이 등장하게 된다. 이러한 다양성을 충족시키기 위해 등장한 것이 쇼핑몰이나 대형 할인 매장 형태의 상업 시설이다.

이는 사회주의 도시에서는 볼 수 없었던 새로운 소비의 유형으로, 대부

---

* Pavel Seifter, Open Documentary 〈The Czech Dream?〉, 2005.

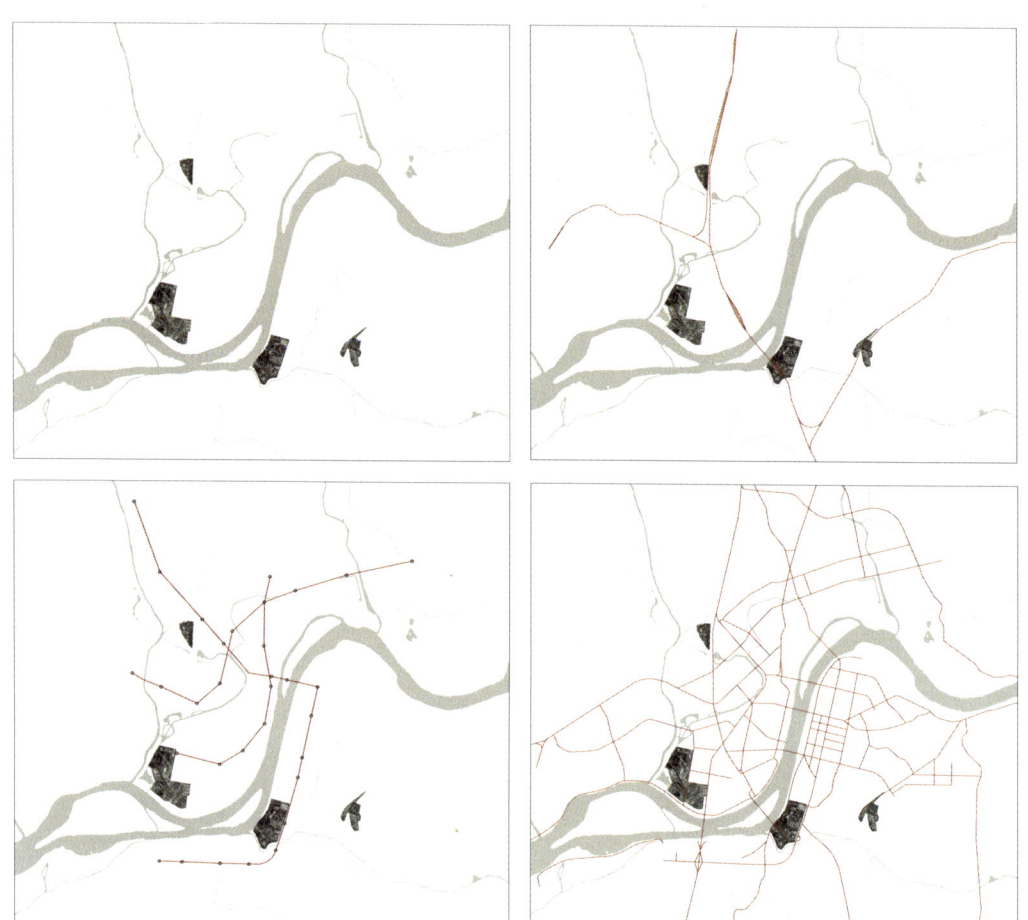

주요 공업지구 분포 및 기반 시설

분 넓은 영역을 확보하고 있고, 물류의 접근성을 높이고자 기반 시설이 잘 갖추어진 곳에 위치한다. 여기서 두 번째 이유를 발견할 수 있다. 평양의 주요 공장은 도시에서의 접근성이 높을 뿐만 아니라 철도와 도로 등 기반 시설이 잘 갖추어져있다. 또한 대부분의 공장 지역 그러하듯 평양의 공장 지역도 충분히 넓은 면적을 확보하고 있으므로 새로운 형태의 대규모 상업 시설을 유치하기에 최적의 장소가 될 수 있다.

평양의 공업지구가 대규모 상업 시설로 치환되면 주변의 도시 내 주거 시설과 더욱 유기적인 관계를 형성할 수 있다. 다른 자본주의 도시에서는 대부분 공장이 외곽 지역에 위치하는 까닭에 그 지역이 다른 용도로 재개발된 이후에도 도심에서의 접근성이 늘 문제였다. 하지만 평양의 경우는 이 잠재적 가능성을 지닌 공장 지역이 도시 곳곳에 분포하므로 도심에서의 접근성을 최대한 유지할 수 있다. 이러한 주거 지역과의 밀접한 관계는 더 나은 주거환경을 위해 빠른 속도로 지역의 용도를 공장이 아닌 새로운 용도로 치환시키는 역할을 할 것으로 기대된다. 예를 들어 평양비단공장은 통일거리상에 조성된 대규모 초고층 주거 단지와 강을 사이에 두고 마주하니, 주변 주민의 소비 요구를 충족시키기 위한 대규모 상업 시설로 변환될 가능성이 충분하다.

사실 이러한 변화는 비단 사회주의 도시에서 시장경체 체제의 도시로 변화하면서 발생하는 현상만은 아니다. 몇 해 전 서울 영등포의 옛 경성방직 터를 개발한 타임스퀘어는 산업화가 끝난 도시에서 생산 시설의 변화상을 대변한다. 산업화 시기가 끝난 도시의 생산 시설은 가장 약한 자본의 힘을 갖는 반면, 쇼핑몰을 비롯한 상업 시설은 시장경제 체제하에서 가장 강한 자본을 갖는다. 결국 자본의 논리로만 따진다면 공장 시설을 상업 시설로 치환하는 것만큼 확실한 개발은 없는 셈이다. 하지만 이들 시설의 잠재적 가능성은 더 있다.

평양의 공장 지역이 갖는 또 다른 잠재성은 바로 문화시설로의 치환 가능성이다. 이는 도심에 위치한 공장 지역보다는 좀 더 외곽에 형성된 공장 지역에서 발생할 가능성이 높다. 문화시설은 상업 시설보다 자본 경쟁력이 약한 탓이다. 하지만 취약한 자본 경쟁력에도 공업 시설이 예술가의 창작 공간이나 전시장으로 용도 변경되는 경우는 자본주의 도시에서도 많이 나타난다. 런던의 테이트 모던, 뉴욕의 PS1 MoMA, 보스턴의 Mass MoCA를 비롯해 매우 다양한 사례가 있다. 공장 시설의 문화 시설로의 치환은 대부분 도시 외곽 지역의 이전 공업 용지에서 나타나는데, 이러한 현상은 관련 산업이 쇠퇴하여 공업 시설이 빠져나가고 도시가 확장되어 이들 용지가 업무나 고급 주거 용지로 변경되기 전에 많이 발생한다. 이 기간 동안 도시 외곽 지역의 공업 시설은 예술가에게 충분한 작업 및 전시 공간을 제공한다. 예를 들어, 중국 베이징의 '798 예술구'라 불리는 예술가의 전시·작업 공간은 본디 1950년대에 처음 조성되어 1990년대까지 군수산업 시설이 있었던 공장 지역이었다. 하지만 중국이 시장 개방을 시작한 뒤 예술가의 활동이 상대적으로 자유로워지면서 스스로 작업과 전시의 공간을 찾아나섰고, 결국 쇠락하기 시작하던 이 공장 지역을 그들의 근거지로 삼았다. 이러한 현상은 평양에서도 찾아볼 수 있을 것이다. 현재 모든 예술가의 작업이 국가로부터 지원을 받는 동시에 제약을 받고 있지만, 시장경제의 도입과 문화 시장의 개방은 더 많은 예술가의 자유로운 작업을 촉진할 것이다.

물론 이는 평양이 생산 기능을 '포기'한다는 전제가 있어야 한다. 공장 시설이 상업 및 소비 시설로 치환되는 경우에는 생산 기능이 유지되는 상황에도 어차피 자본력 강한 상업·소비 시설이 자본 경쟁력이 약한 공장을

평양에 시장경제 시스템이 도입되면 공장 지역은 대규모 상업 시설로 변모하기 쉽다.

평양의 도시적 잠재성

외곽 지역으로 밀어낼 수 있는 자본의 논리가 존재하지만, 문화시설이라면 사정이 달라진다. 운영 중인 공장을 대체할 정도의 자본 경쟁력을 지니지 못하기 때문이다. 따라서 평양이 생산 기능을 유지하는 한 이러한 대체 현상은 일어나기 힘들 것으로 보인다. 하지만 장기적으로 보면 북한의 수도인 평양 또한 현대 도시의 기능과 상충하는 생산 시설을 점진적으로 다른 도시 또는 외곽 지역으로 돌릴 가능성은 충분히 있으며, 이때 이들 공간을 문화시설이 점유하는 상황을 어렵지 않게 예상해볼 수 있다.

녹지 공간의 변형

사회주의 도시계획에서는 노동자에게 충분한 휴식을 제공함은 물론, 도시의 확장을 제한하고 도농 간 격차를 줄이기 위한 방도로 녹지 공간을 조성했다. 이는 단순히 공원 조성 등의 단계에 머무는 수준이 아니라 녹지 인프라라고 생각해도 무방할 정도로 사회주의 도시계획에 있어서 도시의 전반적인 조직과 형태를 구성하는 주요한 요소였다. 이는 사회주의 도시계획 이론이 하워드가 주창한 전원도시 개념의 영향을 많이 받은 결과로 해석된다. 자본주의 도시가 개발과 자본의 논리로 인해 녹지를 형성하는 데 주저했던 반면, 사회주의 도시는 이처럼 녹지 공간의 조성에 큰 힘을 쏟았다.

평양의 녹지 인프라 역시 1953년 마스터플랜에서 제안되었다. 사회주의 도시계획 이론에 충실했던 이 마스터플랜은, 위성 지역으로 다핵화한 평양의 확장을 방지하기 위한 완충 지대로서 녹지 인프라를 구성했다. 하지만 평양의 인구 유입이 급속도로 늘어나고 도시화가 진행되면서 마스터플랜상에서의 녹지는 많은 경우 실현되지 못했고, 경우에 따라서는 비정형 주거 형식에 점유당하기도 했다. 하지만 두 가지 경우에 있어서 평양에서의 녹지 인프라는 충실히 실현되었다. 하나는 자연 지형을 이용한 녹지 공원의 조성이고, 다른 하나는 농업 용지의 구성이다.

예를 들어, 대동강은 평양의 도시계획에서 중요한 역할을 하며, 이는 1953년 마스터플랜상에서 도시의 확장을 제한하는 하나의 녹지 인프라로 기능하고 있다. 1980년대에는 대동강 양안에 충분한 녹지 공간을 조성함으로써 이 영역이 도시 확장을 제한하는 완충 공간의 역할을 할 뿐만 아니라 주민의 여가 공간으로도 이용될 수 있게끔 계획했다. 한편 평양의 농업 용지는 평양의 중심인 김일성광장에서 불과 10km밖에 떨어지지 않은 지역에서도 나타날 정도로 도심 가까이 확대되어있다. 이는 물론 도시와 농촌의 경계를 허물고자 했던 사회주의 도시계획의 기본원리를 따른 것이다. 실제로 행정구역상의 평양에는 상당한 면적의 농업 지역이 있으며 평양 도심이라고 여겨지는 영역조차도 농업과의 경계가 명확하게 설정되어있지 않는 등, 도시와 농업 생산 영역 간의 경계를 모호하게 해 그 구분을 없애고자 했다.

이러한 특징 역시 시장경제가 도입되고 토지에 대한 가치와 '미개발' 영역에 대한 투자가 생겨나기 시작하면서 많은 변화를 겪을 것으로 예상된다. 첫째, 투자의 확대로 인한 도시화의 진행은 평양을 지금보다 높은 밀도의 도시로 만들 것이고, 이로 인해 도시의 수직·수평적인 팽창은 불가피하기 때문이다. 둘째, 이들 영역은 주민의 이주나 건물의 철거 없이도 바로 개발할 수 있는 장점을 지닌 가장 유연한flexible 영역이기 때문이다. 셋째, 평양의 녹지 구성은 도시와 밀접하게 연계되어 도시의 기능을 쉽게 분담할 수 있는 위치적 장점을 가지기 때문이다. 이들 영역 중 가장 두드러진 변화가 예상되는 지역은 대동강변과 두루섬 농업 지역이다.

대동강변 지역

세계의 모든 도시가 강을 중심으로 발달했다는 것은 잘 알려진 사실이다. 애초에 강은 시민에게 상수를 공급하고 하수를 처리하며 물류를 담당하는 등 도시의 기반 시설 역할을 수행했다. 하지만 산업화를 거치며 도시 기반 시설 등이 좀 더 체계적으로 계획되면서 강은 인프라로서의 역할보다 레저의 기능이 강해졌다. 이와 함께 '강변 개발'이라는 새로운 개발 형태가 발생했다.

예를 들어 런던 북동부의 새로운 개발 지역 London Riverside는 템스 강변을 따라 형성되어있는 Thames Gateway라는 재개발 지역의 일부로, 2005년부터 본격적으로 개발에 들어가 2016년까지 2만 세대의 주택과 2만 5,000여 개의 일자리 창출을 목적으로 개발되고 있다. 이는 강변 지역이 갖는 가치는 물론 새로운 교통 시설의 발달로 도심과의 접근성이 높아지면서 개발 지역으로서의 가치가 높아진 데 따른 개발이다. 이처럼 강변을 따라 개발이 이루어지고 도시가 확장하는 것은 더 이상 새로운 현상이 아니다. 한동안 한강의 조망권 등을 내세워 한강변을 따라 주요 주거 지역이 개발된 것도 이와 무관하지 않다. 반면 이론적으로는 모든 주민이 주거 환경의 차이를 갖지 않아야 한다고 판단하는 사회주의 도시에서는 이러한 특정 조망권이나 자연환경이 개발의 기준이 될 수는 없었다.

평양의 대동강변의 녹지화 사업은 1980년대 들어 본격적으로 시작되었다. 대동강과 그 주변은 김정희가 마스터플랜에서 계획할 당시 하나의 녹지 인프라를 형성하며 도시의 확장을 제한하는 중요한 축 역할을 담당할 뿐 아니라 주민에게 휴식과 여가의 공간을 제공하는 중요한 영역으로 설정되었다. 특히 대동강의 서쪽 연안보다는 1980년대 새롭게 개발되기 시작한 동쪽 연안이 더욱 체계성을 띠었다. 이 영역에는 주체탑과 그 주변의 광장을 녹지 공간과 함께 개발하는 한편, 이 녹지의 띠가 대동강 동쪽 연안을 따라 거의 끊임없이 이어지져 도시 외곽까지 연결되면서 브라운필드나 농업 용지와 연계되도록 했다. 이러한 특징은 도시와 농촌 간의 경계를 허물기 위함일 뿐만 아니라, 평양을 공원 속의 도시로 만들고자 하는 김일성의 의지에 따른 본격적인 도시 내 녹지화 사업으로 해석할 수 있다.

이러한 대동강변 영역은 평양이 시장경제 체제를 도입하고 새로운 자본의 유입을 인정할 경우, 새로운 형태의 개발을 맞이할 것으로 보인다. 시장경제 체제의 도입은 주거 환경의 차등화를 수반할 것이다. 따라서 그동안 지키고자 했던 주거 공간과 환경의 획일화 또는 평등화는 무의미해질 수밖에 없다. 또한 시장 개방으로 인해 출현하게 되는 새로운 중산층은 그들만의 수요를 창출해낼 것이고, 이들을 수용하기 위해 이전과는 다른 주거 환경의 개발이 발생하리라는 것은 자명하다. 서울의 예처럼 수변 공간과 조망권을 이용한 새로운 개발은 그러한 수요에 부응하는 대안이 될 것이다. 이러한 개발이 평양의 대동강변에서 좀 더 쉽게 발생할 수 있는 이유는, 현재 강변 인근에 개발 지역보다는 브라운필드나 농지가 많이 분포하기 때문이다. 평양의 모든 토지는 국가 소유지만 어떤 기능이 있는 지역은 공간을 점유하고 사용하는 사람의 권리가 인정된다. 이들 용지는 상대적으로 그러한 권리를 고려하지 않아도 되니 개발의 장애물이 거의 없는 지역이다.

한편 이러한 개발은 대동강변을 따라 평양을 확장하게 할 것이다. 이에 따라 평양 변화의 중심은 기존의 김일성광장-주체탑의 축을 벗어나 대동강변 축이 될 가능성이 높다. 강변을 이용한 도시 기반 시설의 확충은 자연스러운 개발의 형태인 동시에 다른 개발보다 수월한 방식이다. 실제로 전 세계의 많은 도시는 강을 따라 도시가 확장되었다. 평양 역시 그동안의 방

대동강변의 녹지 분포

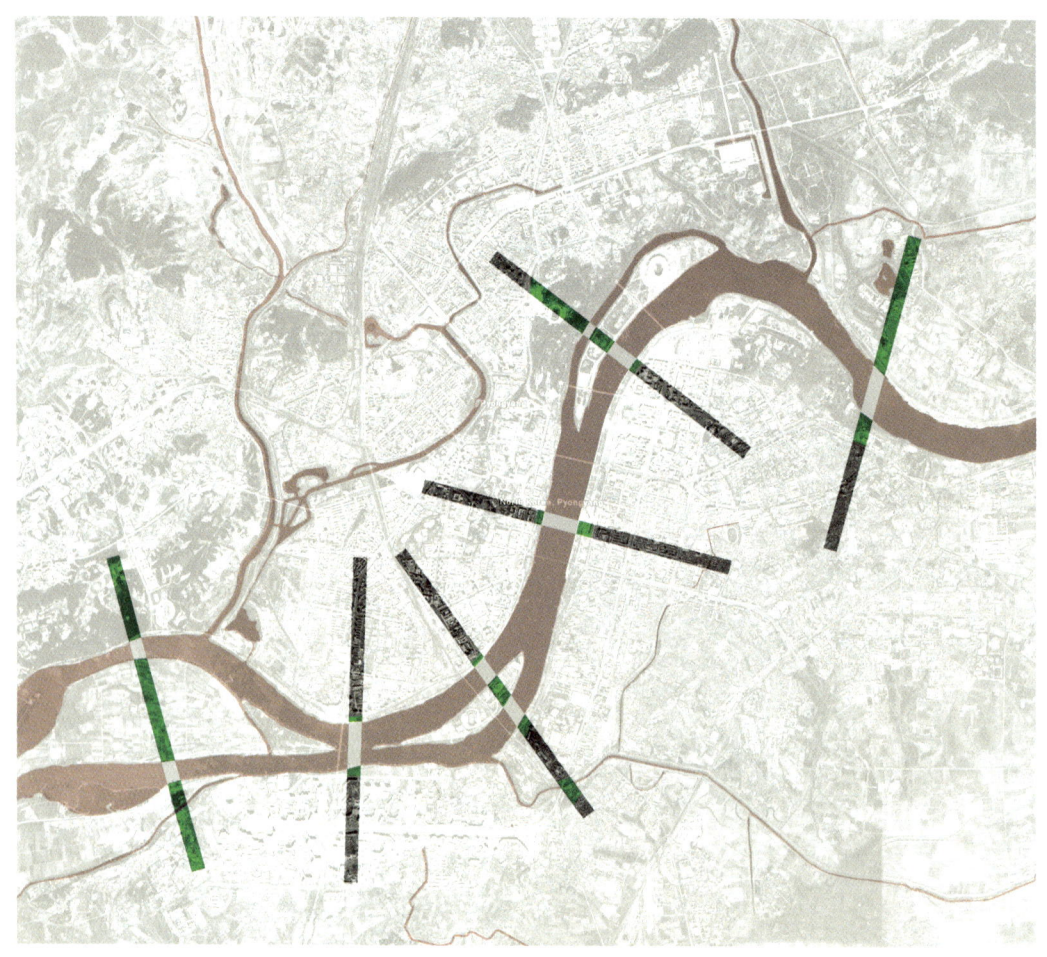

평양의 시가지가 대동강을 중심으로 발달하기 시작한 것처럼, 향후 시가지 개발도 대동강을 따라 이루어질 가능성이 크다.

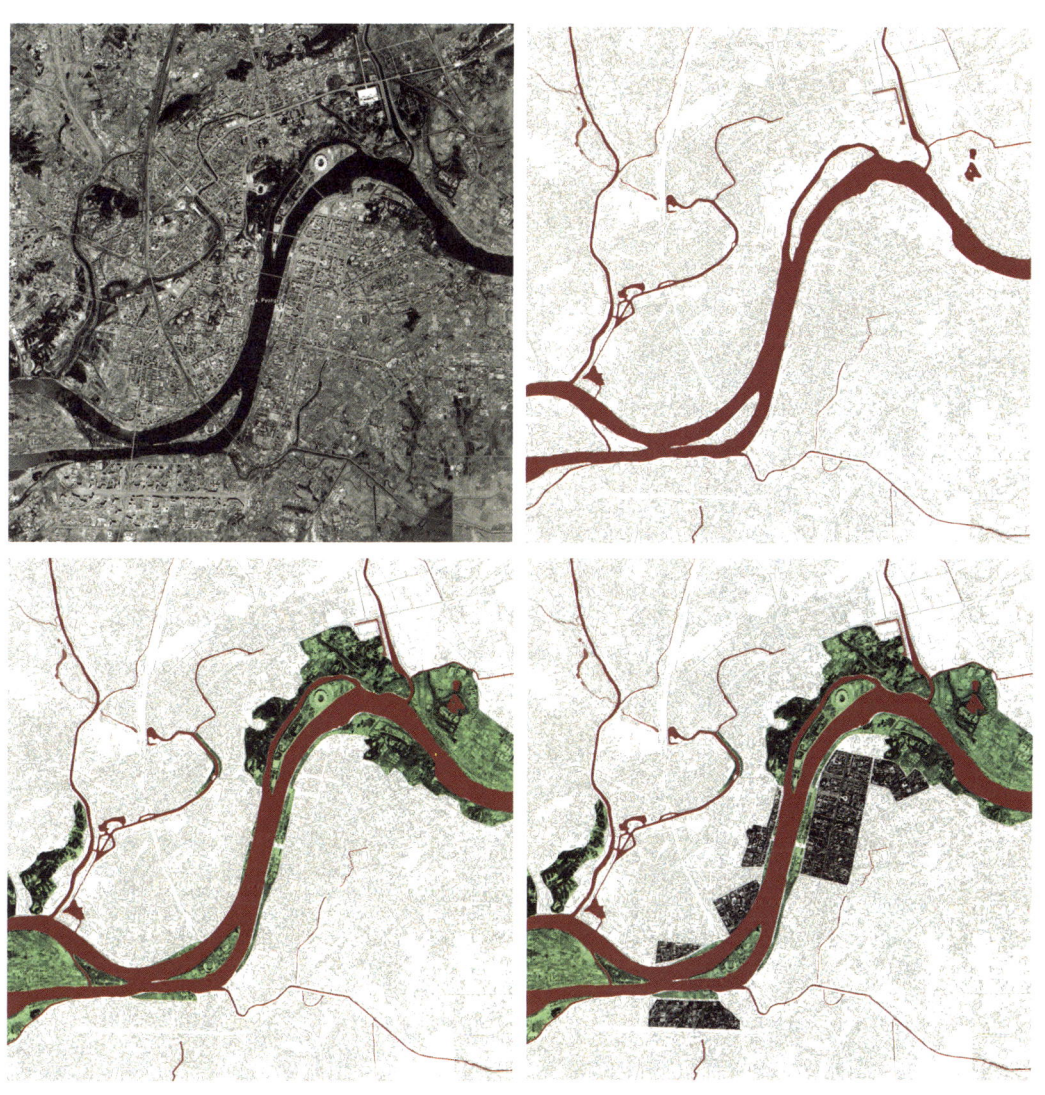

평양의 도시적 잠재성

대동강변 개발 예상도

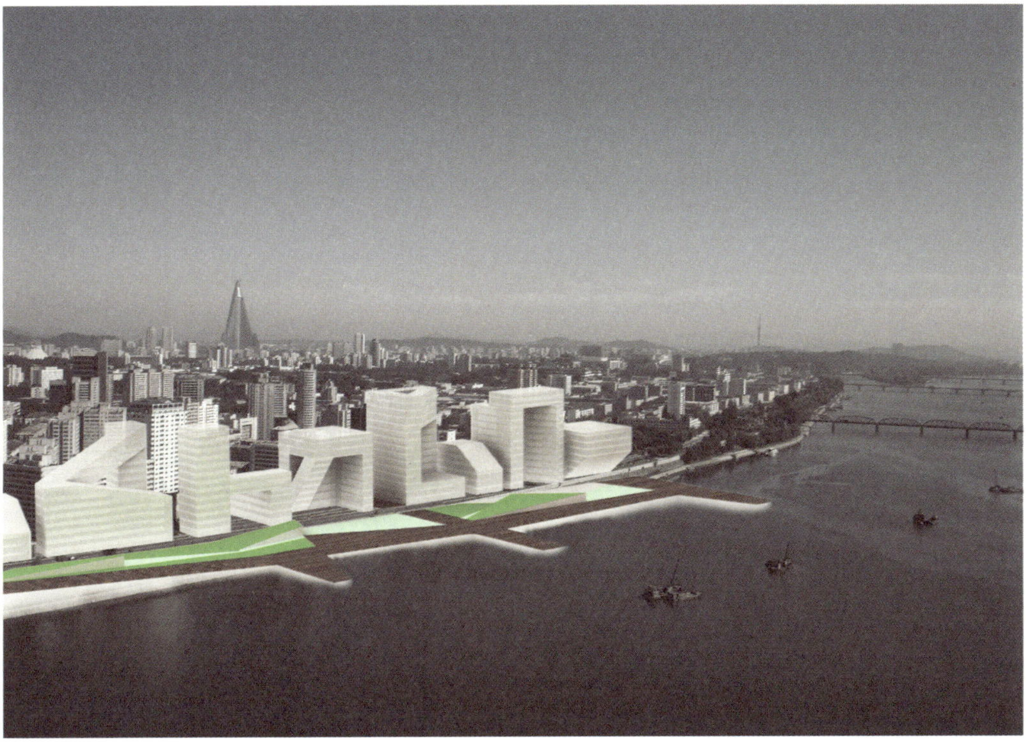

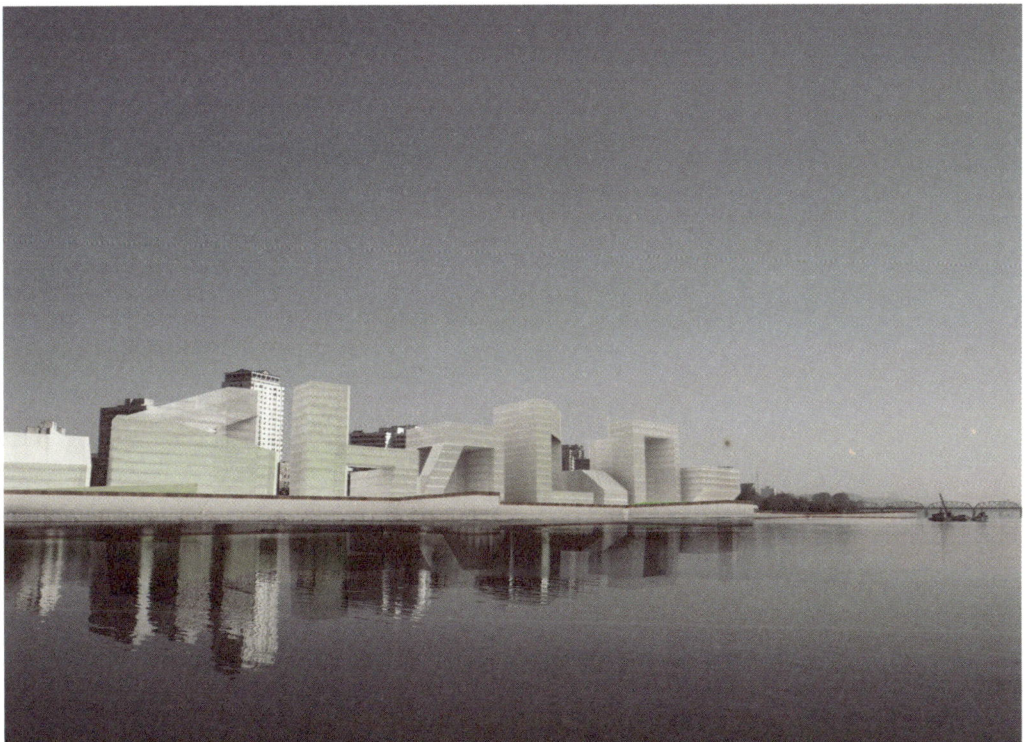

식과 달리 강변을 따라 나타나는 변화에 의해 도시가 확장하는 현상을 겪게 되리라 예상된다.

두루섬

> 서브어반 현상은 포스트 사회주의 도시의 도시 형태 재조직에서 가장 두드러진 특징으로 나타났다. 사회주의 시기에는 도시의 외곽 지역에 주거가 분포하는 현상이 드물게 나타났던 반면, 지금은 거대한 규모의 토지가 개인 주택으로 채워져가는 모습이 중앙 유럽과 동유럽의 대도시에서 매우 전형적으로 나타난다.*

다수의 자본주의 도시에서 서브어반suburban이 발달하게 된 데는 크게 두 가지 이유가 있다. 첫째는 중산층의 발달로 인한 새로운 수요를 충족시켜주기 위함이고, 둘째는 이것이 기존의 한정된 도시 내의 공간에서는 불가능했기 때문에 개발이 이루어지지 않은 도시 외곽 영역을 개발함으로써 다른 요소의 영향을 받지 않고 수요에 충실한 공급을 하기 위함이었다. 이들은 이따금 독립된 도시로 발달하는 경우도 있지만, 대부분 인접 도시의 기능에 의존하면서 주거 기능만 독립되는 형태를 띤다. 참고로 분당과 일산 신도시는 서울 외곽의 허허벌판에 중산층을 위한 새로운 주거를 공급함으로써 서울의 주거 기능을 분산시키는 한편, 여전히 많은 기능을 서울에 의존한다는 점에서 서브어반이라 불러도 좋겠다.

---

* Kiril Stanilov, "Housing Trends in Central and Eastern European Cities during and after the Period of Transition", Kiril Stanilov(ed.), 《The Post-Socialist City》, Springer, 2007.

두루섬의 위치와 주변 도로망

    대동강과 보통강이 만나는 지점에 위치한 두루섬은 면적이 4.2㎢로 여의도보다 약간 큰 섬이다. 이 지역은 현재 농업 지역으로 이용된다. 이는 도심 가까이에 농업 용도를 두고자 했던 평양의 사회주의 도시계획적 요소 때문만이 아니라 두루섬의 비옥한 토지 때문이기도 하다. 이 섬은 10세기 고려 시대 때부터 토지가 비옥해 농업 용지로 개발되었다고 알려져있다. 섬 한쪽에 다리가 있지만 두루섬 중심을 관통하는 주요 기반 시설이 없는 것을 보면, 평양에서는 이 지역을 농업 용지로 유지하겠다는 강한 의지를 지녔던 듯하다. 도시 조직을 보면 평양의 주요 거리에 속하는 청춘거

평양의 도시적 잠재성 253

리와 통일거리가 섬 주변까지 이어지는데, 이 두 거리가 대동강과 두루섬에 의해서 끊겨있다는 점은 이 섬의 모호한 입장을 대변해준다.

앞서 설명한 바와 같이 사회주의 도시로의 자본의 유입은 도시 부근 농업 지역에 새로운 개발 가능성을 열어준다. 상대적으로 농업 지역이 개발하기 쉬운 탓도 있지만, 시장경제하에서의 새로운 계층의 형성 때문이기도 하다. 소득의 차이는 계층의 구분을 가져오고, 더 높은 소득을 얻는 새로운 계층은 더 나은 주거 환경을 찾아 나선다. 자동차를 소유하게 되면서 도심에 가까운 지역뿐 아니라 자동차로만 접근할 수 있는 외곽 지역까지 포함하여 새로운 환경을 요구하게 된다. 이는 자본주의 도시에서 중산 계층의 확대로 인해 나타난 서브어반 현상과 유사하다. 이들 중산 계층은 자동차와 집을 소유하고 좋은 환경에서 아이들을 교육시키고자 도시의 외곽 지역을 찾아 나서기 시작했다. 이러한 현상은 특히 도시의 환경이 열악하다고 인식되는 지역에서 쉽게 나타난다.

과거 사회주의 도시에서도 이러한 서브어반 현상이 나타난 바 있다. 사회주의 도시의 주거는 대부분 규모가 비슷하고, 본인 소유가 아니므로 제대로 유지되지 않았으며, 생산 시설이 같이 있는 등 환경 또한 열악했기 때문이다. 포스트 사회주의 현상과 세계화가 동시에 일어나는 베이징의 경우, 낮은 밀도의 '빌라' 형식의 새로운 주거 방식이 제4순환도로 외곽 지역에 새롭게 형성되며 많은 수요를 낳고 있다.* 이 개발의 주 타깃은 중·고소득 계층으로, 복잡한 베이징의 도심에서 누릴 수 없는 환경을 제공함으로써 계속 늘어나는 새로운 계층의 수요를 잡고자 했다.

---

* Fulong Wu, Jiang Xu, and Anthony Gar-On Yeh, 《Urban Development in Post-Reform China, State, Market and Space》, Routledge, 2006.

 = 4.2㎢

디즈니랜드　　　센트럴파크　　　　여의도　　　　　팜 주메이라
(로스앤젤레스)　　 (뉴욕)　　　　　　(서울)　　　　　(두바이)
0.85㎢　　　　　 3.7㎢　　　　　　4.0㎢　　　　　 8.2㎢

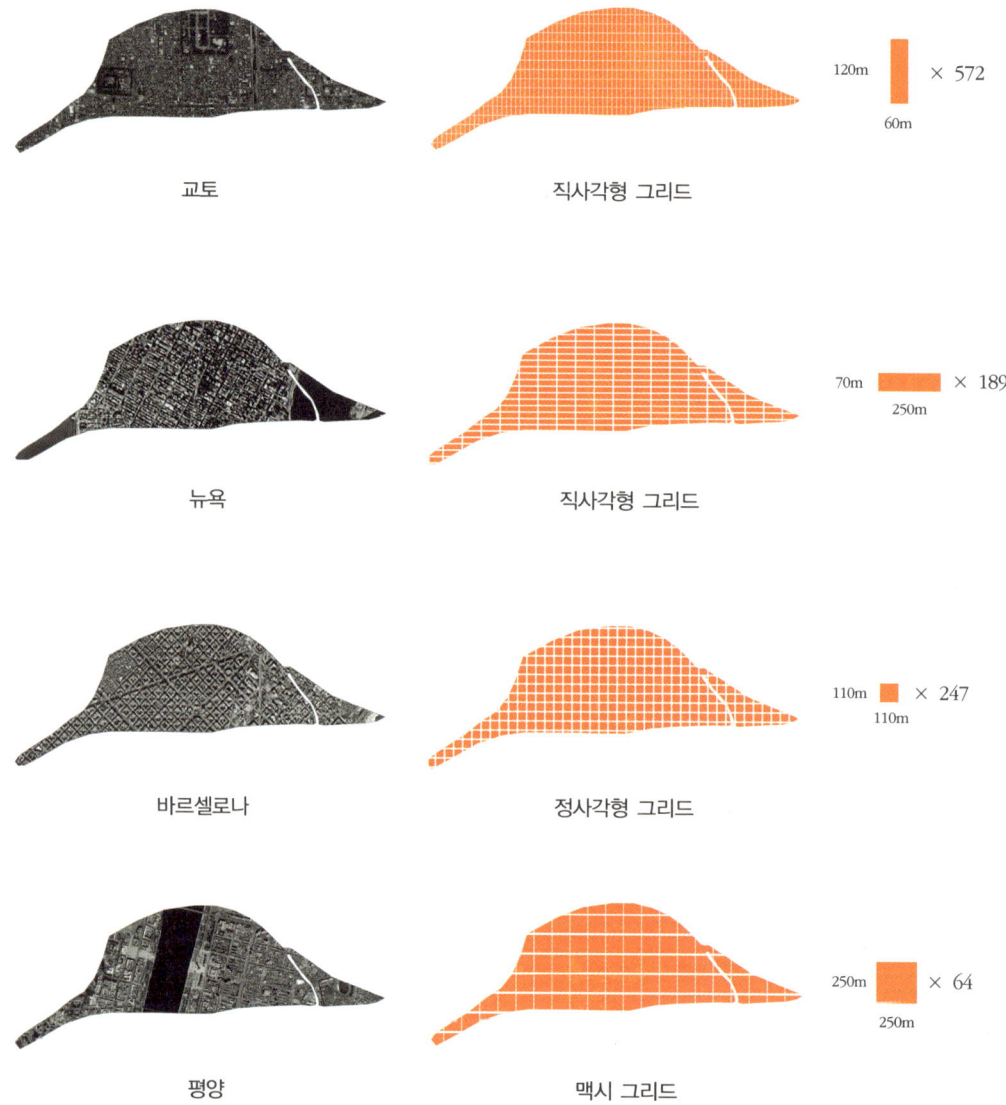

교토   직사각형 그리드   120m × 60m × 572

뉴욕   직사각형 그리드   70m × 250m × 189

바르셀로나   정사각형 그리드   110m × 110m × 247

평양   맥시 그리드   250m × 250m × 64

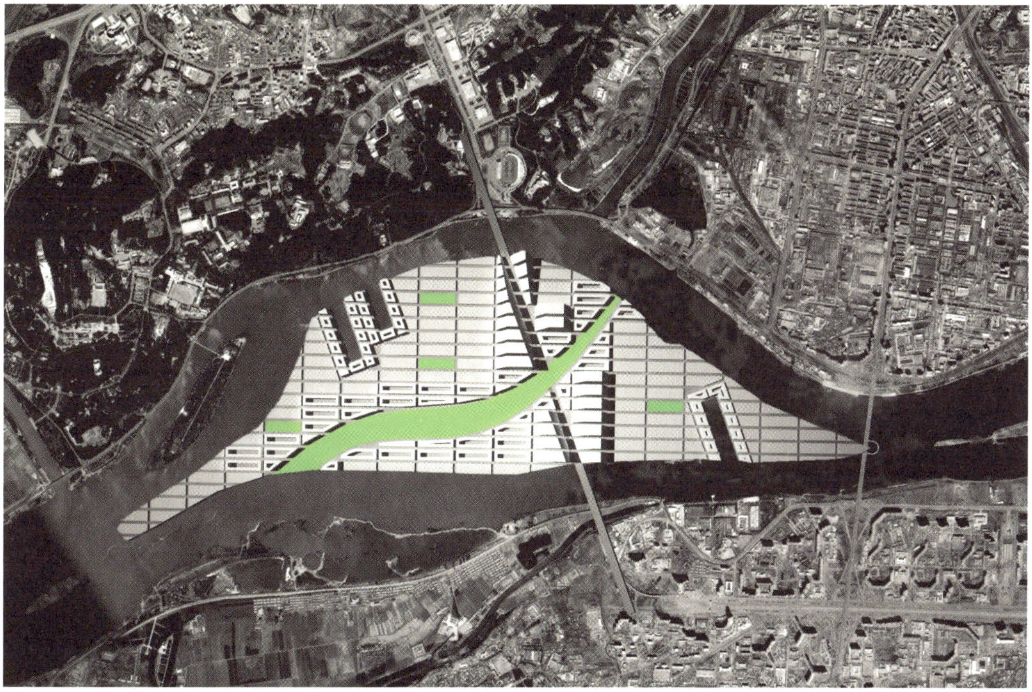

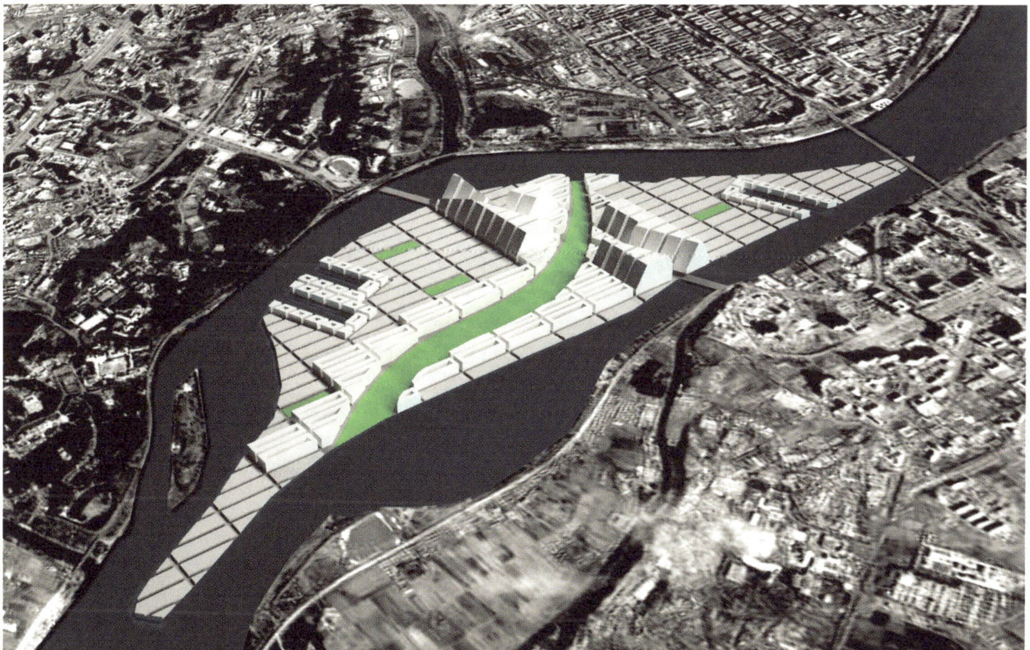

두루섬 또한 이러한 새로운 개발 지역으로서의 가능성을 충분히 갖고 있다. 이 지역은 평양의 중심부에서 불과 10km밖에 떨어지지 않았고, 대동강 양쪽의 통일거리와 광복거리에 조성된 초고층 주거 단지와 매우 밀접하게 연계되어있다. 또한 강 건너 청춘거리에 조성된 대규모 레저 시설과 함께 새로운 문화·레저 시설로 발달할 가능성도 있다. 농업 용도를 유지하기 위하여 현재까지 청춘거리과 통일거리를 연결하는 다리가 건설되지 않았지만, 도심 주변의 농업은 새로운 시장경제 체제하에서는 더 이상 의미를 갖지 못하므로, 새로운 개발 수요가 이 두 거리를 잇는 기반 시설을 건설하게끔 자극할 것이다.

아무 도시 조직도 없던 이 섬은 완전히 새로운 형식의 조직을 형성할 수 있다는 장점을 지닌다. 즉, 앞서 언급한 서브어반의 형태를 띨 수 있다. 도시와 비교했을 때 서브어반의 특징은 기존 도시 조직에 상관없이 새로운 수요에 맞추어 완전히 새로운 조직을 건설할 수 있다는 점이다. 이는 대동강 동편의 소구역들이 기존 조직에 맞추어 재개발되는 것과 달리, 도심에서는 제공할 수 없는 새로운 수요에 대한 공간이 두루섬에 건설될 수 있음을 의미한다. 따라서 이 지역에서는 도심과 가깝지만 서브어반 현상이 나타날 것으로 전망된다. 그리고 그 형태가 어떠하든, 이 개발은 새로운 기반 시설 건설과 주거 환경 건설 비용을 충당할 수 있는 중산층 이상의 계층을 타깃으로 삼을 공산이 크다.

이 형태를 서브어반으로 규정할지 말지는 중요한 논제가 아닌 듯하다. 중요한 것은 사회주의 도시를 모델로 하는 평양에 이러한 농업 용지가 시가지와 경계 없이 혼재한다는 사실이며, 이러한 용지는 새로운 요구에 반응해 개발될 것이다. 두루섬은 위치만으로는 서브어반이 아닐 수도 있다. 외곽이라고 하기엔 너무나 도심에 가깝기 때문이다. 하지만 새로운 주거 형태의 수요를 반영할 최적합지이므로 서브어반으로 기능할 것이 분명하다. 결국 이러한 사회주의 도시, 또는 평양만의 도시 구조적 특성은, 그동안 자본주의 도시에서는 보기 힘들었던 새로운 중산층 주거와 도시 구조를 형성해나갈 것이다.

평양의 미래에
주목하라

평양은 그동안 여러 개발 과정을 통해 '이상적 사회주의 도시'를 구현하고자 했으며 그것이 현재 평양이 가진 DNA다. 이제 평양이 기존의 DNA를 어떻게 변화시켜 새로운 시대에 반응할 것인지 주목할 때다.

Throughout several development plans, Pyongyang tried to realize an ideal city in itself, and the morphological form of the effort is urban DNA that Pyongyang has. Now, it is the moment that we should focus on how Pyongyang transforms its DNA to respond to new coming era.

평양은 한때 공산권 국가로부터 '이상적 사회주의 도시'라고 인정 받았던 도시다. 물론 이 사실은 그동안 우리에게 잘 알려지지 않았다. 북한을 비롯한 사회주의 또는 공산주의 국가는 늘 배척의 대상이었고, 현재도 이러한 기조는 크게 달라지지 않았다. 따라서 그 수도 평양은 당연히 관심 밖의 대상이었고, 제거되어야 할 것들로만 가득 차있는 도시로 인식되었다. 그만큼 우리는 사회주의라는 이념에 극단적 반응을 보여왔으며, 사회주의 도시라는 개념에 대해서도 거의 무지했다.

사회주의 도시의 공간적 특징에 대해 알아가다 보면 평양이 일구었다는 '이상적 사회주의 도시'에 대해 조금이나마 파악해볼 수 있다. 물론 여기서 말하는 '이상적'이란 정말 완벽한 도시라는 뜻은 아니다. 이는 사회주의의 도시를 건설하기 위해서 초기 마스터플랜에서부터 지금까지 꾸준히 개발을 진행해왔다는 뜻이다. 이를 두고 실제 사회주의 이상이 실현된 도시도 아닌데 평양에 '이상적인 사회주의 도시'라는 수식어를 붙이는 게 옳은가 하고 질문할 수도 있다.

우리는 우리 도시를 어떤 곳으로 만들겠다는 이상과 계획을 세워본 적이 있었던가? 디자인 도시를 만들겠다고 한창 바쁜 서울의 50년 뒤 목표는 무엇인가? 새로운 도시를 만들겠다고 마련한 마스터플랜이 도시를 성장시켜나가기보다는 도시를 '건설'하기 위한 그림에 불과하지는 않았던가? 건설이 끝나면 다시는 들여다보지 않을 종이에 불과한 건 아닌가? 이렇게 자문하고 널리 배우는 계기로 삼길 바랄 뿐이다.

다시 평양으로 돌아가자. 평양은 마스터플랜에서부터 세부 개발 전략까지 다양한 방법론으로 개발·발전되어왔지만, 그 중심에는 항상 개념적으로 자리 잡고 있었던 것이 있다. 바로 사회주의 이념의 도시 공간적 실현이다. 평양 곳곳에 조성된 공원과 대규모 광장, 상징적인 기념비와 대규모 건축물, 그리고 주거와 생산 시설의 조화로운 배치 등은 현재 평양의 모습이자 사회주의 도시의 대표적인 단면이다. 또한 잘 구성된 평양의 도시 기반 시설은 평양 방문자들이 가장 놀라는 부분이기도 하다. 이는 기아가 발생할 정도로 가난한 북한의 현재 상황과의 대비 속에서 더욱 두드러진다.

하지만 1970년대까지 북한의 경제 상황, 그리고 평양의 도시 기반 시설 대부분이 전후 복구 때부터 1970년대에 걸쳐 건설되었다는 점을 고려할 때, 평양의 '잘 구성된' 도시 기반 시설은 딱히 놀라울 게 없다. 도시 기반 시설은 물론 유지와 보수가 필요하지만, 그것의 조직 자체는 높은 지속성을 지닐 수밖에 없기에, 평양의 기반 시설이 현재까지 잘 유지되는 것은 자연스럽다.

이런 사실을 언급하는 것은 평양의 건축과 도시, 즉 구축 환경에 대해 칭찬하고자 함이 아니다. 우리에게는 평양의 도시에 대한 객관적 관찰과 분석의 자세가 필요하다. 북한의 경제난 이전 상황을 알고 있다면 평양이 지닌 도시 기반 시설 수준은 놀라울 게 없으며, 사회주의 도시의 특성을 이해한다면 그 무지막지해 보이는 김일성광장의 외형에 숨은 의도를 파악할 수 있다. 평양의 도시 공간에 대한 이러한 객관적 이해가 선행된다면, 향후 평양의 변화에 발 빠르게 대처해나갈 수 있을 것이다.

주지하다시피 평양은 사회주의 도시 개념을 근간으로 세워지고 발전한 도시다. 이는 한반도가 통일이 되어 시장주의를 근간으로 하는 자유민주주의 국가가 되건, 아니면 북한이 독자적인 변화의 노선을 걷게 되건 인정해야 할 부분이다. 많은 이가 공감하듯, 사회주의는 더 이상 대립의 대상이 되는 이념이 아니다. 아직도 일부 정치인은 이를 과거 공산주의와 연계해 정치적 수단으로 악용하고 있지만, 심지어 그들조차도 공식적으로는 사회주의 이념을 대립의 이념이라고 말하지 않는다. 다시 말해, 사회주의 이념을 근간으로 세워진 평양의 도시 구조 또한 제거의 대상이 아니라는 뜻이다.

앞서 제국주의 시대, 또는 식민주의 시대가 끝나면서 수많은 도시에서 과거를 청산하려는 목적으로 당시의 건축물이나 도시 공간을 제거한 사례가 많았다. 우리나라 역시 구 조선총독부 청사를 철거한 바 있다. 이를 철거한다고 해서 한국의 얼룩진 역사가 없어지는 게 아닌데도, 당시 팽배했던 식민 잔재 청산에 대한 정서에 따라 총독부 청사 철거는 단행되었다. 철거의 정당성과 역사성, 경제성 등을 떠나, 어쨌든 건물은 철거되었고, 일제의 잔재는 적어도 '건축물'에서만큼은 청산되었다는 상징적인 의미를 갖게 되었다. 그렇다면 사회주의 구축 환경도 마찬가지 논리로 제거될 수 있을까? 아마 그렇지 않을 것이다. 사회주의를 바탕으로 형성된 도시 공간이라도 자본주의 논리와 공존이 가능하다.

여기서 사회주의 특성을 지닌 도시 공간 및 건축을 공존시키는 게 타당한지 질문해보게 된다. 사회주의 이념의 발생 배경에 대한 이해만 있으면 그 답은 간단해진다. 마르크스와 엥겔스는 당시 산업화된 도시에서 드러나는 노동계층의 생활환경을 관찰하면서 사회주의의 기본 개념을 구상하기 시작했다. 이 개념은 사회 전반의 구조를 개혁함과 동시에 기존 도시의 구조를 근본적으로 바꾸어야 한다는 사회주의 이념으로 발전했다. 사회주의 이념을 물리적 공간으로 치환시켜주는 도시 없이는 혁명이 무의미하다고 말했을 정도로, 사회주의 이념과 사회주의 도시는 유기적인 관계를 맺고 있었다. 당시 그들이 목격한 도시화의 문제는 주로 과밀화, 계급의 공간적 분리, 계획 없는 개발로 인한 혼잡 등이었다. 따라서 사회주의 도시계획 이론은 이를 해소하는 것을 기본 목표로 삼았다. 그런데 이러한 도시화의 문제는 자본주의 도시에서도 빚어졌고, 이후 지속적으로 자생을 위한 대책을 마련해나갔다. 즉, 기본적인 개념에 있어서 사회주의 도시계획 이론이 자본주의 도시와 절충될 수 있는 가능성은 충분히 있다.

하지만 자본주의 도시에서는 볼 수 없고 사회주의 도시에서만 발견되는 도시 공간은 여전히 존재한다. 앞서 소개한 생산의 공간, 상징의 공간, 녹지의 공간 등이 그것이다. 이러한 공간이 사회주의 도시 내에, 심지어 중심부에 존재할 수 있었던 가장 큰 원인은 바로 개인의 토지 소유 금지 원칙에 있었다. 토지 가치가 없었던 것이다. 자본주의 도시에서는 개인과 개인 사이, 그리고 개인과 국가 사이의 자유로운 토지 거래가 일어난다. 이로 인해 토지 가치가 발생하고, 생산, 상징, 녹지의 공간은 도시 내, 특히 가치 경쟁이 치열한 곳에서는 자리를 잃을 수밖에 없었다. 그런데 사실 이들 공간은 도시화의 문제에 대한 사회주의 도시계획가의 해결 방법 중 하나로 탄생한 것이다. 이 공간을 유지할 수 있다면 도시화의 문제점을 방지할 수 있다는 뜻이기도 하다. 따라서 사회주의 도시의 생산, 상징, 녹지의 공간은, 그 도시가 자본화 과정으로 이행할 때 적절한 변형만 거친다면, 시장경제 원리를 흡수하면서도 도시화로 인한 문제를 예방하는 데 긍정적인 영향을 미칠 것이다.

평양에서는 이 세 가지 공간적 특징이 매우 잘 나타난다. 이들은 두 가지 이유에서 향후 평양의 변화에 큰 영향을 미칠 것으로 보인다. 첫째, 이 공간은 시장경제가 도입되면 가장 먼저 개발의 압박을 받을 곳이기 때문이다. 둘째, 이들 공간이 얼마나 그 성격을 유지할 수 있는지에 따라 평양이 향후 도시화로 겪을 문제점을 최소화할 수 있는지가 결정되기 때문이다. 따라서 이들 공간에 대한 분석과 대안은 향후 평양의 도시 조직에 지대한 영향을 미칠 것으로 보인다. 결국 평양에 분포하는 상징, 생산, 녹지의 공간은 북한이 시장경제 체제를 지속적으로 도입할 경우 도시의 물리적 변화의 중심에 있을 것이다. 앞의 글에서 살펴본 바와 같이 이들의 변화 가능성은 다양하다. 그 다양한 가능성의 사례 속에서도 특히 분명한 것은, 이 공간들이 어떠한 형태로든 자본의 논리를 받아들이면서 개발을 진행하리라는 사실이다.

또 한 가지 주목할 점은, 이들 공간이 시장경제 체제에서 새롭게 개발되며 변화를 겪더라도, 평양 도시 조직 자체가 여타 자본주의 도시 조직과 똑같아지지는 않으리라는 사실이다. 평양은 도시 조직의 변화를 거치며 기존의 사회주의 도시나 자본주의 도시에서는 볼 수 없었던 돌연변이 식의 도시 조직을 갖게 될 것이다. 예를 들어, 도시에 자본의 유입이 가속화하면서 기존의 녹지 혹은 농경지가 새로운 주거의 형식으로 개발될 가능성이 높은데, 이는 자본주의 도시가 팽창하면서 도시 외곽 지역의 녹지나 농경지를 주거지로 개발하는 양상과 같은 원리다. 하지만 평양의 녹지 및 농경지 분포는 여타 자본주의 도시의 분포와는 확연히 다르다. 이들은 도심부에 매우 가까이 접근해있기 때문에, 시장경제 체제에 따른 개발을 겪더라도 자본주의 도시의 그것과는 사뭇 다른 도시 조직을 형성할 것이다.

그동안 북한과 평양을 대할 때 우리는 폐쇄적인 자세로 일관했다. 북한 관련 자료는 극히 제한적으로 공개되었으며, 이로써 북한이라는 존재는 우리의 인식에서 점점 멀어져갔다. 간간이 일어나는 대남 도발 사건이 북한에 대한 일시적 관심을 불러왔을 뿐, 이제는 이산가족 상봉 소식도 사람들의 관심을 끌지 못하는 시대가 되었다. 그러는 사이, 북한은 변화하고 있었다. 냉전 시대에 미국 정부가 중국에 대한 모든 교류를 끊고 있던 사이 중국은 매우 폭넓은 국제 관계를 맺고 있었고, 뒤늦게 이런 사실이 알려지자 미국인들이 크게 놀랐다는 일화는 우리에게 많은 점을 시사한다. 당시 중국과 미국의 관계가 오늘의 남북한 상황과 똑같지는 않겠지만, 분명한 사실은 우리가 접하는 북한 소식이 북한의 모든 것을 말해주지는 않는다는 점이다. 북한은 중국과의 교역을 해마다 늘려가고 있다. 지난 10여 년간 북한에 진출한 중국의 업체는 140여 개에 달하며, 그중 40%가 넘는 업체가 채광 관련 산업에 진출했다.* 또한 2010년 북한의 대 중국 수출은 전년 대비 51%가 성장해 12억 달러에 달하며, 중국의 대對 북한 수출은 21% 증가한 23억 달러 수준이다. 물론 한국과 중국의 무역 규모인 2,000억 달러에 비하면, 북한과 중국의 무역 규모는 10%에도 못 미치는 현실이다.** 하지만 중요한 것은 북한의 가장 큰 무역 상대국이 중국이라는 사실이며, 더욱이 이는 계속 증가하고 있다. 연간 평양을 방문하는 3만여 명의 관광객 중 2만 명 이상이 중국인이다. 아울러 중국은 전략적으로 신의주 맞은편 도시인 단둥丹東을 엄청난 속도와 규모로 성장시키고 있는 데다가, 얼마 전에는 북한이 중국에 신의주 압록강의 황금평과 위화도의 개발권을 100년간 임대하기로 했다는 보도도 나왔다.

이러한 북한의 변화를 목격하며, 과연 무엇을 해야 하는가. 우리는 각자의 분야에서 북한의 변화에 적절히 대응할 준비를 갖추었는가. 얼마 전 평

---

* Drew Thompson, Silent Partners; "Chinese Joint Ventures in North Korea", 《Korea Institute Report》, 2011.
** Bomi Kim, 〈Bloomberg〉, 2011.2.16.

양의 행정구역이 재편되면서 평양시 면적이 57%가량 감소하고 인구도 50만 명 정도 감소한 사실이 알려졌다. 이를 두고 많은 언론은 평양이 주민에 대한 배급의 부담을 줄이고자 단행한 결정이라고 분석했다. 일부 언론은 행정구역 재편으로 평양시에서 황해북도로 편입된 주민들의 불만의 목소리를 전하기도 했다. 물론 완전히 잘못된 분석은 아닐 것이다.

그러나 황해북도로 편입된 57%의 면적이 대부분 농경지라는 사실을 밝힌 보도는 거의 접하지 못했다. 또한 식량난이 최악에 치달았던 1990년대에도 그대로 유지했던 행정구역을 이제 와서 재편하는 이유에 대해, 그것도 북한 내에서 가장 경제 사정이 나은 평양에서 이를 단행한 까닭에 대해 심도 있게 분석한 기사는 별로 찾아볼 수 없었다. 참고로, 이번 행정구역 재편은 북한 수도건설부의 입지 강화와 연관이 있어 보인다. 현재 평양은 이른바 '2012년 강성대국'이라는 목표 아래 수도건설부 주도로 많은 사업을 벌이고 있으며, 행정구역의 재편 또한 이와 무관하지 않으리라는 추측이다. 농경지 상당 부분을 시 영역 밖으로 설정함으로써 평양시의 인프라 건설에 대한 부담을 줄이고자 한 것으로 해석해볼 수 있는 것이다. 앞으로 평양은 농경지가 주를 이룬 도시가 아니라 다른 국제도시들처럼 시가지가 중심을 이루는 도시로 거듭나길 바라고 있고, 이를 위해 시가지를 집중 개발하리라 예상된다.

향후 예상되는 평양의 변화는 앞서 살펴본 평양의 도시적 가능성과 더불어, 다양하고 흥미로운 연구 소재를 제공한다. 그동안 많은 건축가와 어바니스트가 중국과 인도의 도시에 관심을 두고 연구를 수행한 까닭은 바로 그 도시들이 가진 잠재성 때문이었다. 그 도시들의 물리적 환경은 재빠르게 변화한다. 이는 최전방에서 도시의 물리적 환경을 구축해나가는 건축가와 어바니스트에게 굉장한 매력이 아닐 수 없다. 이러한 관심이 지금은 남미와 아프리카 도시로 향하고 있고, 앞으로도 잠재성을 지닌 도시를 찾아나서는 노력은 계속될 것이다. 평양에 대한 이 책의 관심과 연구는 그러한 조류의 연장선상에 있다. 앞서 확인한 대로, 평양은 충분한 도시적 잠재성을 지녔다. 이제 이 도시를 건축 및 도시 분야에서 하나의 진지한 화두로 끌고 가야 할 때가 아닌가 싶다.

개요

관광이 산업화되기 시작한 19세기 이후, 관광산업은 꾸준히 성장해왔고 지금은 가지 못할 곳이 거의 없을 정도다. 그러나 북한은 여전히 가장 폐쇄적인 나라이며, 평양 역시 마찬가지다. 평양에 대한 정보는 오직 주류 미디어를 통해서 전해지며, 그마저도 정치·사회적인 이슈로 한정되어있다. 북한의 독재 체제나 핵, 기아 문제 따위의 기사와 정보는 수없이 쏟아지지만, 더 객관적이고 물리적인 평양의 도시 구조와 같은 문제에는 거의 관심을 기울이지 않고 있다.

한국전쟁 복구가 한창이던 1950년대, 평양은 사회주의 국가 사이에서 '이상적 사회주의 도시'라 불렸다. 전쟁으로 완전히 백지상태가 된 평양은 사회주의 건축가들에게 이상적인 도시를 실현할 수 있는 기회의 공간이었다. 그러나 과정은 그리 순탄치 않았다. 많은 사회주의 국가들이 북한이 수도를 이전하기를 원했으나 김일성은 수도로 평양을 고수했다. 그는 평양이 복원되기를 희망했다.

현재 평양의 기본적인 도시 조직은 1953년에 작성된 마스터플랜과 이후 작성된 여러 개발 전략을 바탕으로 하고 있다. 마스터플랜에 따르면, 평양은 100만 인구가 생활하는 도시로서 대동강부터 보통강까지, 인구밀도는 20~25%를 유지하도록 계획되었다. 이 마스터플랜은 사회주의 도시를 건설하고자 했던 사회주의자의 개념이 충실히 반영된 계획이었다. 점차 평양은 '이상적 사회주의 도시'가 지향하는 목표를 실현해 나아갔다.

첫째, 도시와 농촌의 격차를 해소하기 위해 평양은 소구역계획에 입각한 자생적 주거단위를 만들었다. 또 생산의 도시 기능을 실현하기 위해 도시 내에 농업영역을 함께 두었다. 둘째, 충분한 녹지공간을 확보함으로써 도시의 확장을 억제함과 동시에 인민에게 휴식 공간을 제공하고자 했다. 마지막으로, 사회주의 이념을 강화하고 선전하기 위해 상징적이고 기념비적인 공간을 계획했다.

여러 동유럽 국가와 러시아, 중국의 변화에서 볼 수 있듯, 정치적 변화와 경제적 성장은 기존 사회주의 도시들을 물리적으로 매우 빠르게 변화시켰다. 시장경제 체제를 도입한 이후, 기존 사회주의 도시들은 새로운 투자와 개발의 '블루오션'이 되었다. 평양은 아직도 시장경제 체제를 도입하지 않은 세계에서 얼마 남지 않은 사회주의 도시다. 다시 말해, 평양이 시장을 개방하면 투자 잠재성이 매우 크다는 점, 그리고 20여 년 전 변화를 겪었던 다른 사회주의 도시와 상당히 닮았다는 뜻이다.

사실 평양에서도 새로운 변화는 이미 감지되고 있다. 60여 년 동안 통제된 경제 체제에 의해 움직였던 평양이 21세기에 접어들면서 초기 시장경제의 모습을 하나둘씩 보이기 시작했고, 이러한 변화는 앞으로 새로운 패러다임의 경제 시스템과 도시의 개발을 이끌어낼 것이다. 따라서 평양의 미래를 위한 시나리오가 필요한 시점이다. 이와 관련하여 건축가와 어바니스트들은 다음 질문이 떠오를 것이다. "평양이 어떤 개발의 모델을 취할 것이며, 어느 지역을 중심으로 일어날 것인가?"

수많은 성장과 개발 모델 가운데 평양은 점진적 성장 모델이 가장 적합한 것으로 보인다. 중국처럼 완전히 새로운 도시를 만들기 위해 대대적인 마스터플랜과 빠른 성장 모델도 가능성이 전혀 없는 것은 아니지만, 평양의 경제 규모와 기존의 잘 갖추어진 사회주의 도시 조직을 종합적으로 고려했을 때 점진적인 성장 모델이 더 합리적인 선택이다. 유타대학의 낸 엘린Nan Ellin 교수의 주장처럼 이러한 점진적인 성장 모델은 상대적으로 '덜' 개발된 '그레이필드'에서 쉽게 뿌리내려 도시의 죽은 공간을 되살리는 역할을 한다. 점진적 성장 모델은 백지상태의 마스터플랜 형식과 달리, 도시 내 다른 개발을 활성화하는 촉진 프로젝트에 초점을 맞춘다. 마이클 스픽스 Michael Speaks가 '소프트 어바니즘'이라 규정한 이 모델은 대규모 마스터플랜보다 훨씬 더 유연하고 역동적인 도시 성장의 모델이다.

평양에는 북한 전체 인구 2500만 중에서 12% 정도인 300만이 살고 있다. 이는 전체인구의 1/4이 거주하는 서울에 비하면 매우 낮은 비율이다. 다른 사회주의 국가들과 마찬가지로 북한도 도시의 인구를 제한하고 주민의 이동을 엄격히 통제한다. 이러한 정책은 도시의 성장을 억제함으로써 도시와 농촌 사이의 격차를 줄이려는 사회주의 이념과 무관하지 않다. 왜 사회주의 도시에서 진행되는 산업화는 자본주의 도시보다 작은 규모의 인구 성장과 도시화를 통해 이루어지는가를 설명해주는 대목이기도 하다. 이러한 평양의 도시 규모는 앞으로의 평양의 경제 규모와 개발 규모를 가늠하는 데 중요한 단서가 된다. 베이징에만 1700만의 인구가 밀집해있는 예외적인 중국의 경우와 달리 평양은 동유럽의 많은 도시와 그 규모가 비슷하다. 그래서 향후 평양이 개방된다면, 동유럽 도시들과 비슷한 규모의 투자와 변화가 일어날 것임을 짐작케 해준다. 그리고 그것은 앞서 말했듯이 중국의 경우에서 볼 수 있는 마스터플랜에 따른 대규모 개발이 아니라, 촉진 프로젝트를 중심으로 하는 점진적인 개발과 변화일 것이다.

이 점진적 성장 모델은 도시의 기본 구조를 유지할 수 있다는 점에서 큰 장점이 있다. 이는 앞서 설명하였듯이, 점진적 성장 모델은 보다 작은 규모의 개발을 중심으로 변화가 일어나기 때문에 도시의 조직을 최대한 살리면서 변화가 생기더라도 급격한 구조 변화는 찾아보기 힘들다. 현재 평양의 물리적 형태는 1953년 마스터플랜과 주요 개발 전략을 바탕으로 이루어졌는데, 이는 평양이 사회주의 도시의 모습을 갖추는 데 결정적인 역할을 한 레이어들이다. 앞으로 이뤄질 개발은 평양의 사회주의 도시 조직에 새로운 레이어를 얹을 것이다. 점진적인 모델을 통해 평양은 기존의 사회주의 도시적 골격을 유지함과 동시에 새로운 변화를 받아들여 도시의 물리적 구조를 변화시켜나갈 것이다.

앞서 설명했듯이 이런 점진적 성장은 촉진 프로젝트에 의해서 이루어지는데, 평양에서는 어떤 도시적 공간이 촉진제 역할을 할 수 있을까. 기존 사회주의 도시들의 예를 살펴보았을 때, 사회주의 특성을 많이 함축하고 있는 공간일수록 새로운 시장경제 체제에서 변화할 가능성이 높다. 그러한 공간이 갖는 위치와 기반시설의 장점 때문이 아니라, 그동안 그들 공간은 자본주의적 논리가 엄격히 배제된 대표적 공간이었기 때문이다. 따라서 앞서 평양의 사회주의 도시로서의 특징으로 언급했던 상징의 공간, 생산의 공간 그리고 녹지의 공간이 새로운 개발과 변형에 가장 유리한 공간이 될 것이다.

평양을 비롯한 사회주의 도시에서 중심부는 사회주의 이념을 선전하기 위한 상징적 공간과 건물의 전시장이나 다름없다. 토지에 대한 자본주의적 가치를 고려하지 않은 건축가와 도시계획가 들은 이 공간에 자본주의 도시의 중심부에서는 찾아보기 힘든 공간을 형성했다. 그래서 자본주의 도시의 중심업무지구와 달리 사회주의 도시의 중심부에는 사회주의 이념을 대변할 수 있는 상징적인 건물과 기념비적인 광장 그리고 행정기능이 몰려있다. 이러한 물리적인 차이는 새로운 시장경제 체제에서 촉진 프로젝트의 장으로 변모한다. 자본주의의 토지 가치가 생겨난다면 좋은 위치와 기반시설을 갖춘 중심부는 새로운 개발이 이뤄지기 시작할 것이다. 기존의 많은 사회주의 도시와 마찬가지로 평양도 도시의 변화는 이러한 중심부로부터 시작될 것이고, 이는 평양의 다른 영역의 개발을 촉진할 것이다.

또 다른 잠재성을 지닌 공간은 생산기능을 갖춘 도시 내 시설이다. 산업화 시대가 막을 내린 후 자본주의 도시 내 생산시설이 새로운 용도로 변화하는 것처럼 사회주의 도시 내 이러한 시설들도 변화의 잠재성을 갖고 있다. 특히 자본주의 도시에서는 나타나지 않는 주거와 생산시설이 결합된 '마이크로 디스트릭트'는 시장의 변화와 새로운 주거의 요구를 충족시키기 위해 새로운 형식으로 변화할 것이다. 1960년대에 중점적으로 개발된 평양의 마이크로 디스트릭트는 도시 중심부에 자리 잡고 있으며 발달된 기반시설을 갖추고 있다. 당연히 이 지역에 대한 변화 압력은 다른 지역에 비해 훨씬 더 클 것이며, 파장 또한 대단하리라 예상된다.

마지막으로, 사회주의 도시가 농촌과의 격차를 해소하기 위하여 계획하였던 도시 내 농업 영역과 녹지 인프라가 변화의 가능성을 지니고 있다. 도시의 확장을 억제하고 도시 내에 농업 생산시설을 확보하기 위해, 그리고 도시 근로자들에게 쾌적한 위락공간을 제공하기 위해 많은 사회주의 도시에서 계획되었다. 평양도 많은 지역이 농업지역으로 할당되어있는데, 토지의 자본주의적 가치가 생겨난다면 가장 쉽게 개발될 수 있는 영역이기도 하다. 한편, 이러한 토지의 가치 변화는 많은 자본주의 도시에서 볼 수 있듯이 발달된 녹지 인프라를 가진 지역이 더 높은 가치를 갖게 되고, 그에 상응하는 수요에 맞춰 개발이 진행될 것이다.

결론적으로, 시장경제 체제 도입과 함께 평양은 새로운 도시적 형태를 갖게 될 것이다. 전후복구를 시작했던 1950년대부터 평양의 도시적 DNA는 사회주의 이념과 주체사상을 근간으로 이루어졌다. 평양의 물리적 형태를 규정하는 데 가장 큰 역할을 했던 1953년 마스터플랜과 이후 시기별 개발 전략은 모두 어떻게 하면 사회주의의 이념을 도시 공간에 실현할까에 대한 대응이었다. 그리고 현재의 평양은 그 결과물이다.

하지만 최근 조금씩 나타나기 시작한 평양의 변화는 기존의 패러다임과 다른 새로운 개발 전략을 자극하고 있다. 평양이 이제 막 도입하기 시작한, 설사 아직 도입하지 않았더라도 적어도 가까운 미래에 도입할 것으로 예상되는 시장경제 체제는 기존의 평양이 경험하지 못했던 완전히 새로운 패러다임이다. 이 낯선 패러다임이 평양의 도시적 DNA를 바꿀 것이다.

기존의 다른 사회주의 도시들에서 보았듯이, 평양의 새로운 DNA는 기존 사회주의 이념을 근간으로 하는 도시 조직과 새로운 시장경제를 반영하는 도시 조직이 융화된 모습이 될 것이다. 사회주의 도시 조직과도 다르고, 완전한 시장경제 체제의 도시에서 보이는 물리적인 형태와도 다른 모습이 펼쳐질 것이다.

Summary of this study

In spite of recent developments in its fledgling tourist industry, North Korea is still the most enclosed country in the world, and even Pyongyang, its capital city, remains under a veil. The information we currently have about Pyongyang primarily comes from major media and are mostly about political or social issues. In contrast to reports of its dictatorship, nuclear weapons programs, and the trend of nationwide starvation, the actual urban layout of Pyongyang has not received much attention.

However, Pyongyang was considered by other socialist countries to be an ideal socialist city when it was first reconstructed during the 1950s, instead of being a city of veil or dictatorship. As a totally wiped-out city from the Korean War , Pyongyang provided an experimental field in which socialist architects attempted to apply their ideal urban planning strategies to the real world. In the aftermath of the war, Kim Il Sung, the leader of North Korea, decided to keep Pyongyang as the capital city of North Korea. Its layout reflected the ideology of socialism as well as victory of the war.[*]

The current urban structure of Pyongyang is laid out based on the 1953 Master Plan and several development strategies afterwards. According to the master plan, Pyongyang was planned as an one-million population city that would stretch from the Daedong River to the Botong River; the density of the

---

[*] Chris Springer, 《Pyongyang: The hidden history of the North Korean capital》, Entente Bt, 2003.

city was planned as 20-25%. This proposal captured the socialist concepts of constructing a proper socialist city in a well-planned way. Throughout the decades, Pyongyang realized a number of its socialist urban planning goals. First, to abolish disparities between urban and rural areas, Pyongyang adopted self-productive unit; micro-district. Also, broad range of agriculture areas are developed in the city. Second, to have a contrast to any other capitalist cities, Pyongyang developed heavily landscaped areas in the city. Lastly, and the most importantly, to strengthen and to propagate its ideology, Pyongyang developed series of symbolic and monumental squares and buildings in the city, especially in the city center.

As many case studies from Eastern Europe, Russia, and China suggest, the combination of economic growth and political transition has supplied the formula for exceptionally radical and quick transformations of a city. Since adopting market-oriented systems, former socialist cities have become "blue oceans" for new investments and real estate developments. Pyongyang, the capital city of North Korea, is one of the few socialist cities in the world that has not adopted this new economic model. On the other hand, Pyongyang is comparable to socialist cities of decades ago, in that it exhibits a strong potential to attract huge investments in real estate developments if and when it begins to open its market to other countries.

This change has, in fact, already begun to take place in Pyongyang. After sixty years of socialist rule, 21st Century's Pyongyang is showing early signs of change, and the developments are nothing short of unprecedented. It will usher in new paradigms, a new economic system, and a new real estate developments. Therefore, a new scenario for Pyongyang is needed and this change raises the following questions for architects and urbanists: what growth model will be suggested for Pyongyang and where will the new developments be centered?

Amongst many other growth patterns, the integral growth model can be suggested for the future development of Pyongyang. Although a radical growth model with a completely new master plan can also be a possibility for a former socialist city, a consideration of the economic scale and existing idealistic socialist urban structure of Pyongyang suggests that the integral growth model is more likely to be adopted. As Ellin has observed, this integral growth model generates new development at "greyfield", which is defined as underutilized area, and activates those dead spaces in the city.* Unlike ad-hoc master plan type of development, the model focuses on catalytic urban projects that can influence and generate other developments in the city. It is more dynamic and flexible model than the rigid master plan.

Although its being a capital city of North Korea, Pyongyang's population is

---

* Nan Ellin, 《Integral Urbanism》, Taylor & Francis Group, 2006.
** Ivan Szelenyi, "Cities under socialism and after", Gregory Andruz, Michael Harloe, and Ivan Szelenyi(eds.), 《Cities After Socialism: Urban and Regional Change and Conflict in Post-Socialist Societies》, Blackwell, 1996.

3 million in the city out of 25 million in total in North Korea. It is very low ratio compared to Seoul that has 10 million people, which is a quarter of total population of South Korea . It is mostly because socialist countries had strict migration rules and the government controlled the population of the city. Also, they wanted to restrict expansions of cities so that they could minimize the difference between urban and rural areas. This is why industrialization has achieved with less urban population growth and less spatial concentration than capitalist cities.** And no matter what economic shape it has currently, this fact gives us some idea of future economic scale of Pyongyang. Unlike exceptional cases in China, which has more than 17 million population only in Beijing, Pyongyang has small economic scale like most of former socialist cities in Eastern Europe, and this will influence the scale of investment for future development. Therefore, catalytic projects as armatures will more likely to happen in a new era in Pyongyang than a nation controlled master plan.

This integral growth model has its advantage of keeping the existing structure of the city. Since the incremental growth model focuses on individual catalytic projects instead of a large scale master plan, the transformation happens in smaller scale mostly through keeping existing fabrics of the city. As Pyongyang is identified with its current morphology that is a result of layering both the 1953 Master Plan and several development strategies throughout periods, it is very important to keep the socialist urban fabric of the city. And the new growth model will add additional layers for the new morphology of Pyongyang.

Therefore, by choosing the integral growth model as its future development strategy, Pyongyang will keep its ideal socialist urban structure as the backbone and adopt a new logic of morphology on top of it.

As mentioned above, incremental growth may happen with several catalytic projects in the city, and then the question is where will those projects be centered in Pyongyang? Based on previous cases in former socialist cities, it seems urban spaces where have strong aspects of "socialism" and the most flexibilities in a new era with market-oriented economy. This is not only because they have great advantages in location and infrastructure, but also because they are representative spaces that the logic of capitalism is totally abandoned. Therefore, in a new era, those socialist spaces I pointed out above in Pyongyang will be the most attractive urban spaces for transformation and new developments; urban spaces for symbolism, production and green.

In a socialist city, including Pyongyang, city center is a showcase of symbolic space and buildings are emblems of socialism. And the lack of land value allowed planners and architects to use space in ways that are not seen in capitalist city centers.* Thus, most of symbolic buildings, monumental squares, and administration facilities are concentrated in the city center of a socialist city as

---

* Hartmut Haussermann, "From the socialist to the capitalist city: Experiences from Germany", Gregory Andrusz, Michael Harloe, and Ivan Szelenyi(eds.), 《Cities After Socialism: Urban and Regional Change and Conflict in Post-Socialist Societies》, Blackwell, 1996.

opposed to business districts in most of capitalist cities. And this morphological difference in socialist city centers generates catalytic developments for transformation in a market-oriented era. Land starts to have value on it and the city center, which has good infrastructure system in general, becomes more competitive place for new development. Like other cases, the new urban transformation of Pyongyang may also start from the city center and this will both impact and generate other transformation in the city.

Another potential transformation may happen in urban spaces for production. Just as most of industrial facilities in capitalist cities were replaced with new programs in post-industrial era, production facilities in socialist cities also have strong possibility to be transformed into new ones. Especially, micro-district in socialist cities, which is very unique residential block that has production facilities in it, will easily transform its morphology to accommodate new demand of housing types in market-oriented economy. The micro-district in Pyongyang, which was developed in the 1960s, is located in central part of the city, and therefore, pressure for transformation in a new era will be very high because of its locational and infrastructural advantages.

Lastly, green infrastructure in socialist cities that includes urban agriculture area and leisure parks to abolish the difference between urban and rural areas will also be very flexible urban spaces for catalytic projects. They were developed in socialist cities to have production within a city as well as to provide enough leisure spaces for public. Pyongyang also designated many areas as green infrastructure in the city, and those areas will start to have land value once new economy allows difference between lands, and therefore, areas like urban agriculture will be easily transformed with major developments because of their low land price, and areas around leisure parks, which may have higher land value, will be developed as high-end neighborhoods.

In conclusion, Pyongyang is expected to have a new urban morphology in a new era with its adoption of market-oriented system. Ever since the reconstruction after the Korean War in 1950s, the urban DNA of Pyongyang was formed based on its ideology; socialism and Juche idea. Throughout periods, Pyongyang adopted several different development strategies starting from 1953 Master Plan. All these strategies have one thing in common that they always questioned how they are going to emphasize the ideology and realize it in a physical way. And the result of it is what Pyongyang has now.

Current change emerging in Pyongyang, however, stimulates to have a new development strategy other than what it had before. New system that Pyongyang just has adopted or will adopt in the near future, at least, a market-oriented system, is totally a new system to Pyongyang, and the difference will cause a morphological change in urban DNA of Pyongyang. And as we have seen from cases of former socialist cities those has started transformation already, a new urban morphology of Pyongyang will be a synthesized urban form combined with existing structure that is based on socialist ideology, instead of being a form that can be found in capitalist cities.

참고 문헌

국내

김성보·기광서·이신철, 《사진과 그림으로 보는 북한 현대사》, 웅진닷컴, 2004.
김원, 《사회주의 도시계획》, 보성각, 1998.
김한곤, 《나는 평양에서 희망을 보았다》, 식물추장, 2002.
리영희, 《전환시대의 논리》, 한길사, 2006.
리화선, 《조선건축사 Ⅰ·Ⅱ·Ⅲ》, 발언, 1993.
방영철, 《이제 벤처는 평양이다》, 김영사, 2000.
서울시정개발연구원, 《서울과 평양의 도시간 교류 및 협력방안 연구》, 서울특별시, 2007.
이왕기, 《북한건축 또 하나의 우리 모습》, 서울포럼, 2000.
_____, 《북한에서의 건축사 연구》, 발언, 1993.
전우용, 《서울은 깊다》, 돌베개, 2008.
최완규 엮음, 《북한 도시의 형성과 발전: 청진, 신의주, 혜산》, 한울, 2004.
_____, 《북한 도시의 위기와 변화: 청진, 신의주, 혜산》, 한울, 2006.
토니 휠러, 김문주 옮김, 《나쁜 나라들》, 안그라픽스, 2009.
한국방송기자클럽, 《서울에서 개성, 평양으로》, 한국방송기자클럽, 2005.
김현수, 〈북한의 도시계획에 관한 연구〉, 서울대학교, 1994.
KBS영상사업단, 〈오늘의 평양 Ⅰ·Ⅱ〉, KBS영상사업단, 2000.

북한 발행 자료

강근조·리경혜, 《평양의 어제와 오늘》, 평양: 사회주의출판사, 1986.
강성산·서윤석·강희원, 《수령님과 평양》, 평양: 조선로동당출판사, 1986.
송기환, 《새 세기의 평양》, 평양: 평양출판사, 2003.
朝鮮畵報社, 《朝鮮民主主義人民共和國》, 평양: 朝鮮畵報社, 1986.
평양향토사편찬위원회, 《평양지》, 평양: 국립출판사, 1957.

국외

Andruz, Gregory., Harloe, Michael., and Szelenyi, Ivan. Eds. *Cities After Socialism: Urban and Regional Change and Conflict in Post-Socialist Societies*. Blackwell, 1996.

Bater, James H. *The soviet city: ideal and reality*. Sage Publications, 1980.

Blau, Eve., and Rupnik, Ivan. *Project Zagreb: Transition as Condition, Strategy, Practice*. Actar, 2007.

Brade, Isolde., Axenov, Konstantin., and Bondarchuk, Evgenij. *The Transformation of Urban Space in Post-Soviet Russia*. Routledge, 2006.

Brillembourg, Alfredo., Feireiss, Kristin., and Klumpner, Hubert. Eds. *Informal City: Caracars case*. Prestel, 2005.

Burdett, Ricky., and Sudjic, Deyan. *The Endless City: The Urban Age Project by the London School of Economics and Deutsche Bank's Alfred Herrhausen Society*. Phaidon press, 2010.

Busquets, Joan. *Cities: X Lines-Approaches to City and Open Territory Design*. Harvard University, 2006.

Crowley, David. and Reid, Susan E. Eds. *Socialist Spaces: sites of everyday life in the eastern bloc*. Berg Publishers, 2002.

Dyos, H. J. *The Victorian city: images and realities*. Ed. Michael Woff. Routledge, 1973.

Ellin, Nan. *Integral Urbanism*. Routledge, 2006.

French, R. A., and Hamilton, R. E. Ian. *Socialist City: Spatial Structure and Urban Policy*. John Wiley & Sons Ltd., 1979.

Gil, Iker. *Shanghai Transforming*. Actar, 2008.

Hoare, James E., and Pares, Susan. *North Korea in the 21st Century*. Global Oriental, 2005.

Jacobs, Jane. *The Death and Life of Great American Cities*. Vintage, 1992.

Koolhaas, Rem. *Delirious New York*. The Monacelli Press, 1997.

Lu, Duanfang. *Remaking Chinese Urban Form: Modernity, Scarcity and Space, 1949-2005*. Routledge, 2006.

Merrifeild, Andrew. *Metromarxism: a Marxist Tale of the City*. Routledge, 2002.

Saunders, Peter. *Social Theory and Urban Question*. Routledge, 2007.

Springer, Chris. *Pyongyang: the hidden history of the North Korean capital*. Entente Bt, 2003.

Stanilov, Kiril. *The post-socialist city*. Springer, 2007.

Worden, Robert L. *North Korea : a country study*. Claitor's Law Books and Publishing Division, 2008.

Zhao, Liang. *Modernizing Beijing: Moments of political and spatial centrality*, Harvard University, 2006.

평양 그리고 평양 이후
평양 도시 공간에 대한 또 다른 시각 : 1953-2011

1판 1쇄 펴냄 2011년 5월 31일
1판 2쇄 펴냄 2012년 1월 31일

지은이 임동우

펴낸이 송영만
펴낸곳 효형출판
주소 우413-756 경기도 파주시 교하읍 문발리 파주출판도시 532-2
전화 031 955 7600
팩스 031 955 7610
웹사이트 www.hyohyung.co.kr
이메일 info@hyohyung.co.kr
등록 1994년 9월 16일 제406-2003-031호

ISBN 978-89-5872-103-1 93540

이 책에 실린 글과 그림은 효형출판의 허락 없이 옮겨 쓸 수 없습니다.

값 18,000원